禽流感防控

关键技术研究与应用

QINLIUGAN FANGKONG GUANJIAN JISHU YANJIU YU YINGYONG

张济培　刘佑明　陈建红　司兴奎　　等著

华南理工大学出版社
SOUTH CHINA UNIVERSITY OF TECHNOLOGY PRESS
·广州·

图书在版编目（CIP）数据

禽流感防控关键技术研究与应用/张济培等著. —广州：华南理工大学出版社，2018.5
ISBN 978－7－5623－5617－2

Ⅰ.①禽… Ⅱ.①张… Ⅲ.①禽病－流行性感冒－防治－研究 Ⅳ.①S858.3 ②R511.7

中国版本图书馆 CIP 数据核字（2018）第 087108 号

禽流感防控关键技术研究与应用
张济培 等著

出 版 人：卢家明
出版发行：华南理工大学出版社
（广州五山华南理工大学 17 号楼，邮编 510640）
http：//www.scutpress.com.cn E-mail：scutc13@scut.edu.cn
营销部电话：020－87113487 87111048（传真）
策划编辑：毛润政
责任编辑：毛润政
印 刷 者：佛山市浩文彩色印刷有限公司
开 本：787mm×1092mm 1/16 印张：12.25 字数：298 千
版 次：2018 年 5 月第 1 版 2018 年 5 月第 1 次印刷
印 数：1～2 000 册
定 价：48.00 元

本书编著人员

张济培（佛山科学技术学院）

刘佑明（佛山科学技术学院）

陈建红（佛山科学技术学院）

司兴奎（佛山科学技术学院）

卢卫红（佛山科学技术学院）

李健东（肇庆市高要区回龙镇畜牧兽医站）

朱善惦（佛山市南海区农业执法监察大队）

陈济铛（佛山科学技术学院）

何勇成（佛山市南海区农业执法监察大队）

林智飞（佛山市南海区农产品安全检测中心）

钟剑锋（深圳市盐田区动物卫生监督所）

黄得纯（佛山科学技术学院）

梁肖霞（佛山市南海区农业执法监察大队）

前　言

笔者自2003年以来，陆续主持或参与完成了一系列禽流感防控攻关项目，包括广东省科技厅重大攻关项目“禽流感的综合防控研究”、广东省农业厅的联合攻关项目“H7N9流感联合攻关项目”等。在此过程中，不断了解禽流感的流行动态，探讨禽流感诊断防控的方法，进行禽流感防控的实践，获取反馈的信息，总结工作的经验与不足。本书从禽流感病原的流行变异动态、禽流感病毒分子诊断技术要点、禽流感临床表现特征、禽流感疫苗诱导家禽免疫应答的基本规律、禽流感与新城疫等其他疫病联合免疫反应情况、禽流感免疫检测技术改良情况、禽流感灭活疫苗效价快速检测方法、禽流感免疫促进药物探讨及禽流感综合防控措施等方面作论述，企望为读者诊断与防控禽流感提供科学与操作性较强的技术信息。鉴于水禽Ⅰ型副黏病毒病（新城疫）流行区域广泛，易与禽流感混合感染并常表现相似症状、病变，增加临诊难度，故在本书末特附上“水禽Ⅰ型副黏病毒病（新城疫）的临床诊断技术指标”，以便读者参考对照。

本书所使用内容多数来源于本研究团队的研究与工作总结，尚有部分内容源于检索同行的论文资料（见参考文献目录）；本书支撑项目包括广东省科技项目：禽流感的综合防治研究（2004A2090103）、水禽Ⅰ型副黏病毒主要特性及免疫防控关键技术研究（2013B020307018）；广东省教育厅科研项目：华南水禽主要传染病流行调查与综合防控关键技术研究（2014KZDXM062）；广东省农业厅科技项目：H7N9流感联合攻关项目（粤农函〔2014〕1046号）——疫苗研制家禽免疫部分；佛山市动物性食品安全监控研究平台项目（2014AG10022）等，谨表衷心感谢。

因作者水平有限，书中疏漏在所难免，尚请谅解。

著者

2018年3月20日

目　录

目　录

目 录

目　录

目 录

第一章

禽流感的分子流行动态

流感是人类与动物的最主要传染病之一。流感病毒属于流感病毒科，分为 A、B、C（甲、乙、丙）三个血清型，每种血清型又存在众多亚型。A 型流感病毒的宿主谱最广，可以感染人、禽（鸟）、猪及其他哺乳类动物（包括水生哺乳类如鲸、海豹等）。B、C 型主要存在于人类，也可见于猪（甘孟侯，2004）。

历史上，A 型流感病毒引起人类大流行的流感有 4 次，包括 1918 年的西班牙流感、1957 年的亚洲流感、1968 年的香港流感、1977 年的苏联流感，血清亚型依次为 H1N1、H2N2、H3N2 和 H1N1。

20 世纪爆发的高致病性禽流感主要有 12 次，分布于英国、中国、澳大利亚、美国等 8 个国家与地区，血清亚型包括 H5N1、H5N2、H5N8、H7N3、H7N7，流行区域主要在欧美地区。

20 世纪末，东南亚地区开始酝酿一轮大区域流行的高致病性的、同时对人类健康出现攻击性的禽流感。1992 在华南地区分离到对禽类有低致病性的 H9N2 亚型禽流感毒株。1997 年 4 月初，香港新界 3 个鸡场共 4500 只（或 6500 只）鸡爆发高致病性 H5N1 亚型禽流感，5 月 21 日，从香港一名死于重度肺炎与雷耶氏综合征的 3 岁男孩体内分离到 1 株 H5N1 亚型流感病毒。核酸序列分析表明，该毒株的各个基因片段与同年 5 月初引起香港新界鸡群发病死亡的 H5N1 禽流感病毒几乎完全一致。至当年 12 月底共发现 18 名香港居民感染，6 个病例死亡。此前，人们发现，1918 年西班牙流感、1957 年亚洲流感及 1968 年香港流感病毒毒株基因均携带有禽流感病毒的部分基因，但并未发现禽流感病毒可以直接感染人。2004 年初，一场对各种禽类及少数人群致病的高致病性禽流感在华南地区出现总爆发，并于数年中绵延流行于中国台湾、越南、韩国等周边国家与地区。此间流行的主要血清亚型为 H5N1 高致病性禽流感毒株，同时尚存在流行广泛、对禽类低致病性，但对部分人群也直接具有致病性的 H9N2 亚型禽流感毒株。2013 年初，在华东地区首次发现 H7N9 亚型禽流感病毒直接感染人病例，所分离毒株对家禽无致病性；2017 年初，在华南及其周边地区发现对鸡群具有高致病性的 H7N9 亚型禽流感毒株。

自从禽流感出现以来，人类从未间断过实施一系列措施去控制其传播，包括扑杀疫群、封锁疫区、消毒环境、强制免疫、预防免疫和药物防治等。但禽流感的流行依然以一定的速度在发展，其特殊的原因与本病毒的结构特性有密切关系，这种特点使禽流感病毒更易于变异，以致更易于适应各种外界环境施予的压力。

禽流感病毒（avian influenza virus ，AIV）典型形态为球状，分为囊膜与核衣壳两部分。囊膜部分包括表面纤突——血凝素、神经氨酸酶、双层类脂膜及基质蛋白膜等结构。核衣壳由核蛋白与 8 个分节段单股负链 RNA 片段（HA、NA、PB2、PB1、PA、NP、M、NS）组成，如图 1 - 1 所示。

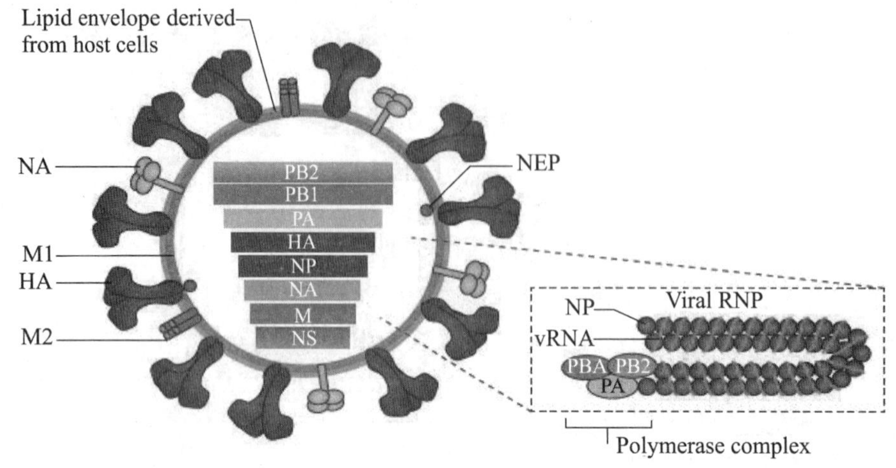

图 1 - 1　甲型流感病毒结构（ Medina，R. A. ，2011）

HA 和 NA 为外部基因。HA 基因编码的 HA 蛋白（血凝素）的主要功能是与宿主受体结合，促进流感病毒吸附并内化到宿主细胞，是流感病毒最主要的表面抗原和宿主免疫反应的主要靶点，其蛋白抗原特异性确定病毒株的 HA 亚型，目前发现的 A 型禽流感病毒可以分为 16 种 HA 亚型。NA 基因编码的 NA 蛋白（神经氨酸酶）负责将细胞表面糖蛋白或糖脂末端的唾液酸剪切掉，从而使病毒粒子能够从宿主细胞释放，进一步传播和扩散，其蛋白抗原特异性确定病毒株的 NA 亚型，目前已经发现的 A 型流感病毒分为 11 种不同的 NA 亚型，其中 N1 ～ N9 亚型源于禽流感的自然宿主野生水禽，N10 和 N11 亚型则由蝙蝠中分离到。

PB2、PB1、PA、NP、M、NS 为内部基因。PB2、PB1、PA 组成 RNA 聚合酶，其与核衣壳蛋白 NP 构成病毒转录与复制所需的核酸聚合酶复合体。M 蛋白剪切为 M1 和 M2，M1 蛋白通过结合 RNA 和细胞膜，维持病毒粒子形态，M2 蛋白作为离子通道在病毒粒子脱衣壳的过程中控制 pH 值。另外，NP 蛋白与 M 蛋白的抗原特异性共同确定病毒株的型特异性。NS 剪切为 NS1 和 NS2，NS1 拮抗宿主干扰素介导的抗病毒反应，NS2 为核输出蛋白（邵强，2015；陈超，2015）。

禽流感病毒的特殊结构导致其极易变异。其中，最突出的原因是禽流感病毒属于 RAN 病毒，病毒核酸复制过程的纠错能力差；再者，病毒核酸链分节段，宿主谱广泛，同一动物体或组织细胞感染不同亚型毒株的情况常有发生，片段重配机会多。也由于本病毒结构的特殊性，使得病毒对宿主屏障压力、免疫压力、药物压力诱变作用更为敏感，候鸟广泛性带毒迁徙，家禽生产交易规模不断扩大等自然生态因素及社会经济发展因素也进一步强化了各种诱变因素的作用。

在禽流感病毒的所有基因中，变异频度最高且最直接影响诊断与防控效果的是 HA 基因。该基因的变异，可导致毒株致病力上升或下降、亲嗜动物种属性的变化及免疫原性的变化等。其他基因片段，包括 NA、PB2、M、NS 等，其变异除了直接影响相应蛋白的自身功能外，也可单独或协同影响到 HA 基因的变异及其蛋白功能的效应。

为使免疫防控更具有精准的针对性，必须不断跟踪禽流感病毒野外毒株基因变异的情况，特别是 HA、NA 这些外部蛋白基因的变异情况，必须理清变异毒株的亲本关系，分析突变的位点，以便选择或构建针对性疫苗株，进行致病性等特性分析。

目前，根据携毒候鸟迁徙的规律与路线，全世界的禽流感病毒可基本分为欧亚谱系和北美谱系。欧亚谱系禽流感病毒通常由西伯利亚地区候鸟携毒南迁，在华南地区沼泽湿地进行病毒重组，继续向南部传播；北美谱系禽流感病毒通常由西半球北部地区候鸟携毒南迁，在阿拉斯加湖进行病毒重组，继续向南部传播。由于两条迁徙路线的候鸟被大西洋隔断，两个谱系的病毒基本无交叉重配基因的机会。另外，对禽流感病毒，常从全基因测序比对和 HA 基因测序比对，采用各种软件包，以系列已有标准毒株为参照，按照每差异 5% 的序列分属一个新支的原则进行分析，跟踪野毒株的进化情况；从毒株对 4 ～ 6 周龄易感鸡的死亡指数、静脉接种指数（ICPI）并结合该毒株 HA 断裂部位基因推导氨基酸系列特点，将 H5、H7、H9 等亚型禽流感病毒分为高致病性禽流感（HPAI）和低致病性禽流感（LPAI）；从禽流感野毒株 HA 蛋白与宿主细胞结合受体唾液酸类型（a－2. 6 半乳糖或是 a－2. 3 半乳糖），判断毒株宿主亲嗜性。

近 20 年来，我国研究者已经分离鉴定了大量禽流感野毒株，其中 H5、H7、H9 亚型占比最大，属流行的主导亚型。本章拟将国内近年的研究报道情况做一管窥和心得陈述，企望有助于本病的防控思考。

第一节 H5 亚型禽流感病毒的分子流行情况

目前全世界的 H5 亚型禽流感病毒可基本分为欧亚谱系和北美谱系。以 HA 基因测序比对，可分为 clade 0 ～ clade 8 共 9 个分支；以毒株感染鸡胚胚液 1∶10 稀释液 0. 2mL/只，滴鼻接种 4 ～ 6 周龄易感鸡 8 只，观察 10d，死亡 6 ～ 8 只（死亡率在 75% 以上），或静脉接种指数（ICPI）大于 1. 2 的禽流感病毒判定为高致病性禽流感病毒；如未达到上述指标，但该毒株 HA 断裂部位基因推导氨基酸序列具有连续碱性氨基酸排列特点的 H5（H7）禽流感病毒亦判定为高致病性禽流感（HPAI），否则为低致病性禽流感（LPAI）；研究者发现禽流感野毒株 HA 蛋白与宿主细胞结合受体唾液酸类型为 a－2. 6 半乳糖残基时，该毒株对哺乳类动物具有亲嗜性，禽流感野毒株 HA 蛋白与宿主细胞结合受体唾液酸类型为 a－2. 3 半乳糖残基时，该毒株对禽类具有亲嗜性。研究者也注意到 AIV M2 基因的变异会导致病毒株对金刚烷氨产生耐药性，同时发现 NS 等基因变异对毒株致病性等表型的变化。

20 世纪 50 年代末，在英格兰发生了首例确认的 H5 亚型高致病性禽流感，直到 1995 年，估计至少发生过 7 次 HPAI，涉及的国家与地区包括苏格兰、南非开普敦、加拿大安大略、爱尔兰、英格兰诺福克、墨西哥等，地理位置主要是欧洲、非洲与美洲；亚型包括 H5N1、H5N3、H5N9、H5N2。其中 1995 年墨西哥禽流感，初期为低致病性 H5N2，后期转变为高致病性 H5N2，波及 9 个州，禽种有鸡、燕鸥、火鸡等。

1996 年前后，亚洲发生第一起 H5N1 亚型 HPAI，从发病鹅群分离到毒株 GS/GD/1/96，首次突破 H5 亚型禽流感病毒对水禽的致病性，此后直到 2002 年底，我国在华南地区发生了多起引人关注的禽流感事件。1997 年 3—5 月中国香港新界地区 3 个鸡场发生 HPAI，1997 年 5 月初香港发生 1 名儿童感染死亡的 H5N1 亚型禽流感事件，分析认为其毒株（A/Hong Kong/156/97/H5N1）与上述 3 个鸡场疫情的毒株各个基因片段几乎完全一致（甘孟候，2004）。1997 年 11 月份香港再次发生 17 人感染、6 人死亡的 H5N1 亚型禽流感事件，分析认为该疫情是由 GS/GD/1/96 株与低致病性毒株 H9N2（A/quail/HK/G1/97 - like）和 H6N1（A/teal/HK/W312/97 - like）病毒重组而成。1999—2002 年间，陈化兰等在华南地区健康鸭群中分离到多株 GS/GD/1/96 类型的 H5N1 亚型禽流感病毒及其变异株。这些分离毒株，对鸡，呈现高致病性；对鸭，可在体内增殖与排出，多数无致病性，少数有高致病性；对小鼠的致病性有增强趋势。2001 年 2—5 月，GS/GD/1/96 类型毒株再次侵袭香港活禽市场鸡群；2002 年底，GS/GD/1/96 类型毒株侵袭香港沙田彭福公园与九龙公园的水禽与野鸟。从 1996 年至 2002 年底，华南地区断续发生的疫情，基本可以认定是由 1 株鹅源 H5N1 亚型禽流感病毒在水禽、鸡中传播、变异，对鸡、鸭、野鸟甚至人等哺乳类动物致病性不断增强所导致的系列疫情。其病毒虽然在变异，但变异毒株体系依然较为简单，HA 抗原几乎没有变化。

从 2003 年至 2004 年初起，H5N1 亚型在东南亚地区乃至其他大区域家禽和野鸟中出现跨地域的大流行，其流行高峰期长达 2 ～ 3 年，随后进入局部地区爆发流行期。此间流行毒株出现快速进化现象，变异毒株体系越来越复杂，HA 抗原也在发生明显变化。2003 年至 2014 年前后，在家禽乃至野鸟中发生 HPAI 疫情的国家、地区及其毒株基因变化情况如表 1 - 1 所示。

表 1 - 1　2003—2014 年家禽、野鸟及人发生 H5N1 亚型 HPAI 疫情的国家、地区及毒株情况

时间	家禽发病地区及病毒情况	野鸟疫情地区及病毒情况	监测分析发现情况
2003 年底—2004 年初	印尼（clade 2.1）越南、柬埔寨、老挝、马来西亚及中国台湾（clade 1）		
2003.12—2004.3	朝鲜（19 个禽场）、日本（3 个鸡场）		
2004.1.27—2004.12	广西；随后我国 16 个省份（49 起禽群）		clade 2.3 分支

续上表

时间	家禽发病地区及病毒情况	野鸟疫情地区及病毒情况	监测分析发现情况
2005. 3			福建监测到 clade 2. 3. 4 毒株；至 2005 年底，该毒株迅速在华南地区流行，之后继续流行于中国香港、中国台湾、老挝、马来西亚、越南等东南亚地区
2005. 6 起	新疆连续 2 个禽场；随后我国 10 个省份（共 28 个禽场）	4 月青海湖 6000 只迁徙鸟死亡（clade 2. 2 变异株），分 4 个基因型，对鸡高致病，可致死小鼠，PB2 发生 E627K 变异	7 个月内，与青海湖同类型病毒蔓延至蒙古、西伯利亚、中亚、中东、西欧、东欧、非洲
2006. 2 起	澳大利亚、克罗地亚、丹麦、法国、德国、希腊、苏格兰、瑞典、瑞士	同期先发现同地区纷纷发生野鸟（主要是白天鹅）感染 H5N1 死亡	
2006. 2—12	埃及（1024 起疫情）		
2006	我国 7 个省份（云南、湖南、安徽、新疆、内蒙、山西、宁夏）共报道疫情 10 起		从山西、宁夏发病鸡群获得异于 GS/GD/1/96 株的 CK/SX/2/06 - like 属于 clade 7 分支，对鸡高致病，不能在鸭体复制，对小鼠仅有轻微致病性
2004—2009	2007—2009 年，我国主要有 clade 2. 3. 4（北方有分支 7）； 2008 年 4 月，韩国、俄国鸡群发现由 clade 2. 3. 2. 1 毒株引发的疫情； 2008 年底—2009 年初，广东、福建等南方地区监测到 clade 2. 3. 2	2004—2007 年，对我国 14 个省份野鸟监测，发现的分支包括有 clade 2. 3. 1、clade 2. 2、clade 2. 5、clade 6、clade 7 等； 2007 年，香港野鸟 clade 2. 3. 2 与韩俄鸡群发病的同时，在日本死亡天鹅中分离到相应毒株； 2009 年 6 月，蒙古从死亡迁徙水禽分离到 clade 2. 3. 2. 1 毒株；2005—2010 年，蒙古从春季北迁的野鸟获得 clade 2. 2 和 clade 2. 3. 2 分支毒株	对我国 50 株家禽、野鸟、人源毒株分析，华南地区毒株可分 12 个基因型，HA 基因均属 clade 2. 3 分支，对小鼠致病，可被 GS/GD/1/96 株保护；而 2006 年后，北方鸡群出现 CK/SX/2/06 - like（clade 7 分支）

续上表

时间	家禽发病地区及病毒情况	野鸟疫情地区及病毒情况	监测分析发现情况
2010	南方多个省份监测到 clade 2.3.2，并继续向其他地方蔓延；7 分支在华北、东北成为主要流行株；此时我国呈现 clade 2.3.2、clade 2.3.4（re－1 相应株）和 clade 7 并行势态，但 clade 2.3.4 逐渐减弱。clade 2.3.2 仍向亚洲、欧洲多个国家和地区扩散引起疫情	4 月，日本北海道健康迁徙鸟类获得 clade 2.3.2.1 毒株	
2010—2013	尼泊尔、罗马尼亚、日本、越南、孟加拉、印尼、印度等，爆发 clade 2.3.2.1 毒株引起的疫情，毒株与蒙古、日本野鸟携毒十分相似		2011—2013 年上半年，clade 2.3.2 分支为我国家禽优势流行株，其中南方家禽及水禽以 clade 2.3.2 为主，北方鸡群以 clade 7 为主
2012	4 月，宁夏固原地区发生 7 分支 H5N1 疫情		我国洪泽湖水禽监测到新型 clade 2.3.4 分支
2013 年底	12 月底，河北保定一蛋鸡场发生 7 分支 H5N2 疫情		我国南方多个省份监测到上述新型 clade 2.3.4 分支，但出现众多 HA－NA 组合，如 H5N1、H5N2、H5N6、H5N8 等，部分地区仍可监测到 clade 2.3.2 毒株
2014 年初	湖北、贵州、云南等省发生 clade 2.3.4.4 分支 H5N1 疫情；4 月，四川南部县 1 人感染 H5N6 病毒死亡，从其家养禽获得 clade 2.3.4 分支 H5N6 毒株。同年在我国多个省份监测到 clade 2.3.4.4 分支毒株，预计 clade 2.3.4 新分支 H5 亚型在全国呈蔓延态势		

续上表

时间	家禽发病地区及病毒情况	野鸟疫情地区及病毒情况	监测分析发现情况
2014 年冬—2015 年底			四川、华东、华北等地区，clade 2.3.2.1 分支呈增多蔓延趋势，并出现变异（类 Re－6 变异株）
2016 年以来			湖南、湖北、广东、广西、福建、浙江等地 clade 2.3.4.4 分离毒株出现变异（类 Re－8 变异株）

于康震、陈化兰等研究表明，我国 H5 亚型高致病性禽流感在 2003 年造成大流行的是 clade 2.3 分支，该分支流行实际上波及亚洲、欧洲、非洲中的 10 个国家，至今仍然在中国、越南、印度、埃及等国家与地区流行；2005—2008 年上半年，一直以 clade 2.3.4 分支（对应 Re－5 疫苗）为主；2008—2013 年上半年，以 clade 2.3.2.1 分支（对应 Re－6 疫苗）成为最主要的流行分支，其中 2011—2013 年兼有 clade 7.2 分支；2014 年上半年，clade 2.3.4 分支的一些突变株（如 clade 2.3.4.4 分支，对应 Re－8 疫苗）又替代了 clade 2.3.2.1 分支，成为最主要的流行分支。2014 年冬以来，四川、华东、华北等地区，clade 2.3.2.1 分支呈加快蔓延趋势，并出现变异（类 Re－6 变异株，或类 Re－10 毒株）；2016 年以来，湖南、湖北、广东、广西、福建、浙江等地 clade 2.3.4.4 分离毒出现变异（类 Re－8 变异株）。

为了预防控制 H5N1 亚型高致病性禽流感，从 2004 年起，我国跟踪野毒流行变异情况，陆续研制、推出了一系列疫苗株，包括：Re－1（对应 clade 0）；Re－4（clade 7）；Re－5（clade 2.3.4）；Re－6（clade 2.3.2.1b）；Re－7（clade 7.2）；Re－8（clade 2.3.4.4）；Re－10（clade 2.3.2.1c 变异）；D7（clade 2.3.2.1）＋rD8（clade 2.3.4.4a）；H5（Re－8）＋H7（Re－1）。随着禽流感病毒的流行变异，这一系列将可能继续延长。

第二节　H7 亚型禽流感病毒的分子流行情况

世界动物卫生组织（OIE）2015 版《陆生动物卫生法典》规定，属于 H5 或 H7 亚型的任何禽流感病毒毒株，或经滴鼻感染 4～6 周龄易感鸡，至少导致试验鸡 75% 死亡，或静脉接种指数（IVPI）大于 1.2 的任何 A 型流感病毒，均为“法定通报传染病”。可见 H7 亚型禽流感病毒与 H5 亚型禽流感病毒居于同等重要的地位。

与 H5 亚型禽流感病毒一样，H7 亚型禽流感病毒也可依据全基因测序比对基本分为欧亚谱系和北美谱系；通过滴鼻接种 4～6 周龄易感鸡，或静脉接种指数（ICPI）测定，并参考毒株 HA 断裂部位基因推导氨基酸序列特征，分为 HPAI 或 LPAI；通过测定 HA 蛋白与宿主细胞结合受体唾液酸类型，确定毒株对禽类或哺乳类动物的亲嗜性；通过对病毒 M2 基因的变异检测毒株对神经氨酸酶或金刚烷氨的敏感性变化等，也开始依据 HA 的测序比对，对毒株作进化分支监控，但其系统性尚远远不及 H5 亚型禽流感病毒的跟踪研究水平。

自从 1902 年意大利发生 H7N7 HPAI 以来，世界上不断有禽类 HPAI 与 LPAI 的 H7 亚型禽流感疫情的报道。表 1-2 为部分有据可查的禽类感染疫情资料（朱闻斐，2013；刘华雷，2013；Sway D E.，2012）。

表 1-2　H7 亚型禽流感病毒在家禽中的爆发情况

年份	亚型	宿主	国家	致病性
1902	H7N7	鸡	意大利（欧洲）	HPAI
1927	H7N7		荷兰（欧洲）	
1927	H7N1		德国（欧洲）	
1963	H7N3	火鸡	英国（欧洲）	HPAI
1976	H7N7	鸡	澳大利亚（大洋洲）	HPAI
1979	H7N7	火鸡	英国（欧洲）	HPAI
1979	H7N7	鸡（无病鹅获毒株）	德国（欧洲）	HPAI
1985	H7N7	鸡	澳大利亚（大洋洲）	HPAI
1988	H7N9	火鸡	美国（北美洲）	LPAI
1988	H7N9	火鸡	美国（北美洲）	LPAI
1992	H7N3	鸡	澳大利亚（大洋洲）	HPAI
1994	H7N3	鸡	澳大利亚（大洋洲）	HPAI
1994	H7N3	鸡	巴基斯坦（亚洲）	HPAI
1995	H7N3	火鸡	美国（北美洲）	HPAI
1995	H7N9	野鸟	美国（北美洲）	LPAI
1997	H7N4	鸡	澳大利亚（大洋洲）	HPAI
1997	H7N1	火鸡	意大利（欧洲）	LPAI
以上所列，1902—1997 年，95 年间疫情共 17 起，年均 0.18 起（20 世纪 60 年代 4 起，70—80 年代 6 起，90 年代 7 起）；主要分布于欧洲、大洋洲和美洲，涉及 7 个国家；感染禽种类为鸡、火鸡，神经氨酸酶亚型主要为 N7/N3，其他有 N1/N4 和 N9；主要属于 HPAI，部分为 LPAI（可能与 LPAI 尚不易于引起研究者注意有关）				
1999	H7N9	野鸟	加拿大（美洲）	LPAI
1999—2000	H7N1	火鸡	意大利（欧洲）	HPAI
2000	H7N9	野鸟	美国（美洲）	LPAI
2000	H7N9	野鸟	美国（美洲）	LPAI
2001	H7N3	鸡	巴基斯坦（亚洲）	HPAI

续上表

年份	亚型	宿主	国家	致病性
2002	H7N3	鸡	智利（南美洲）	HPAI
2002	H7N9	野鸭	瑞典（欧洲）	LPAI
2003	H7N7	鸡	荷兰（欧洲）	HPAI
2003	H7N7	鸡	德国（欧洲）	HPAI
2003	H7N7	鸡	比利时（欧洲）	HPAI
2003	H7N2	鸡	中国（亚洲）	LPAI（监测到）
2004	H7M3	鸡	加拿大（北美洲）	HPAI
2005	H7N7	鸡	朝鲜（亚洲）	HPAI
2005	H7N9	野鸭	西班牙（欧洲）	LPAI
2006	H7N9	野鸭	美国（北美洲）	LPAI
2006	H7N7	鸭	意大利（欧洲）	LPAI
2006	H7N7	鸡	荷兰（欧洲）	LPAI
2006	H7N3	鸡	英国（欧洲）	LPAI
2007	H7N9	环境	美国（北美洲）	LPAI
2007	H7Nx	鸭	德国（欧洲）	LPAI
2007	H7N8	鸭	韩国（亚洲）	LPAI
2007	H7N2	鸡	英国（欧洲）	LPAI
2007	H7N3	鸭	意大利（欧洲）	LPAI
2007	H7N3	鸡、火鸡	意大利（欧洲）	LPAI
2007	H7N3	珍珠鸡	意大利（欧洲）	LPAI
2007	H7N8	鸭	韩国（亚洲）	LPAI
2007	H7N3	鸡	加拿大（北美洲）	HPAI
2007—2008	H7N3	火鸡	意大利（欧洲）	LPAI
2008	H7N9	野鸭	西班牙（欧洲）	LPAI
2008	H7N9	野鸭	危地马拉（北美洲）	LPAI
2008	H7N9	野鸭	危地马拉（北美洲）	LPAI
2008	H7N9	野鸟	蒙古（亚洲）	LPAI
2008	H7N9	鸭	蒙古（亚洲）	LPAI
2008	H7N9	野鸭	韩国（亚洲）	LPAI
2008	H7N7	鸡	英国（欧洲）	HPAI
2008	H7N1	珍珠鸡、鸡	意大利（欧洲）	LPAI

续上表

年份	亚型	宿主	国家	致病性
2008	H7N1	鸭、鹅	丹麦（欧洲）	LPAI
2008	H7N3	火鸡	德国（欧洲）	LPAI
2008	H7N	鸡	意大利（欧洲）	LPAI
2008	H7Nx	鸡、鹅	挪威（欧洲）	LPAI
2009	H7N6	鹌鹑	日本（亚洲）	LPAI
2009	H7N9	鹅	捷克（欧洲）	LPAI
2010 年，FAO 报告 11 起，分布于亚洲（韩国）、欧洲（丹麦、荷兰）				
2011	H7N9	鹅	美国（北美洲）	LPAI
2011	H7N9	珍珠鸡	美国（北美洲）	LPAI
2011	H7N9	野鸟	美国（北美洲）	LPAI
2011	H7N9	野鸟	美国（北美洲）	LPAI
2011	H7N9	野鸟	美国（北美洲）	LPAI
2011	H7N9	野鸟	美国（北美洲）	LPAI
2011	H7N9	斑嘴鸭	美国（北美洲）	LPAI
FAO 报告，2011 年总共 26 起，分布于亚洲（中国台湾）、欧洲（德国、荷兰）、北美洲（美国）和南非				
FAO 报告，2012 年 58 起，分布于非洲（南非）、北美（墨西哥）、大洋洲（澳大利亚）、欧洲（丹麦、荷兰）				
FAO 报告，2013 年 123 起，分布于欧洲（葡萄牙、意大利、德国、荷兰、丹麦、西班牙）、非洲（南非）、大洋洲（澳大利亚）、（墨西哥、美国）、亚洲（中国、越南）				
FAO 报告，2014 年至 10 月初，32 起分布于意大利、美国、墨西哥、中国、南非				

表中所列，1999—2014 年，16 年间 H7 亚型感染禽类疫情约为 299 起，年均 18.7 起。显然，随着时间的推移，H7 亚型禽流感在禽类中感染的地区分布、易感动物种类分布、毒株亚型分布都在陆续扩大。

H7 亚型禽流感病毒感染禽类的同时，也不断发生感染人类的情况。表 1－3 所示为部分有据可查的感染人疫情资料（朱闻斐，2013）。

表 1－3　人感染 H7 亚型禽流感病毒疫情

年份	国家	亚型	致病性	病例数/死亡数
1959	美国（乙肝患者）	H7N7	HPAI	1/0
1977	澳大利亚（实验师）	H7N7	HPAI	1/0

续上表

年份	国家	亚型	致病性	病例数/死亡数
1979—1980	美国（海豹、驯兽师）	H7N7	HPAI	4/0
1996	英国（鸭农）	H7N7	LPAI	1/0
2002	美国	H7N2	LPAI	1/0
2003	美国	H7N2	LPAI	1/0
2002—2003	意大利	H7N3	LPAI	7/0
2003	荷兰	H7N7	HPAI	89/1
2004	加拿大	H7N3	LPAI/HPAI	2/0
2006	英国	H7N3	LPAI	1/0
2007	英国	H7N2	LPAI	4/0
2012	墨西哥	H7N3	HPAI	2/0
2013—2016	中国	H7N9	LPAI	747/297

由表1－2、表1－3可见，H7N9亚型禽流感病毒感染禽类，最初报道于1988年美国的火鸡群，属于LPAHI毒株；H7N9亚型禽流感病毒感染人类，首次报道于2013年我国的人群。至2016年底，无论是从发病致死的人类病例抑或从健康的禽群中获得的H7N9亚型禽流感病毒株，对禽类均属于无致病性毒株。

2017年1月份前后，我国某些地区出现了鸡群感染H7N9亚型禽流感病毒发病死亡的病例，并从发病鸡群分离获得了具有高致病性禽流感病毒分子特征的毒株，但尚未见水禽发病的报道。目前，国内已研制成针对流行的H7N9毒株的基因工程疫苗H7 Re－1可资应用。

第三节　H9亚型禽流感病毒的分子流行情况

20世纪60年代最初从美国威斯康星表现温和呼吸道疾病的火鸡分离到H9N2毒株，随后在美国其他州及英、法等国的鸡、火鸡、鸭分离到H9亚型禽流感病毒。亚洲是距离欧美约10年后发现H9亚型禽流感病毒。1975年到1985年十年监测，仅从鸭分离到数株H9N2毒株。1988年亚洲从鹌鹑分离到H9N2毒株。1990年前后，H9N2开始了一个向世界传播流行的新阶段，且毒力逐步增强。1994—1996年，意大利鸡群发生H9N2亚型禽流感感染；1995年从南非鸵鸟中获得H9N2毒株；1995年与1996年在美国火鸡中再次获得H9N2毒株；1998年在法国笼养鸡中获得H9N8毒株；1995—1998年在德国鸡、鸭、火鸡中获得H9N2毒株；1996年在韩国笼养鸡中获得H9N2毒株，其肉鸡、蛋鸡群感染，可造成产蛋下降和死亡；1998年伊朗鸡群发生H9N2感染，蛋鸡与肉鸡均可发生较高的死亡率；2001年日本在观赏鸟中发现H9N2毒株；2002—2003年，在伊朗、沙特阿拉伯、巴基斯坦禽群中发生 H9N2 亚型禽流感大流行；2004 年韩国发现 H9N8 低致病性毒株；2013 年从波兰火鸡中检出 H9N2 禽流感，该毒株与欧亚分支野鸟源病毒关系密切。

在中国，1994 年在广东鸡群中首次分离到 H9N2 亚型禽流感病毒。其后，H9N2 亚型禽流感病毒成为我国广大地区感染率最高的禽流感病毒。对香港活禽市场获得的大量 H9N2 毒株基因测序发现，这些毒株是 1997 年感染人的 H5N1 毒株的内部基因的供体。管轶最初将香港地区的 H9N2 亚型禽流感毒株分成三个群系，即：以 A/Quail/Hong Kong/G1/97 毒株为代表的 G1 分支，以 A/Duck/Hong Kong/Y280/97 为代表的 Y280 分支（也称为 A/Chicken/Beijing/01/94，Beijing/94）和以 A/Duck/Hong Kong/Y439/97 为代表的 Y439 分支。

1998 年以来，中国东部出现了以 A/Chicken/shanghai/F/98（H9N2）为代表的 F/98 分支。该分支毒株出现后，与已经存在的上述三个分支病毒共同流行于禽群中，并发生基因重组，产生新的基因型，其中较为广泛流行的为 S 基因型，其 PB2 和 M 基因来源于 G1 分支的毒株，PB1、PA、NP 和 NS 来源于 F98 分支上的毒株。S 基因型的毒株更被发现为多种其他亚型禽流感病毒如 H7N9 和 H10N8 等毒株提供的内部基因。

李呈军（2005）对 1996—2002 年由家禽分离的 27 株 H9N2 毒株做进化分析，认为这些毒株都起源于 CK/BJ/1/94 分支（Y280），同时已经与 G1、G9、SH、WI 4 个分支病毒发生了重组，产生了多种基因。这些毒株可以在鸡体内复制，但不致死。对小白鼠致病性呈多样性。

李建伟等对国内 2002—2009 年 H9N2 分离株的分析发现，我国的 H9N2 毒株大部分为 BJ（Y280like），还有部分为 G1like 和 Y439like，仅有极个别为北美谱系。

黄欣梅（2015）研究表明，2008—2013 年江苏、安徽、浙江等省养殖鸡群中的 H9N2 亚型禽流感病毒仍以 Y280like 分支较为常见，鸭群中出现 G1like 分支应引起人们的注意。NA 基因存在一定的变异，应加强对该类病毒的分子流行病学监测。

屈素洁（2016）等对广西 2011—2014 年的 10 株 H9N2 亚型禽流感病毒分离株的研究表明，其 234 位氨基酸均为 L，具有与哺乳动物唾液酸 α-2，6 受体结合的特征。分离株与参考毒株 HA 基因的核苷酸与氨基酸同源性均较高，分别为 79.3% ～98.7% 和 85.0% ～98.6%，均属欧亚种系，其中与 A/Duck/HongKong/Y280/97 亲缘关系较近。

陈顺艳（2016）等对 2011—2014 年广东、广西、湖北、四川、江苏、福建、浙江、云南、贵州及河北等 10 个省的 49 株 H9N2 毒株分析表明，所有分离株均属于以 HK/Y280/97 株为代表的 H9.4.2 谱系，并明显分成 2 个亚分支（H9.4.2.5 和 H9.4.2.6）。分离株 HA 基因核苷酸同源性在 87.1% ～100% 之间，与疫苗株 SH/F/98 株、GD/SS/94 株和 SD/6/96 株核苷酸同源性在 89.4% ～92.5% 之间。对 HA 基因的推导氨基酸序列分析表明，所有分离株裂解位点附近没有连续的碱性氨基酸插入，符合低致病性毒株特征，在 49 个分离株中共发现 10 个潜在糖基化位点，但只有 6 个糖基化位点保守。研究表明，近年来 H9N2 亚型禽流感在我国多个地区流行，2013 年以后流行毒株趋势以 H9.4.2.5 为主，但病毒基因仍在不断发生变异，因此需要继续加强对 H9N2 亚型禽流感分子流行病学的监控。

近年，尚飞雪（2012）指出中国 H9 毒株又发生了变化，出现了新病毒株（广西 05）。陈化兰等（2014）从 2009—2013 年间分离了 35 株 H9N2 病毒，分析认为可分为 17 个基因型，且大部分毒株内部基因均与近年感染人的 H7N9 和 H10N8 内部基因高度同源。唾液酸受体类型为 α－2.6，6 株病毒可经飞沫感染雪貂，同时发生了 E627K 和 D701N 突变，对人类健康构成了威胁。

总之，目前内地家禽体内主要以 BJ/1/94 分支病毒为主。在该分支内，病毒逐步变异，不断形成新的分支，野鸟体内也可以分离到该类型毒株，同时野鸟中还能分离到其他分支病毒，甚至分离到北美谱系 H9N2 亚型病毒。

第二章
禽流感临床诊断要点

禽流感的临床诊断，一是要掌握好本病的发病表现特点，二是要注意其与主要类症的鉴别。本章将扼要陈述高致病性 H5N1 亚型禽流感、高致病性 H7N9 亚型禽流感、低致病性 H9N2 亚型禽流感各自的临床特点，以及其与鸭瘟等十余种类症的鉴别要点。

第一节　几种主要亚型禽流感的特征

各种禽、鸟类感染禽流感病毒后，可出现无症状、轻微流感样症状或急性败血症症状等临床类型。

一、H5N1 亚型高致病性禽流感

H5N1 亚型高致病性禽流感是近年流行最广泛的高致病性禽流感。易感禽发病后，死亡率可高达 100%，主要临床症状为精神高度沉郁、废食、呼吸困难、冠髯发绀、皮肤出血、急性死亡等。剖检病禽可见全身组织器官渗出、出血、变性、坏死等典型的败血症变化。具体病理变化为：皮肤出血；眼角膜浑浊或蓝化，皮下出血、水肿；肌肉出血；黏膜瘀血、出血、变性、坏死；肺脏瘀血、出血、水肿；心内外膜出血，心肌纤维变性；肝脏肿大、出血、变性；脾脏肿大、出血、变性；胰脏出血、变性；肾脏、性腺出血等。详见图 2－1 ～ 图 2－17 。

图 2 - 1　H5N1 亚型禽流感，发病死亡率可高达 100%

图 2 - 2　H5N1 亚型禽流感，患禽头部肿大

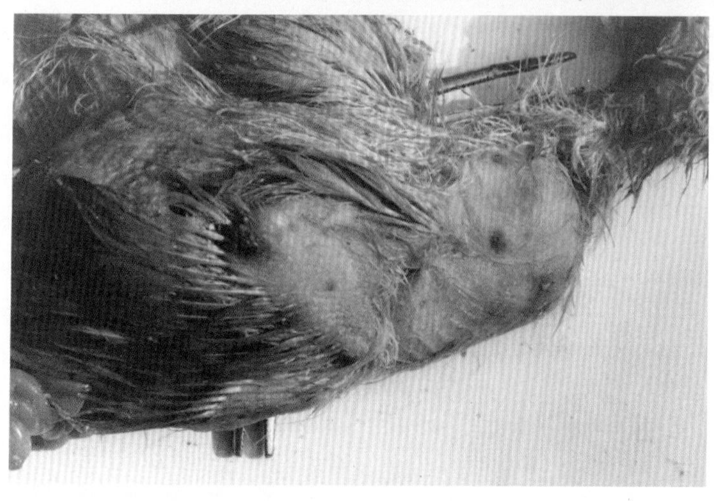

图 2 - 3　H5N1 亚型禽流感，患禽皮肤出血

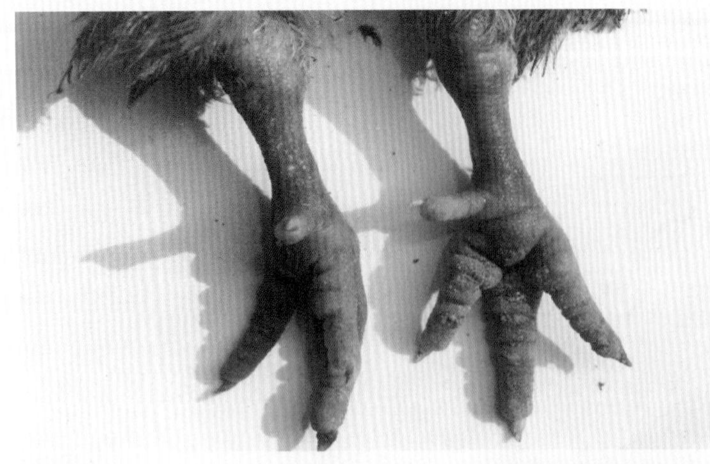

图 2-4　H5N1 亚型禽流感，患禽脚部皮肤出血

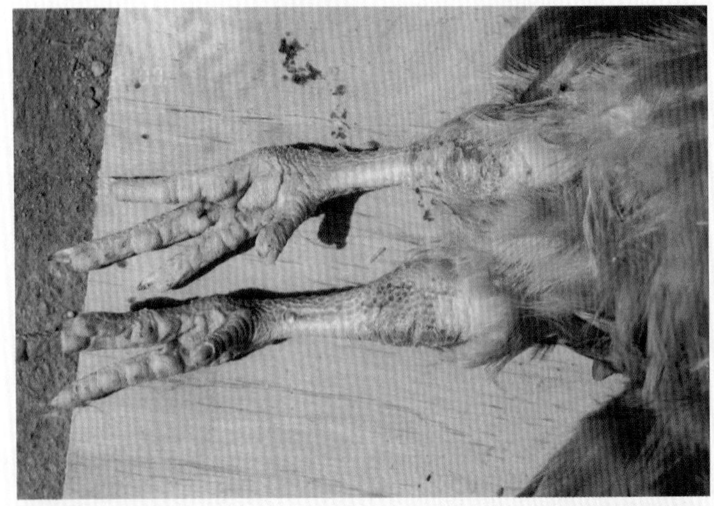

图 2-5　H5N1 亚型禽流感，患禽脚部皮肤出血

图 2-6　H5N1 亚型禽流感，患禽趾掌部皮肤出血

图 2-7　H5N1 亚型禽流感，患禽眼角膜浑浊蓝化

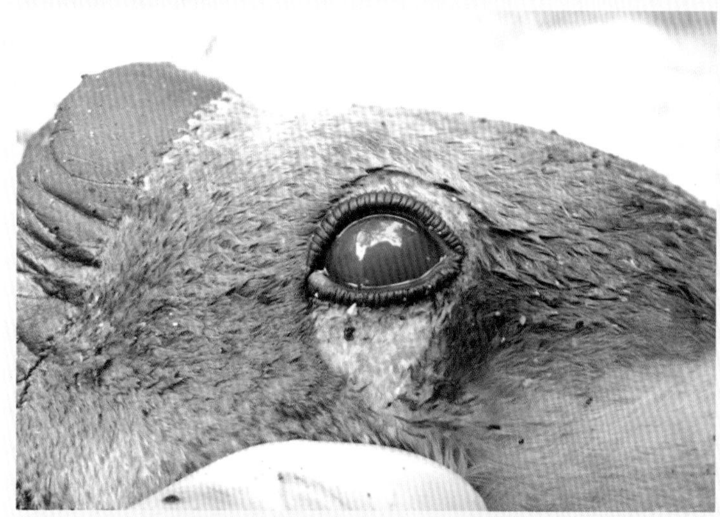

图 2-8　H5N1 亚型禽流感，患禽眼角膜浑浊蓝化

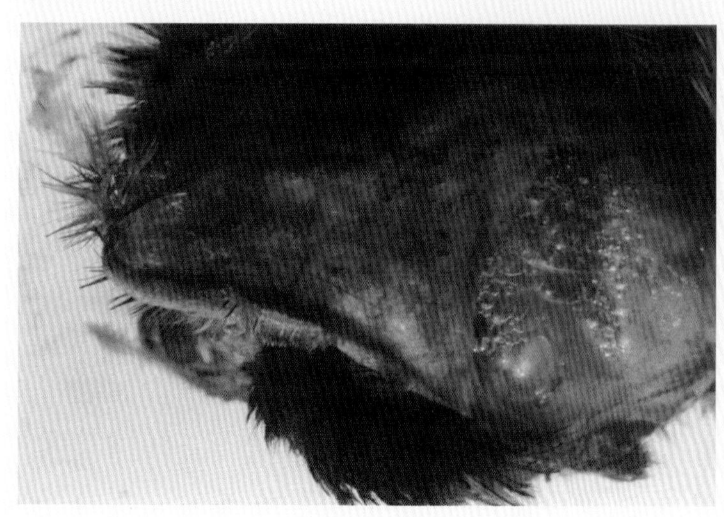

图 2-9　H5N1 亚型禽流感，患禽头部皮下出血、水肿

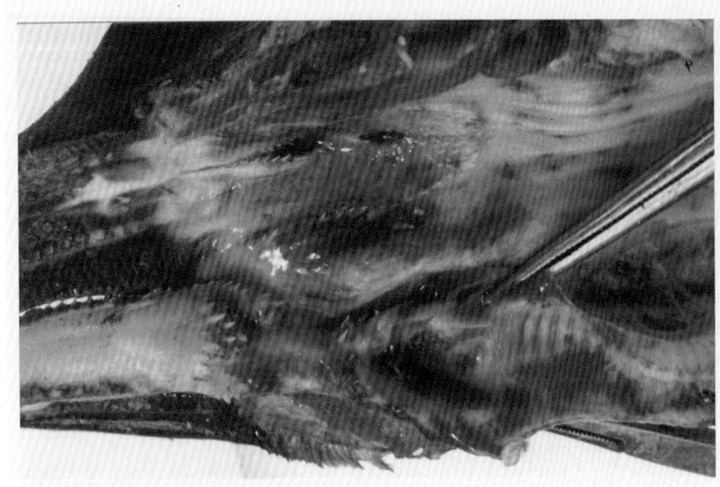

图 2 - 10　H5N1 亚型禽流感，患禽口腔食道黏膜出血

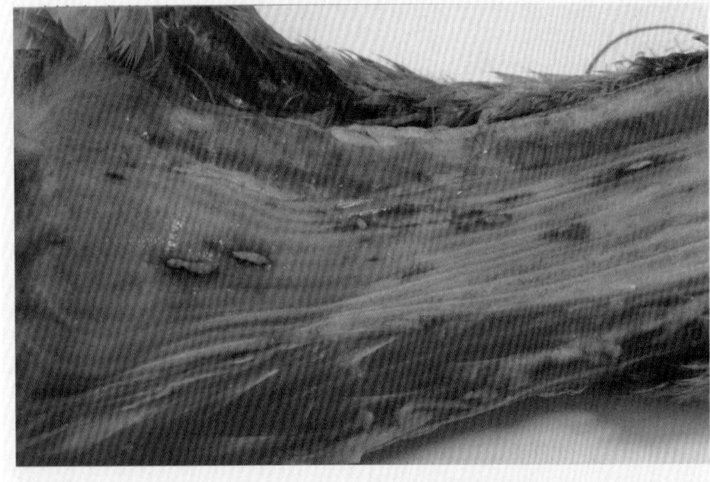

图 2 - 11　H5N1 亚型禽流感，患禽食道黏膜斑纹状出血、坏死

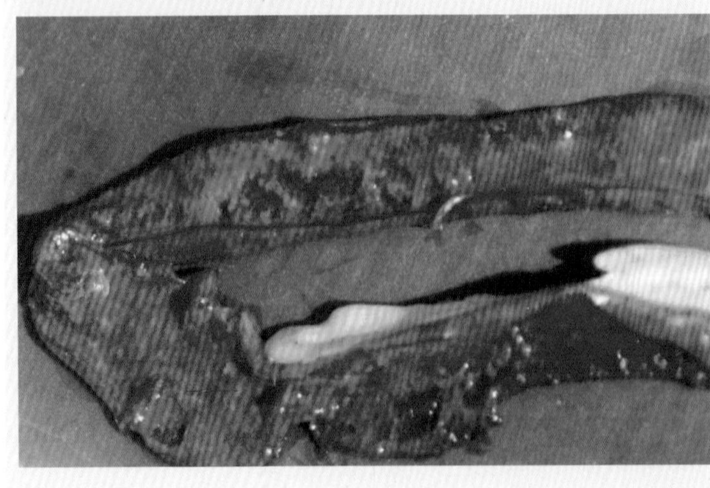

图 2 - 12　H5N1 亚型禽流感，患禽肠道黏膜出血、脱落

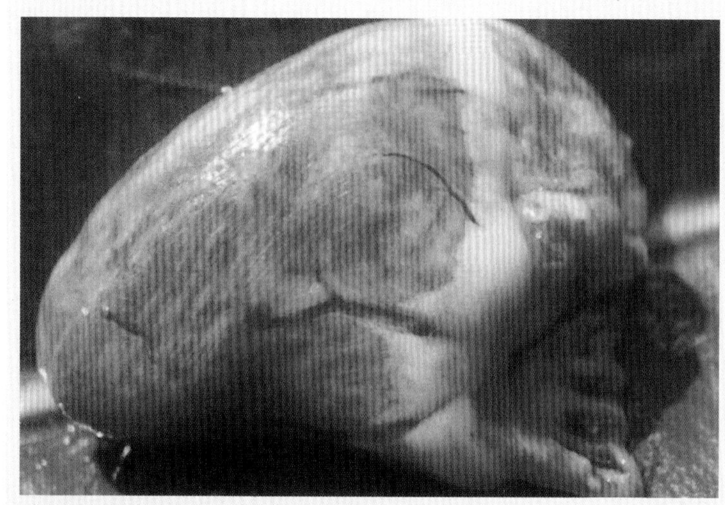

图 2 - 13　H5N1 亚型禽流感，患禽心肌纤维白色变性

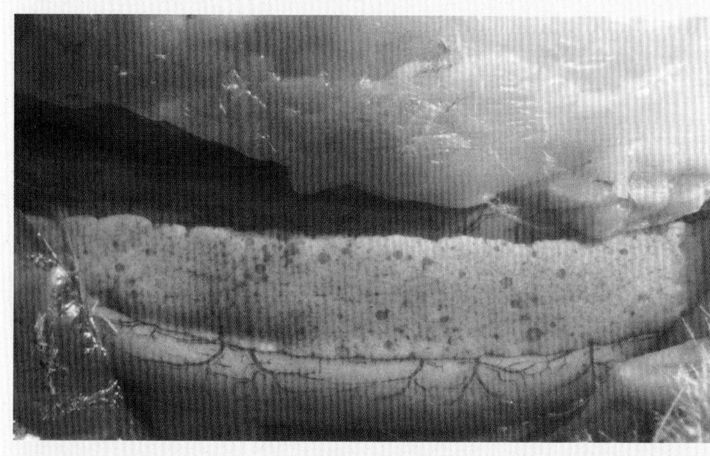

图 2 - 14　H5N1 亚型禽流感，患禽胰脏玻璃样变性、坏死

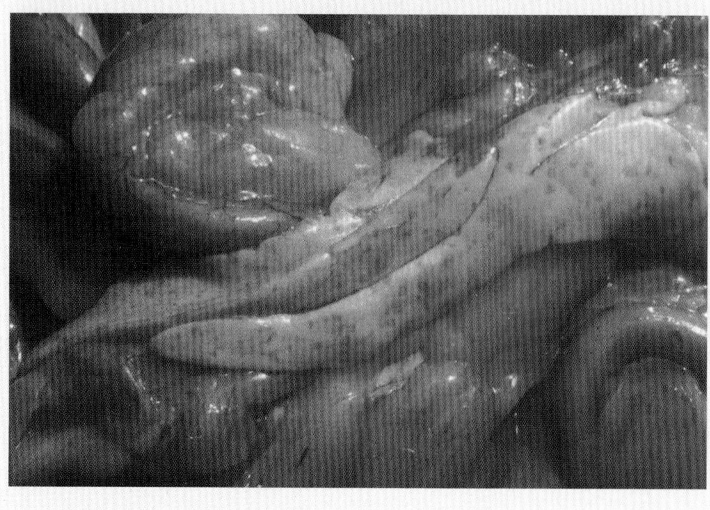

图 2 - 15　H5N1 亚型禽流感，患禽胰脏玻璃样变性、坏死

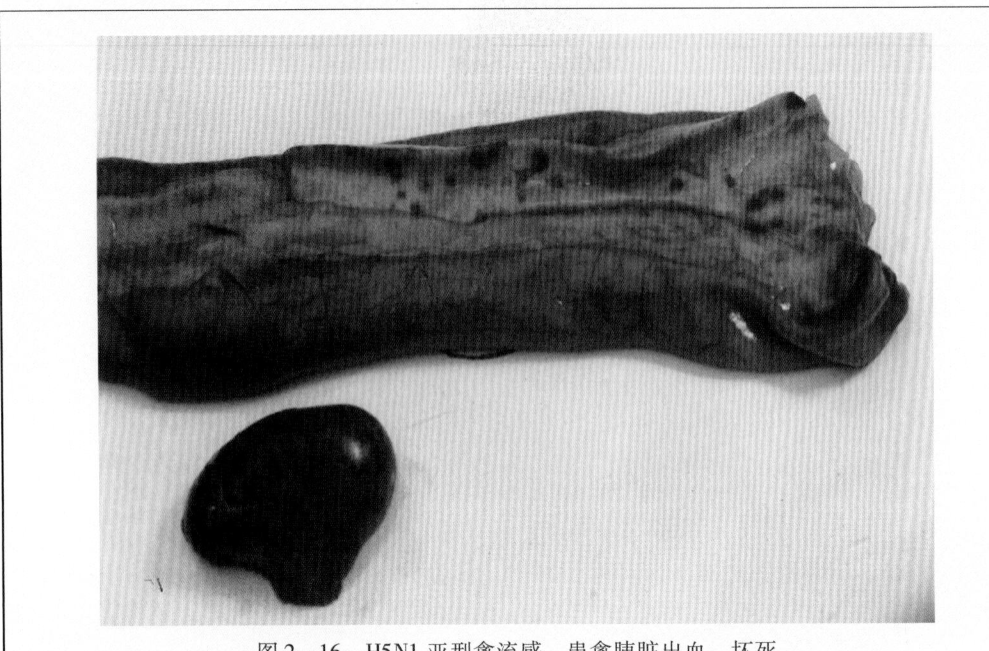

图 2－16　H5N1 亚型禽流感，患禽胰脏出血、坏死

图 2－17　H5N1 亚型禽流感，患禽脾脏点状变性

二、H7N9 亚型高致病性禽流感

H7N9 亚型高致病性禽流感是我国在 2016 年底发现的高致病性禽流感类型，近期大群明显发病病例可见于鸡，也发现于水禽，发病死亡率可高达 100%。其临床症状及病理变化与 H5N1 亚型禽流感十分相似，详见图 2－18 ～ 图 2－28。

图 2－18　H7N9 亚型禽流感，发病死亡率可达 100%

图 2－19　H7N9 亚型禽流感，患禽眼角膜蓝化，眼结膜充血

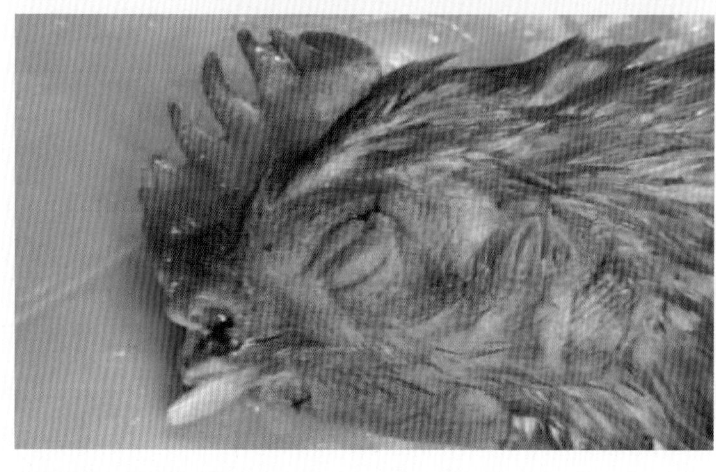

图 2－20　H7N9 亚型禽流感，患禽头部肿胀

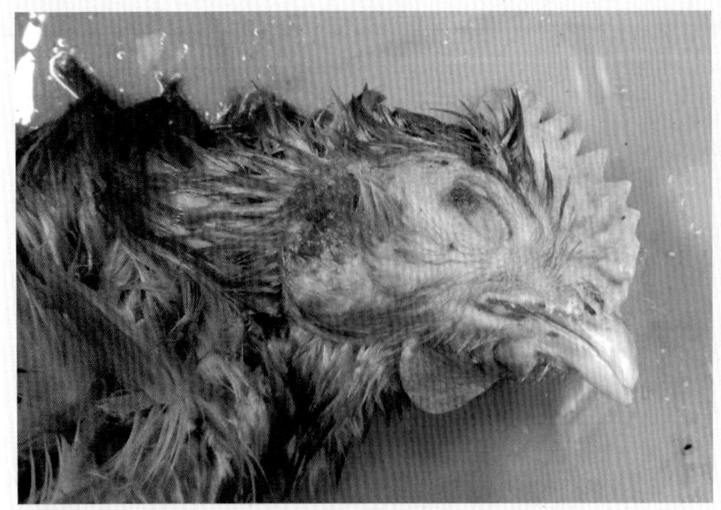

图 2－21　H7N9 亚型禽流感，患禽头部皮肤出血

图 2－22　H7N9 亚型禽流感，患禽脚部皮肤出血

图 2－23　H7N9 亚型禽流感，患禽胸腹部皮肤出血

图 2 - 24　H7N9 亚型禽流感，患禽咽部黏膜出现白色假膜

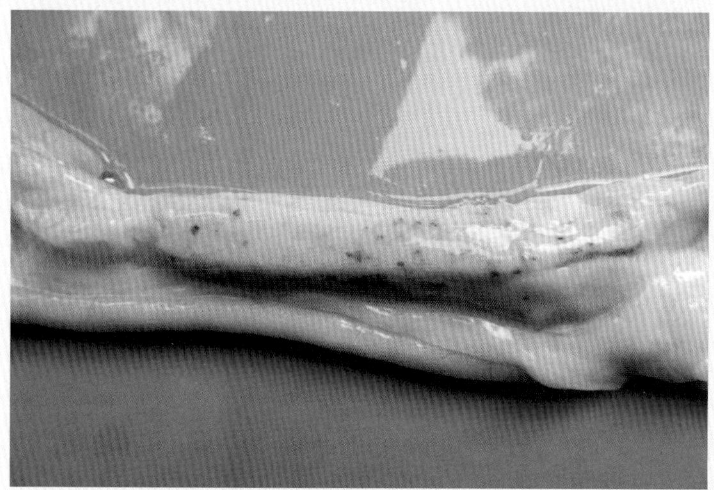

图 2 - 25　H7N9 亚型禽流感，患禽胰脏点状出血

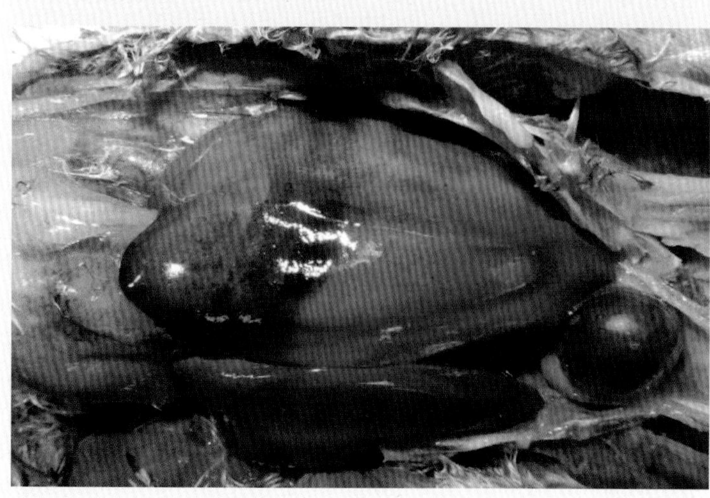

图 2 - 26　H7N9 亚型禽流感，患禽肝脏出血

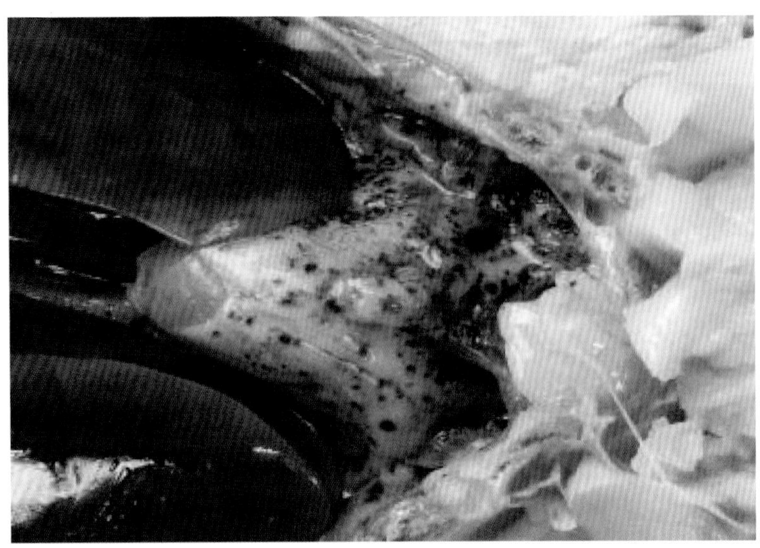

图 2－27　H7N9 亚型禽流感，患禽心包膜增厚、出血

图 2－28　H7N9 亚型禽流感，患禽肠系膜出血

三、H9N2 亚型低致病性禽流感

H9N2 亚型低致病性禽流感，是近二十年来世界上包括我国流行最广的低致病性禽流感，其临床主要症状为：发热、流泪、流涕、精神委顿、食欲减少、产蛋量下降、卵子畸形等。剖检病禽可见主要病理变化为：眼结膜出血；口腔、食道黏膜局部点状变性、坏死；鼻腔、气管卡他性炎；肺泡支气管形成干酪性渗出物；气囊与体腔黏液性渗出。详见图 2－29 ～ 图 2－33。

图 2－29　H9N2 亚型禽流感，患禽眼结膜炎、流泪

图 2－30　H9N2 亚型禽流感，患禽喉气管黏膜充血、渗出

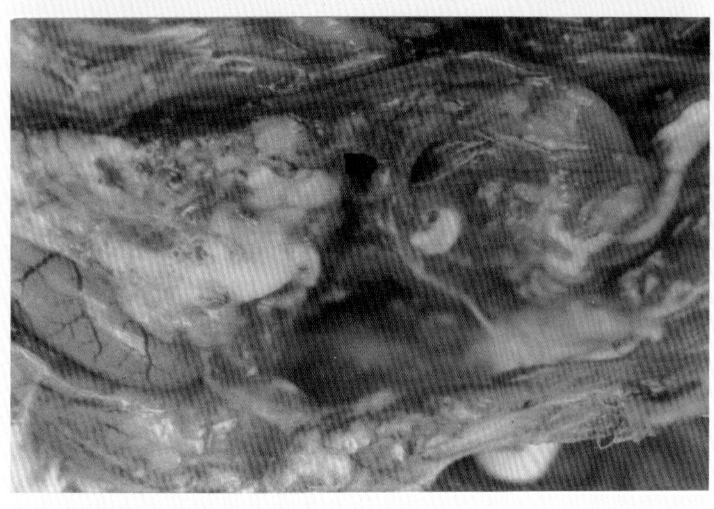

图 2－31　H9N2 亚型禽流感，患禽腹膜渗出黏液

图 2 - 32　H9N2 亚型禽流感，患禽食道黏膜斑纹样出血与坏死

图 2 - 33　H9N2 亚型禽流感，患禽产蛋量下降，卵子畸形

第二节　禽流感与几种主要类症鉴别要点

在禽流感的临床诊断过程中，应特别注意与各种类症，包括：禽Ⅰ型副黏病毒病、鸭瘟、禽霍乱、沙门菌病、大肠杆菌病、坏死性肠炎、鸭病毒性肝炎、包涵体肝炎、败血霉形体病、呼肠孤病毒病及腺病毒感染等的鉴别。

一、与禽Ⅰ型副黏病毒病的鉴别

禽Ⅰ型副黏病毒病，包括由禽Ⅰ型副黏病毒引起的鸡新城疫、鸽瘟和水禽Ⅰ型副黏病毒病。其主要临床诊断要点是：患禽可能出现神经症状，病理变化主要为腺胃腺乳头出血、肠道淋巴集合组织尤其是盲肠扁桃体出血、坏死，泄殖腔黏膜出血等，详见图 2 -34 ～ 图 2 -45。高致病性禽流感患禽也可见类似的腺胃黏膜出血，肠道黏膜广泛性出血常更为严重，或出现肠道黏膜的瘢痕状出血，内容物混有血液，同时兼有皮肤出血，胰腺、肝脏、脾脏出血变性与坏死等病理变化，详见图 2 – 46 ～ 图 2 – 52。水禽副黏病毒病或称水禽新城疫，自 1997 年首次发现鹅群发生该病后，继续在不同品种的鸭、鹅群上发病，引发较高的死亡率，在临床上易与禽流感混淆，在诊断依据或标准上尚不清晰。为更好地把握该病的临床特征，理清水禽副黏病毒病在临床诊断的技术依据，本章除在下文中扼要陈述了水禽Ⅰ型副黏病毒病与水禽禽流感临诊的主要区别外（图 2 – 34 ～ 图 2 – 52），尚在本书末尾附上“水禽Ⅰ型副黏病毒病（新城疫）的临床诊断技术指标”的内容，以供参考对照。

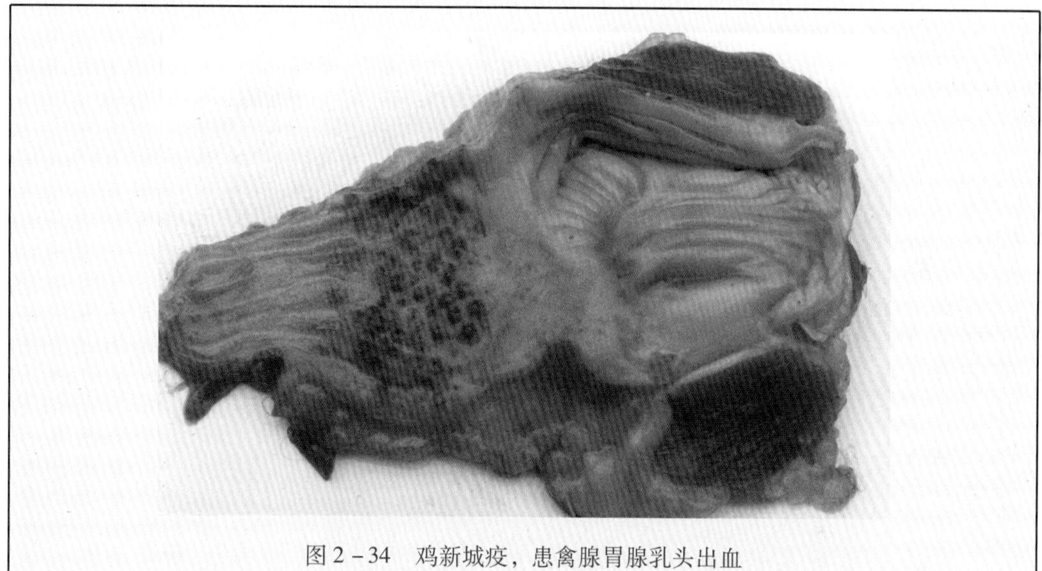

图 2 – 34　鸡新城疫，患禽腺胃腺乳头出血

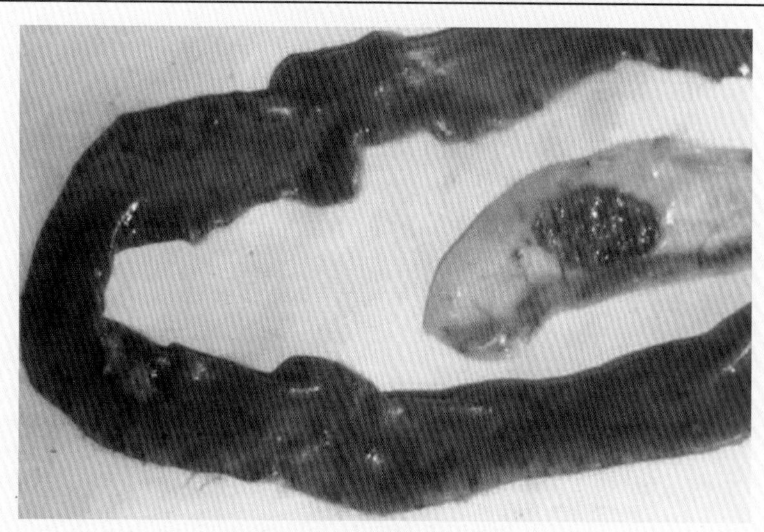

图 2 – 35　鸡新城疫，患禽肠道淋巴集合组织出血坏死

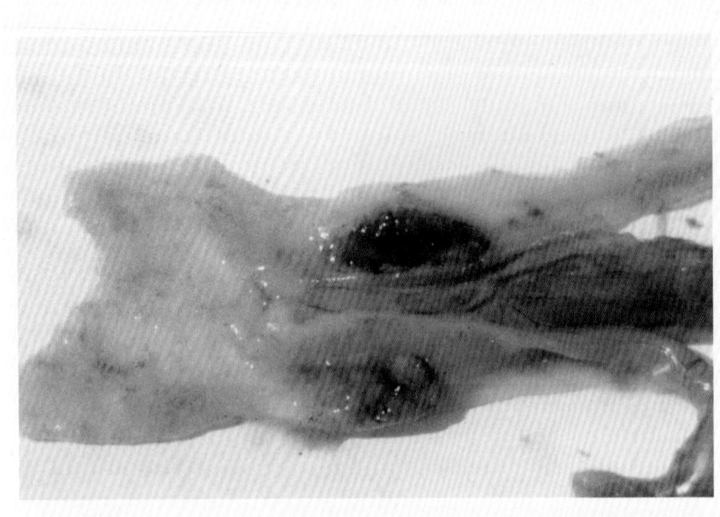
图 2－36　鸡新城疫，患禽盲肠扁桃体出血

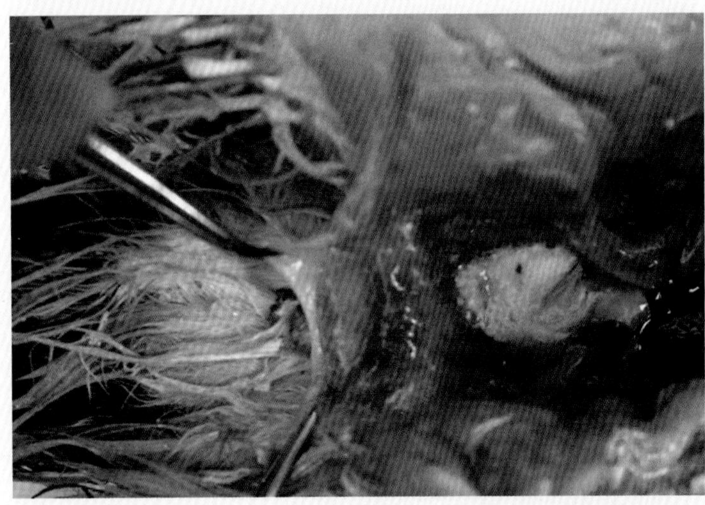
图 2－37　鸡新城疫，患禽泄殖腔粘膜出血

图 2－38　水禽Ⅰ型副黏病毒病，患鸭出现扭头、转圈等神经症状

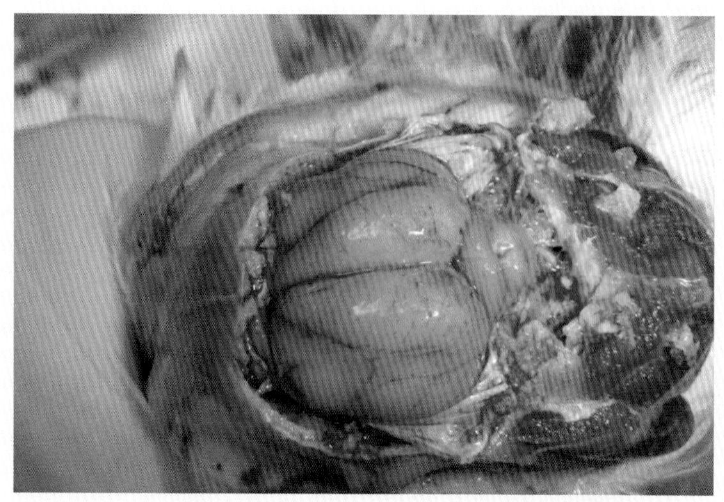

图2－39　水禽Ⅰ型副黏病毒病，患鸭脑充血、出血

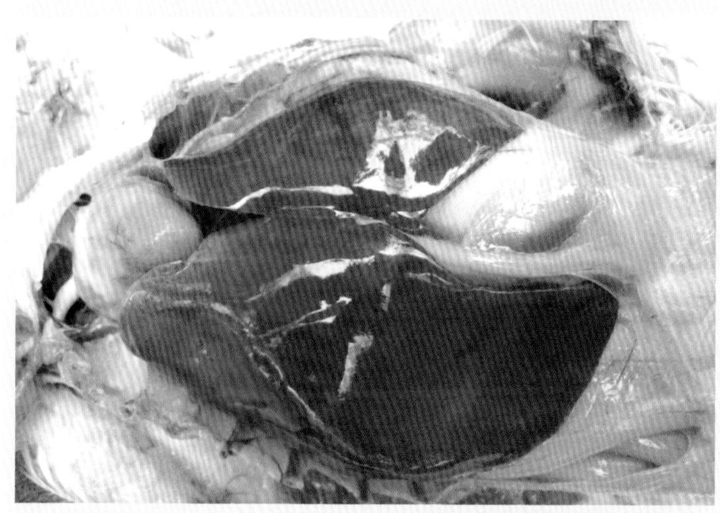

图2－40　水禽Ⅰ型副黏病毒病，患鸭肝脏充血、出血，毛细血管呈网状

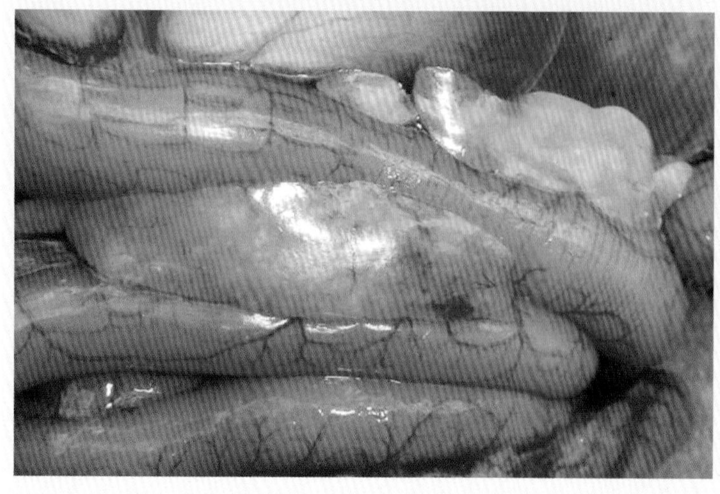

图2－41　水禽Ⅰ型副黏病毒病，患鸭胰腺点状出血及点状灰白色变性

图2－42　水禽Ⅰ型副黏病毒病，患鸭肾脏轻度肿大，出血

图2－43　水禽Ⅰ型副黏病毒病，患鸭腺胃黏膜点状出血

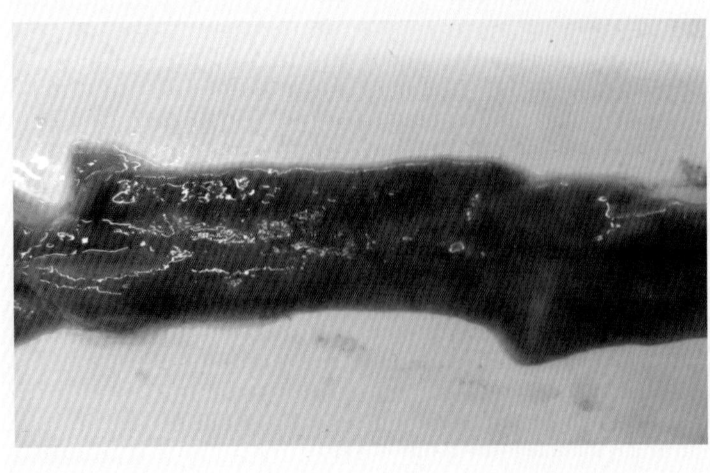

图2－44　水禽Ⅰ型副黏病毒病，患鸭肠黏膜弥漫性出血

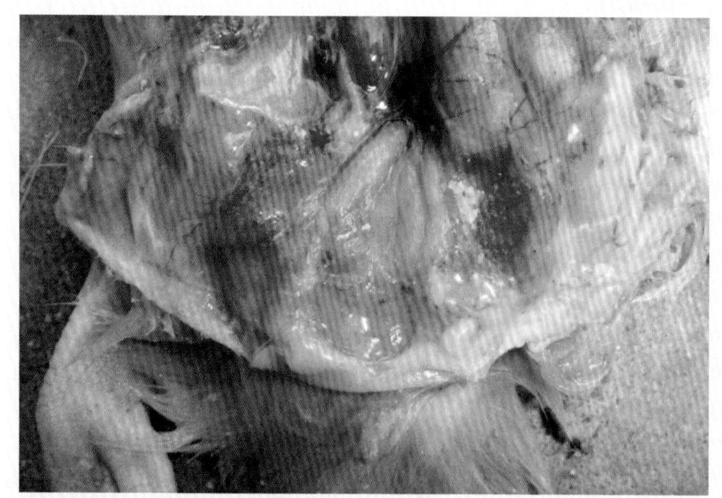

图 2－45　水禽Ⅰ型副黏病毒病，患鸭泄殖腔黏膜出血

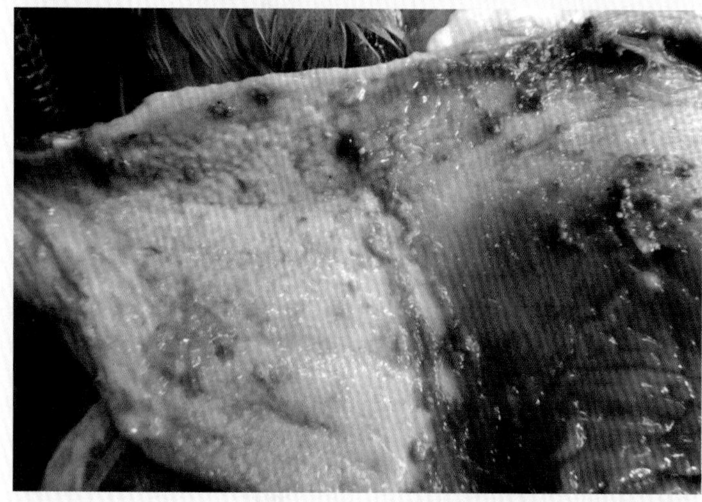

图 2－46　高致病性禽流感，患禽肌胃角质层脱落，角质下层出血

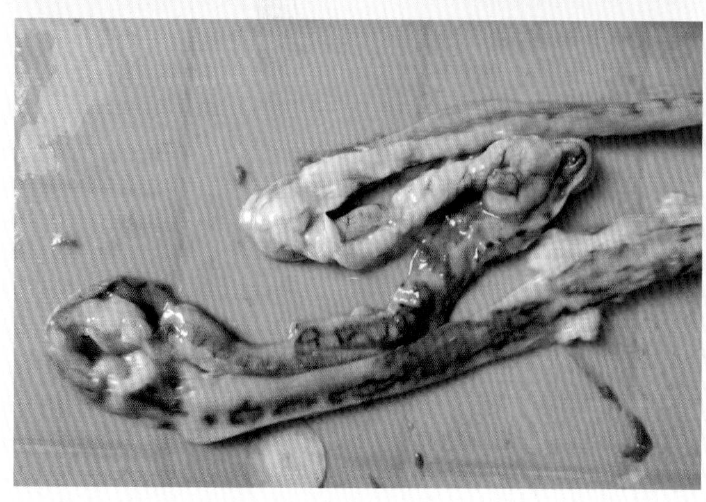

图 2－47　高致病性禽流感，患禽肠道黏膜瘢痕样出血

图 2－48　高致病性禽流感，患禽肠道出血，肠内容物混有血液

图 2－49　高致病性禽流感，患禽头部皮肤出血

图 2－50　高致病性禽流感，患禽胰脏变性、坏死

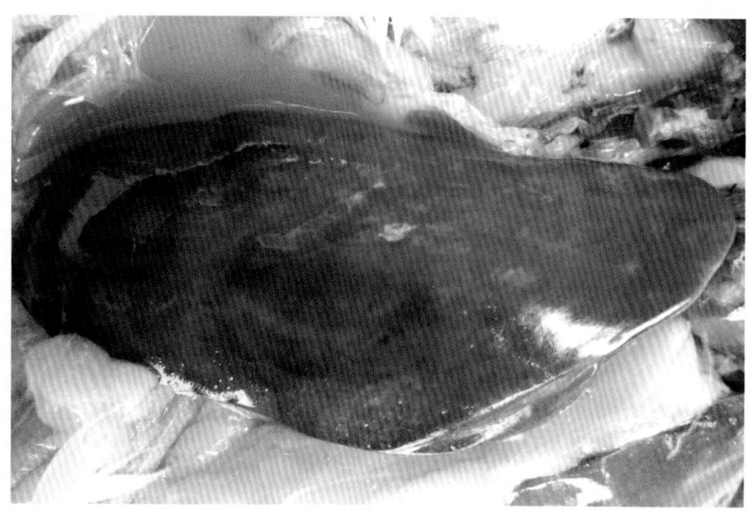

图 2－51　高致病性禽流感，患禽肝脏斑点状变性坏死

图 2－52　高致病性禽流感，患禽脾脏小叶变性，小叶间出血

二、与鸭瘟的鉴别

鸭瘟是由鸭瘟病毒引起鸭、鹅等水禽的急性败血性传染病。其主要临床诊断要点是剖检患禽可见口腔、食道和泄殖腔黏膜形成黄褐色斑块状的伪膜，肝脏表面有局灶性斑点出血与变性、坏死，详见图 2－53 ～ 图 2－56。禽流感患禽也可见在口腔、食道和泄殖腔黏膜形成斑点出血与米黄色点状或条纹状的伪膜，肝脏常发生肿胀，表面有广泛的出血斑点与点状或集合点状坏死灶，应予注意，详见图 2－57 ～ 图 2－61。

图 2-53　鸭瘟，患禽食道黏膜变性坏死，表面出现大面积假膜

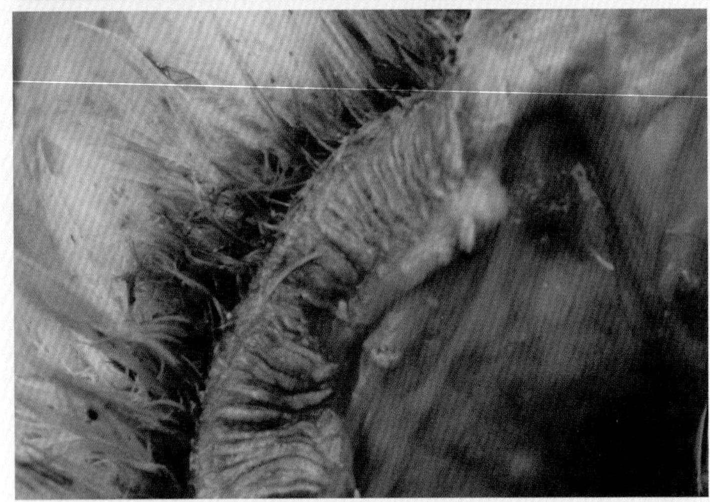

图 2-54　鸭瘟，患禽泄殖腔及其外沿黏膜坏死，出现假膜

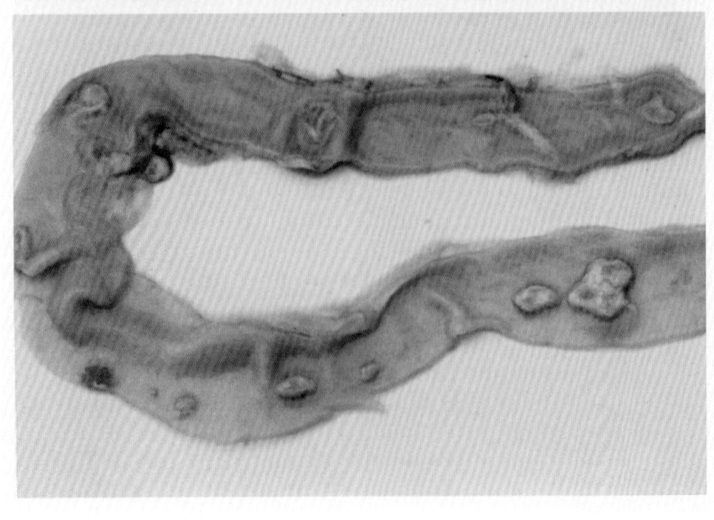

图 2-55　鸭瘟，患禽肠道淋巴集合组织坏死，出现假膜

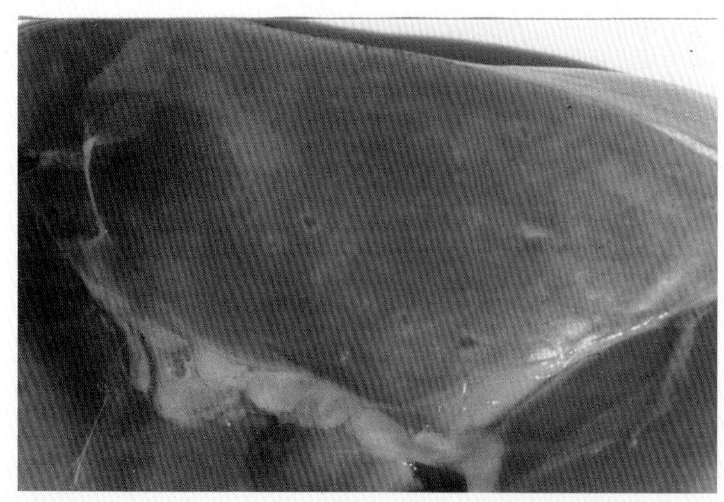

图 2 – 56　鸭瘟，患禽肝脏有局灶性出血与变性病灶

图 2 – 57　禽流感，患禽口腔黏膜变性，出现白色假膜

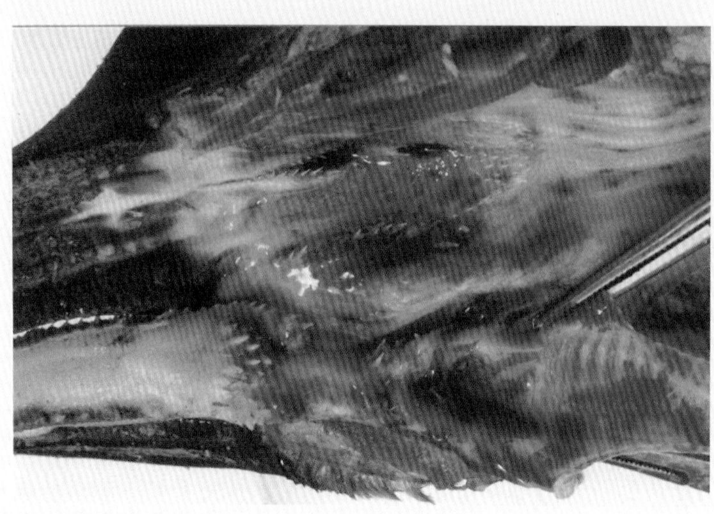

图 2 – 58　高致病性禽流感，患禽口腔食道黏膜斑点状出血

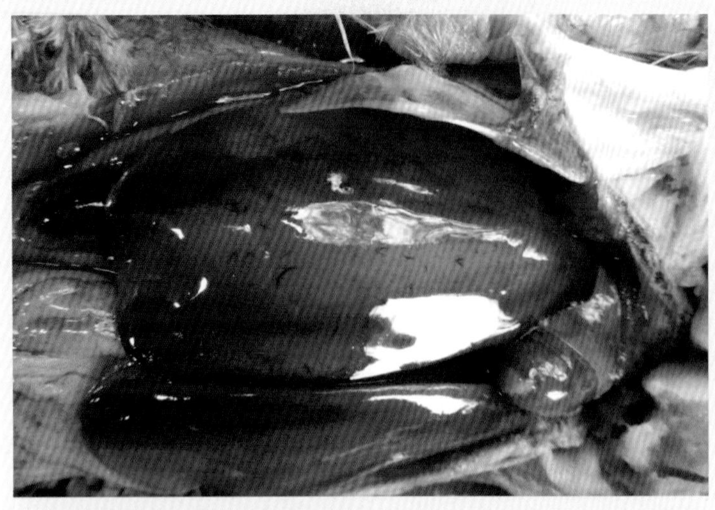

图 2－59　高致病性禽流感，患禽肝脏肿胀，出现树枝状出血与隐约的点状变性

图 2－60　高致病性禽流感，患禽肝脏大面积点状出血

图 2－61　高致病性禽流感，患禽肝脏广泛出现点状变性、坏死与散在的点状出血

三、与禽霍乱的鉴别

禽霍乱是由禽多杀性巴氏杆菌引起的鸡、鸭、鹅等多种禽、鸟类的急性败血性传染病。其临床诊断要点是：剖检患禽可见肺脏出血、水肿，心冠脂肪、心内外膜出血，肝脏表面有广泛的、大小较一致的、分散的点状变性、坏死，十二指肠黏膜出血，详见图2－62～图2－65。禽流感患禽在上述组织器官亦可见类似病理变化。但是，禽流感患禽病变更严重，心脏常有心肌纤维变性，肠道出血常见肠内容物混有血液，肝脏常见肿胀，肝脏表面出血较明显，坏死点多为集合性分布，详见图2－66～图2－70。

图2－62　禽霍乱，患禽肺脏水肿、瘀血、出血

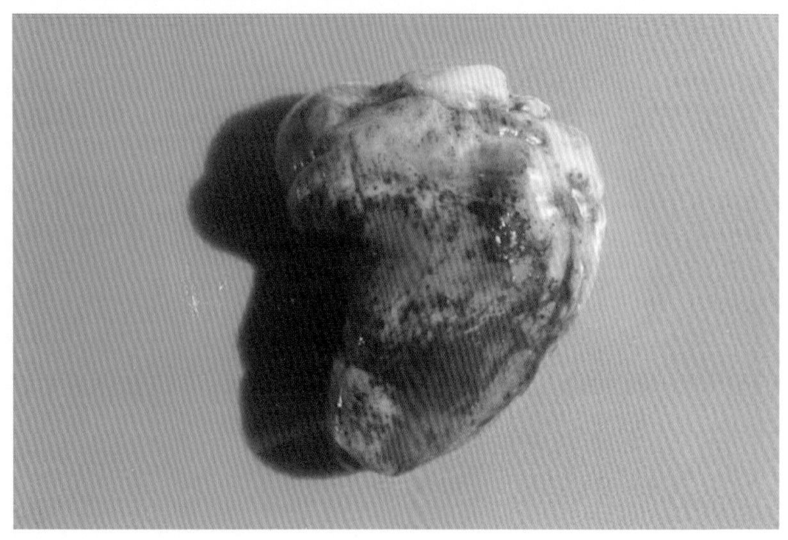

图2－63　禽霍乱，患禽心冠脂肪及心外膜出血

图 2－64　禽霍乱，患禽肝脏广泛出现针尖大小的白色坏死点

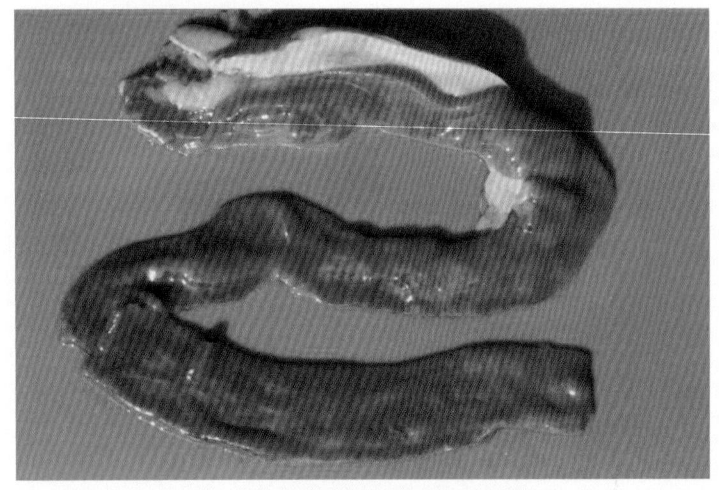

图 2－65　禽霍乱，患禽十二指肠黏膜广泛出血

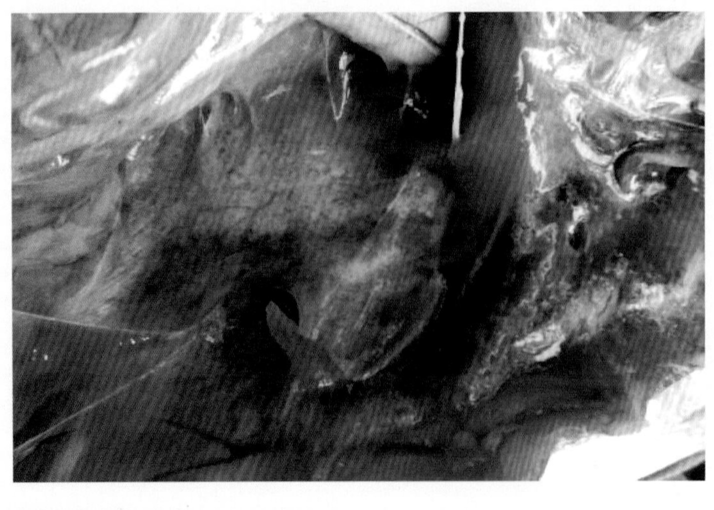

图 2－66　高致病性禽流感，患禽肺脏出血，有时可见出血灶与正常肺组织的明显界线

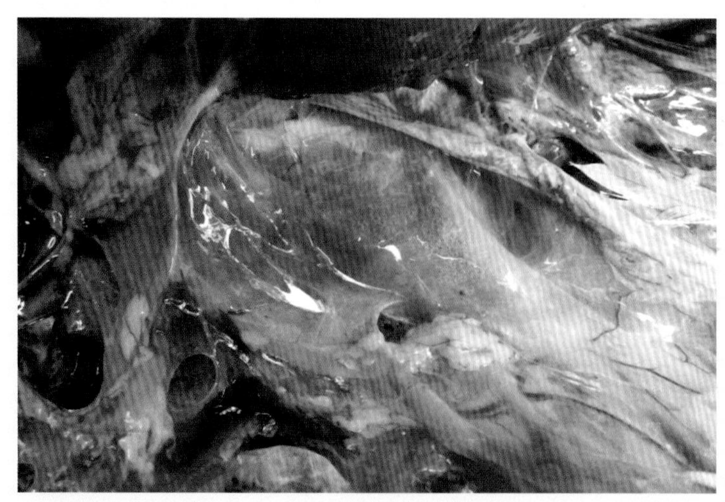

图 2 - 67　高致病性禽流感，患禽肺脏出血、严重水肿，肺脏表面蓄积冻胶样渗出物

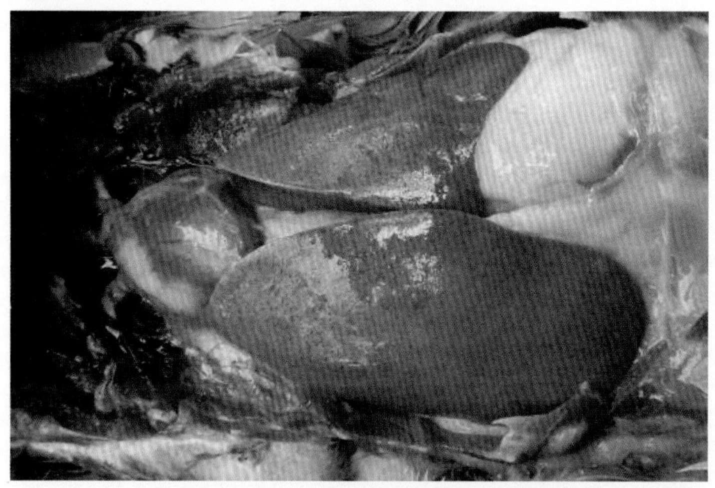

图 2 - 68　高致病性禽流感，患禽肝脏有广泛的出血点

图 2 - 69　高致病性禽流感，患禽肝脏有广泛的出血点与坏死点

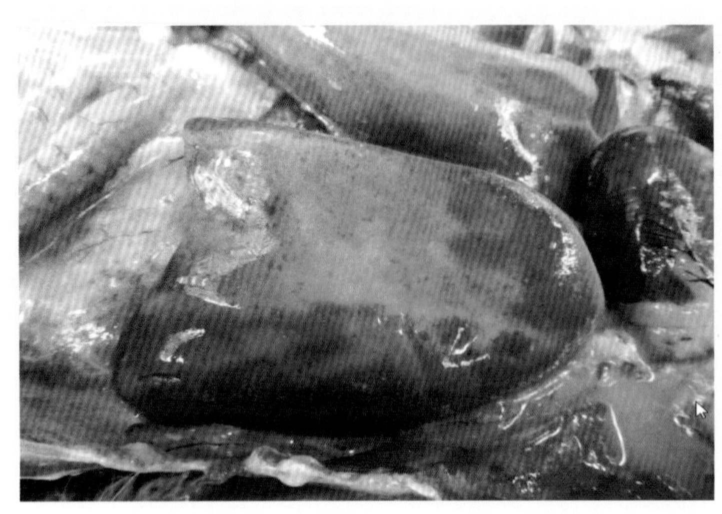

图 2 - 70　高致病性禽流感，患禽肝脏有许多分散的出血点与坏死点

四、与沙门菌病鉴别

沙门菌病是由禽沙门菌引起的鸡、鸭、鹅等多种禽、鸟类的亚急性传染病。其临床诊断要点是：剖检患禽可见肝脏表面有广泛的、大小不一的点状或网状变性、坏死灶，并常伴随肝脏硬化；成年母禽常有卵巢变形、变色、变性（干酪化倾向），见图 2 - 71 ～ 图 2 - 74。禽流感患禽肝脏常见肿胀，肝脏表面出血较明显，坏死点多为集合性分布，卵子多为出血和急性破裂（卵黄液较纯黄色、新鲜），见图 2 - 75、图 2 - 76。

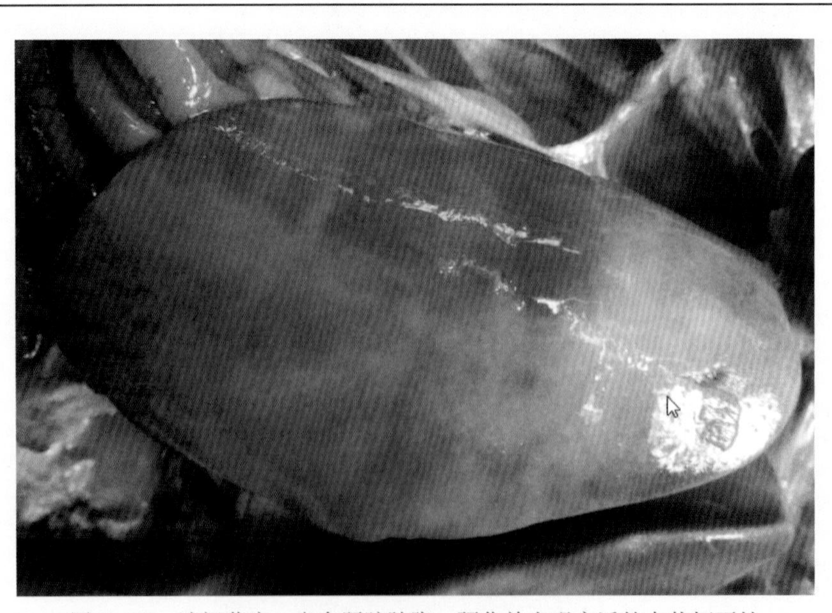

图 2 - 71　沙门菌病，患禽肝脏肿胀、硬化并出现广泛的点状坏死灶

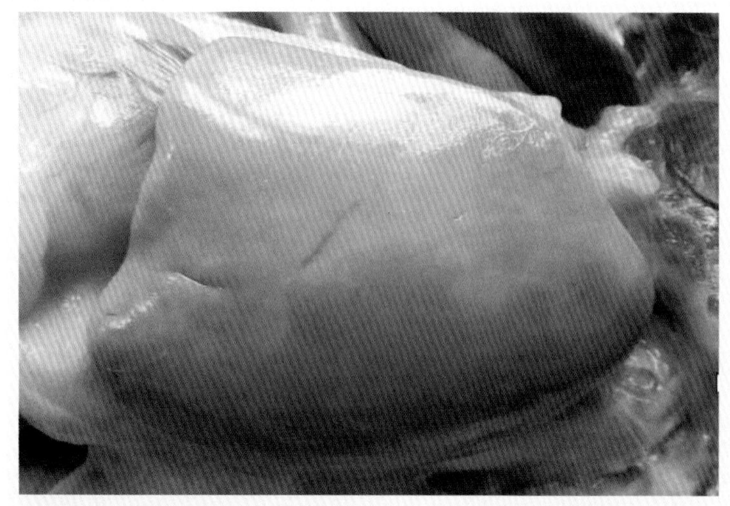

图 2－72　沙门菌病，患禽肝脏肿胀、硬化

图 2－73　沙门菌病，患禽肝脏硬化及出现斑块状与点状的坏死灶

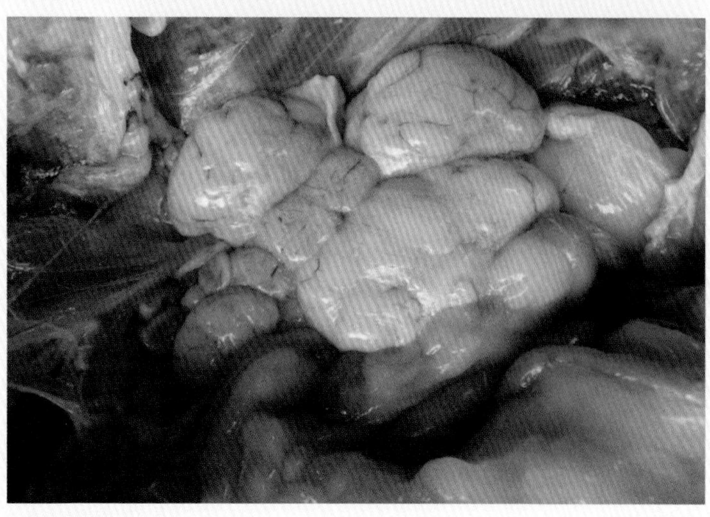

图 2－74　沙门菌病，患禽卵巢变色、变形、变性

图 2－75　高致病性禽流感，患禽肝脏广泛出现出血点，隐约可见坏死点

图 2－76　高致病性禽流感，患禽卵子破裂，出现急性的卵黄性卵巢炎

五、与禽大肠杆菌病鉴别

禽大肠杆菌病是由致病性禽大肠杆菌引起的鸡、鸭、鹅等多种禽鸟类的急性或亚急性传染病。其临床诊断要点是：剖检患禽可见肝脏表面有大量纤维素性渗出物，成年母禽有卵黄性腹膜炎，腹腔渗出物固化、陈旧，散发粪臭味，尚可见到腹膜炎、输卵管炎等，见图 2－77 ～ 图 2－79。禽流感患禽较少见到纤维素性肝周炎，卵子多为出血和急性破裂（卵黄液较纯黄色、新鲜），见图 2－80、图 2－81。

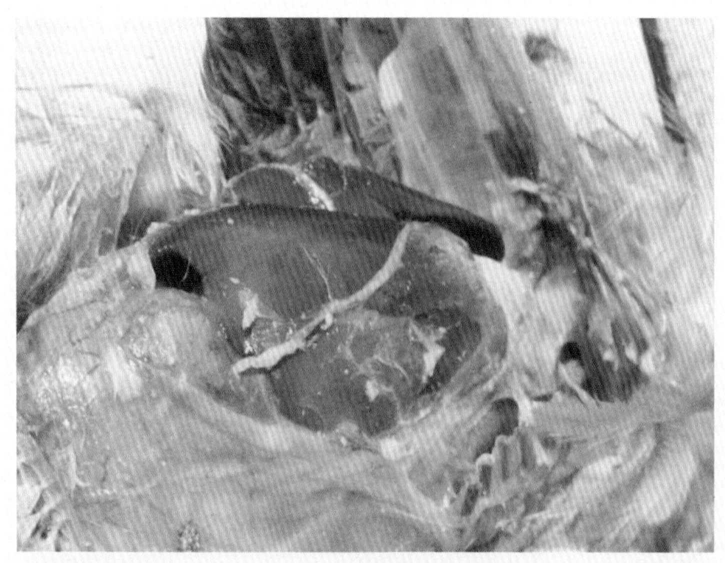

图2－77 禽大肠杆菌病，患禽出现纤维素性肝周炎

图2－78 禽大肠杆菌病，患禽出现亚急性与慢性的卵黄性腹膜炎

图2－79 禽大肠杆菌病，患禽出现亚急性或慢性的输卵管炎

图 2－80　高致病性禽流感，患禽卵子被膜充血、严重出血、变性变形

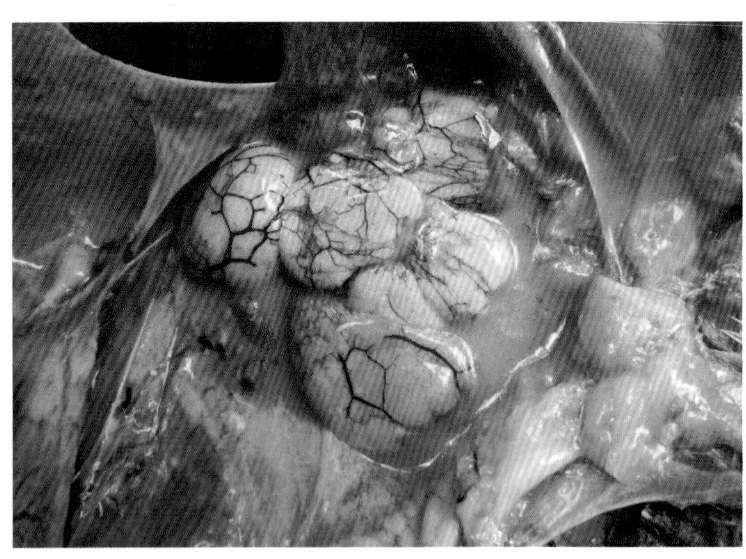

图 2－81　高致病性禽流感，患禽卵子破裂，出现急性卵黄性卵巢炎

六、与坏死性肠炎鉴别

坏死性肠炎是由梭菌感染等原因引起鹅等禽类的急性肠道传染病。其临床诊断要点是：剖检患禽可见中后段肠管黏膜出血、变性、坏死、脱落，内容物带血呈豆渣样，详见图 2－82、图 2－83。禽流感患禽肠道出血，肠内容物混有血液甚至血凝块，但肠黏膜脱落不及坏死性肠炎明显，详见图 2－84。

图2－82　坏死性肠炎，患禽肠道黏膜出血、坏死、整片脱落

图2－83　坏死性肠炎，患禽肠道黏膜出血、坏死、整片脱落

图2－84　高致病性禽流感，患禽肠道黏膜出血及轻度脱落，肠内容物混有血液与血凝块

七、与鸭肝炎（Ⅰ型）鉴别

鸭肝炎（Ⅰ型）是由小RNA病毒科鸭病毒性肝炎病毒（Ⅰ型）及其变异毒株——中国台湾新型、韩国新型病毒引起雏鸭的急性败血性传染病。其临床诊断要点是：剖检患病雏鸭可见肝脏表面有广泛斑点（斑块）状出血，部分病雏可见胆囊（胆汁）变为淡绿色或淡褐色情况，详见图2－85、图2－86。禽流感患禽肝脏表面有出血斑点，同时会有白色坏死点，胆囊无变色情况，见图2－87～图2－89。

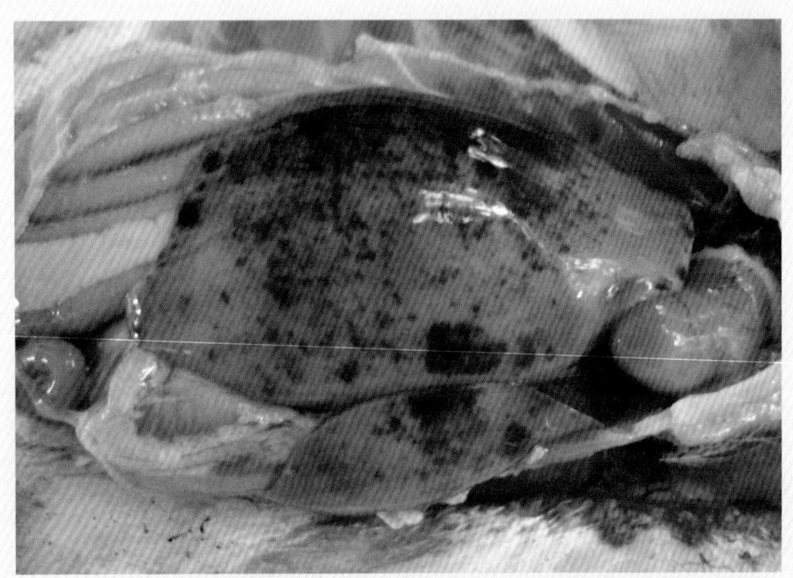

图2－85　鸭病毒性肝炎，患禽肝脏出现斑点状出血

图2－86　鸭病毒性肝炎，患禽胆囊胆汁变为藤黄色

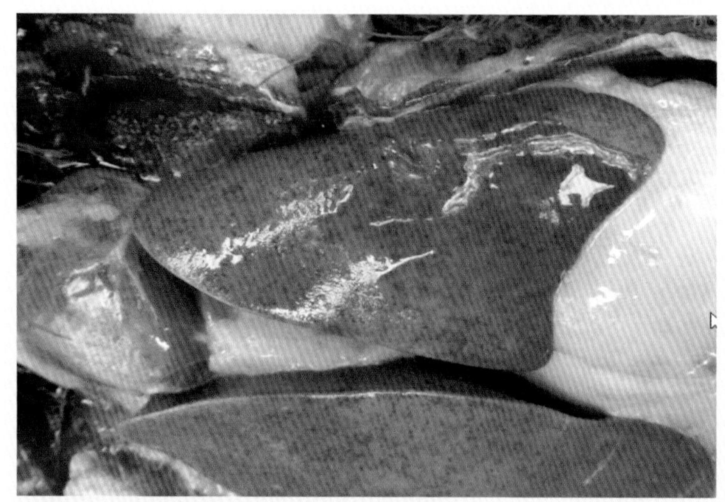

图 2 - 87 高致病性禽流感，患禽肝脏广泛分布出血点

图 2 - 88 高致病性禽流感，患禽肝脏分布斑块状变性、坏死灶

图 2 - 89 高致病性禽流感，患禽脾脏广泛出现点状变性、坏死灶

八、与包涵体肝炎鉴别

包涵体肝炎（IBH）由腺病毒Ⅰ型感染所致，多见于3～7周龄鸡，也可见于鸽、鹦鹉、隼、火鸡。肝脏瘀血、肿胀、质脆，肝脏表面有凹陷出血斑点和粉白色坏死斑点，详见图2－90、图2－91。禽流感患禽肝脏质地脆弱程度较轻，出血灶凹陷情况不明显，详见图2－92～图2－94。

图2－90　包涵体肝炎，患禽肝脏肿胀，质地脆弱，表面广泛出现斑点状出血点与坏死点

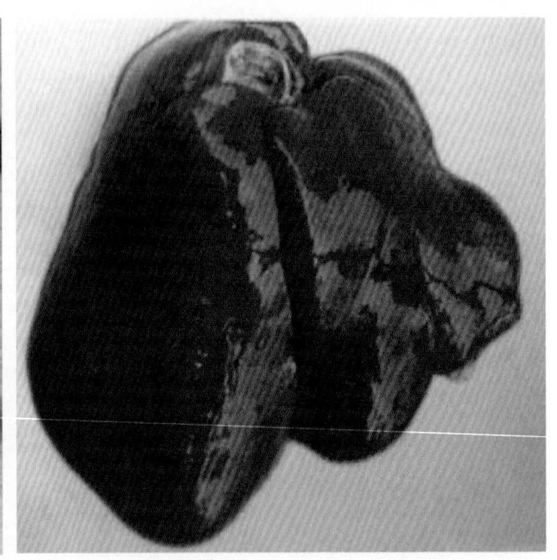

图2－91　包涵体肝炎，患禽肝脏肿胀，质地脆弱，表面广泛出现斑点状出血点

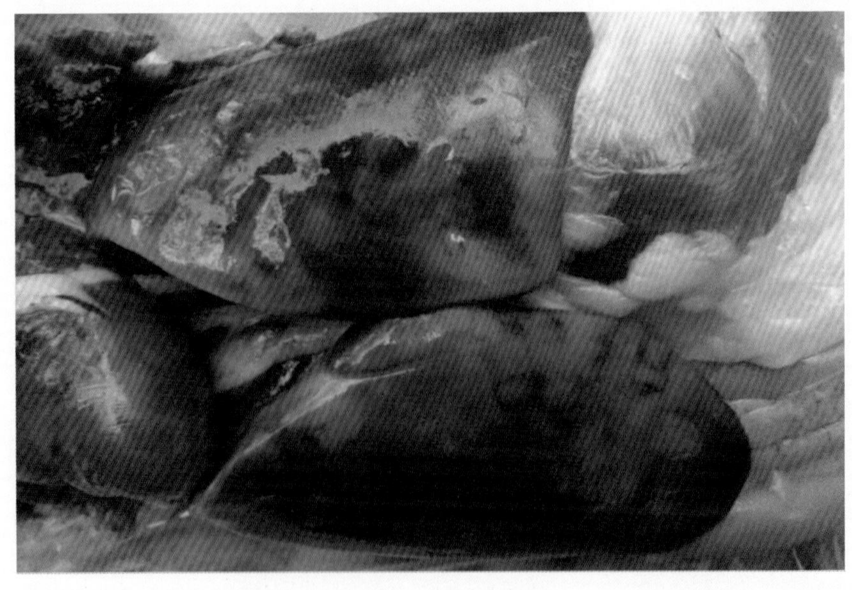

图2－92　高致病性禽流感，患禽肝脏暗红色，呈花纹样出血

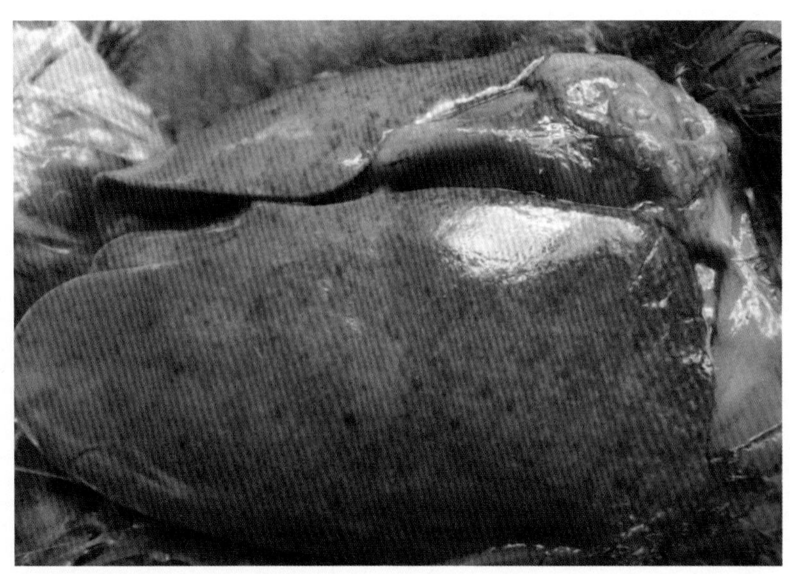

图 2－93　高致病性禽流感，患禽肝脏稍肿，布满大量大小不一的出血点和灰白色坏死点

图 2－94　高致病性禽流感，患禽肝脏形成花纹样灰黄色坏死灶

九、与败血霉形体病鉴别

败血霉形体病是由败血霉形体引起鸡、鸭、鹅等禽类的亚急性或慢性传染病。其临床诊断要点是：剖检患禽可见气囊壁浑浊，气囊腔内有大量沾液性或纤维素性渗出物，肺泡支气管可能有白色渗出物堵塞，见图 2－95 ～ 图 2－98。禽流感患禽气囊内及腹腔均可能见到黏液状分泌物，见图 2－99 ～ 图 2－102。

图 2－95　败血霉形体病，患禽发病早期气囊膜浑浊，黏附带气泡样渗出液

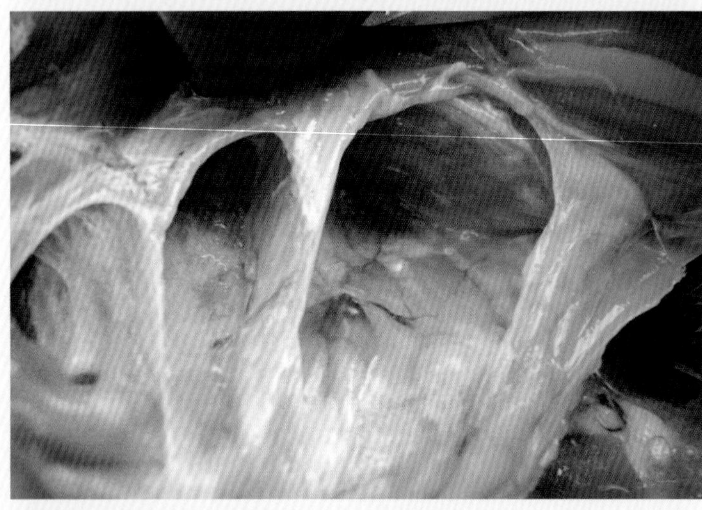

图 2－96　败血霉形体病，患禽气囊膜增厚、水肿，有大量纤维素性渗出物

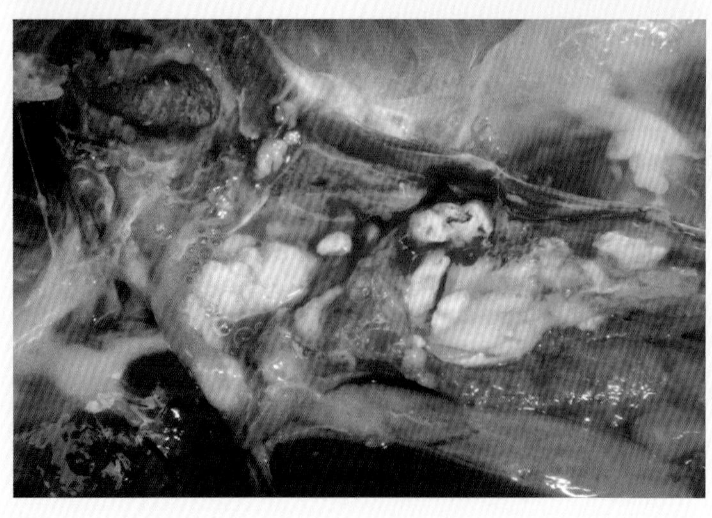

图 2－97　败血霉形体病，患禽气囊腔、腹腔有渗出液和干酪样、团块样纤维素性渗出物

图2－98 败血霉形体病，患禽肺支气管内有黏液或条索状渗出物堵塞

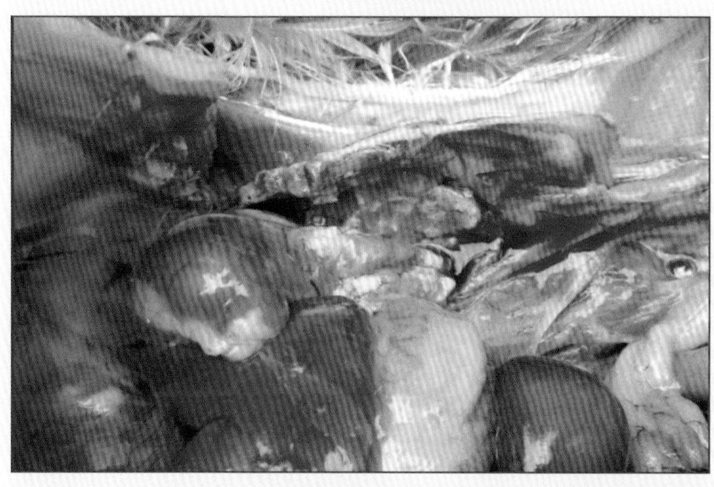

图2－99 禽流感，患禽肺水肿、积液，肺脏表面覆盖一层冻胶样渗出物

图2－100 禽流感，患禽体腔蓄积湿性、黏性渗出物，支气管堵塞

图 2 - 101　禽流感患禽腹腔有黄色黏液性渗出物

图 2 - 102　高致病性禽流感，患禽肺水肿、出血，表面覆盖胶冻样渗出物

十、与番鸭新型呼肠孤病毒病鉴别

番鸭新型呼肠孤病毒病，由番鸭新型呼肠孤病毒感染所致。目前多见于雏番鸭。剖检患病雏鸭，主要可见肝脏表面有稍显隆起的、伴随出血的坏死斑点，详见图 2 - 103、图 2 - 104。禽流感患禽肝脏表面也有出血与坏死斑点，但无隆起情况，详见图 2 - 105。

图 2－103　新型呼肠孤病毒病，患禽肝脏出现出血与坏死混合的病理变化

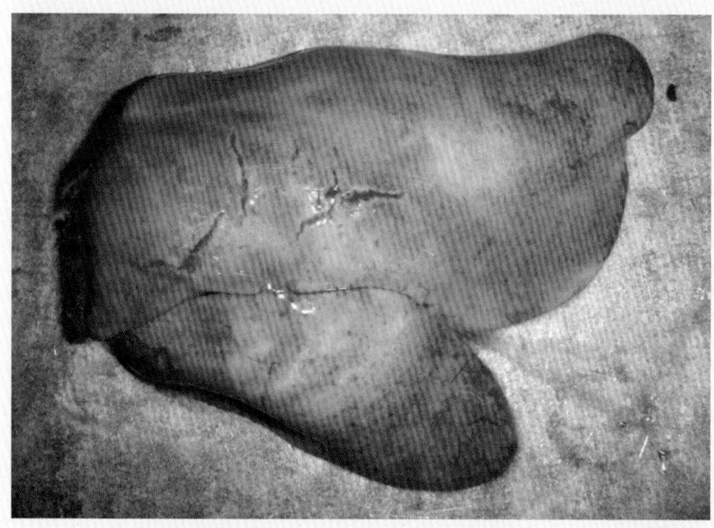

图 2－104　新型呼肠孤病毒病，患禽肝脏肿胀、质脆易破裂，表面有弥漫性出血和灰白色坏死点

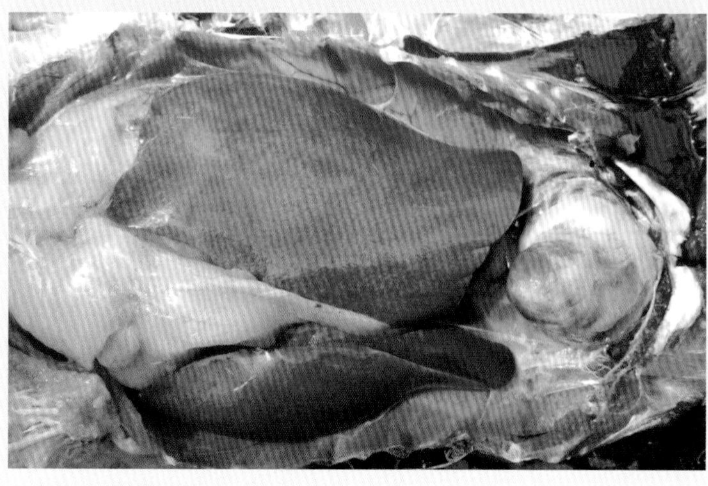

图 2－105　高致病性禽流感，患禽肝脏广泛出血与坏死点

十一、与鸡安卡拉病鉴别

安卡拉病是由腺病毒Ⅳ型感染鸡所致的一种急性传染病。患禽剖检主要可见心包积液、肝脏肿胀出血等，见图 2－106 ～ 图 2－111。禽流感患鸡经常可见心包积液、肝脏出血，一般都伴随有集合性点状坏死，见图 2－112。

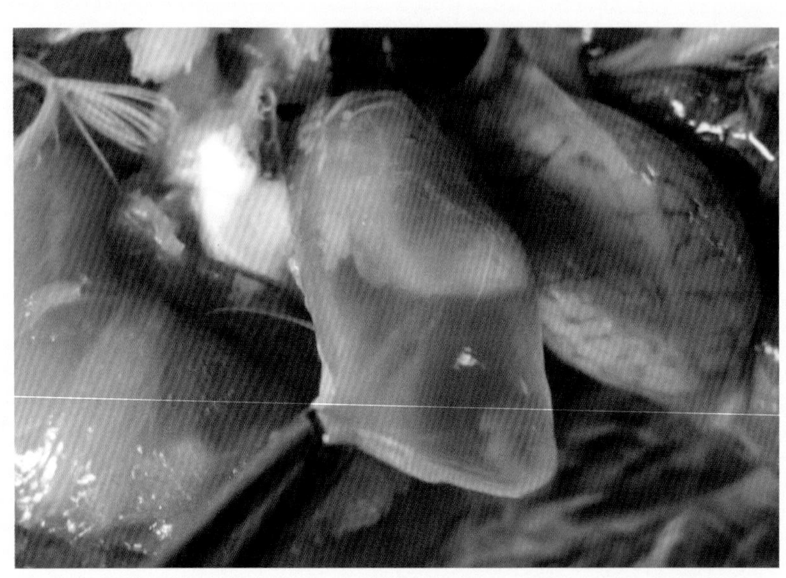

图 2－106　安卡拉病，患禽心包内蓄积大量微黄色、透明的液体

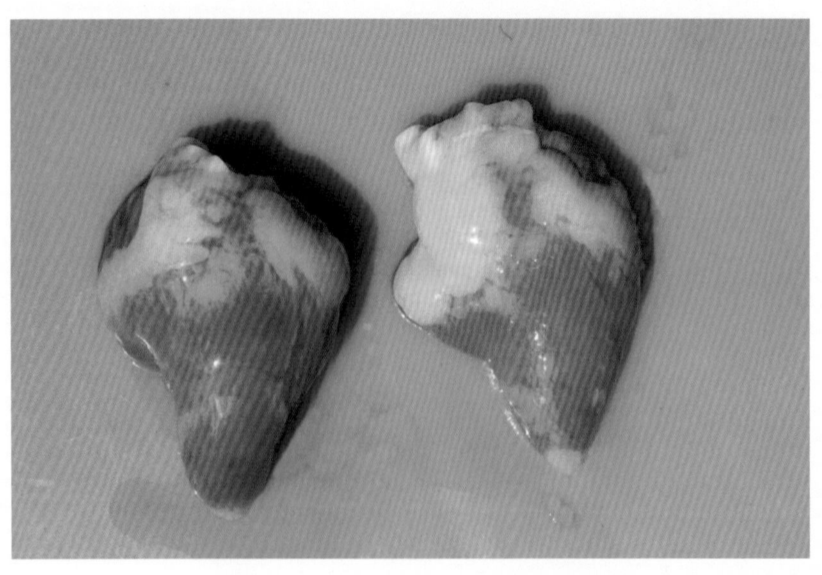

图 2－107　安卡拉病，患禽心脏黄染

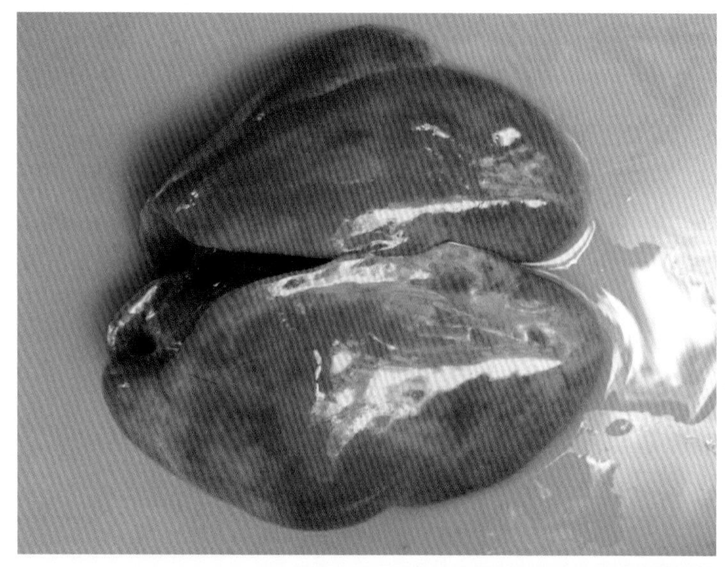

图 2－108　安卡拉病，患禽肝脏肿胀，局部呈泥黄色，出血

图 2－109　安卡拉病，患禽脾脏肿胀，表面呈斑驳样

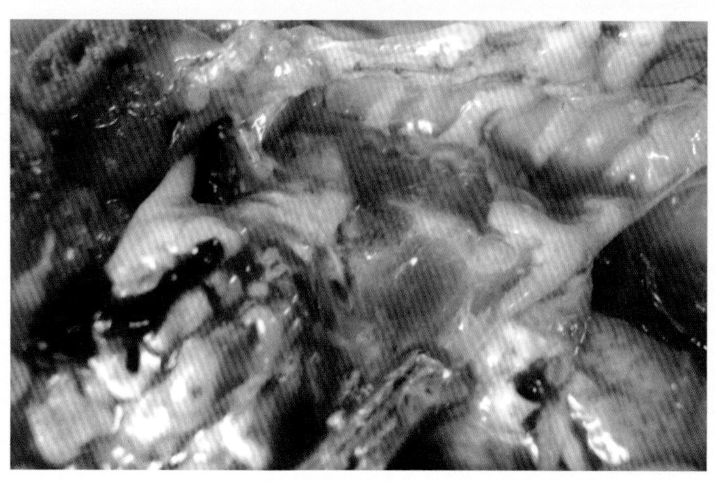

图 2－110　安卡拉病，患禽肺水肿，有黏液性液体渗出

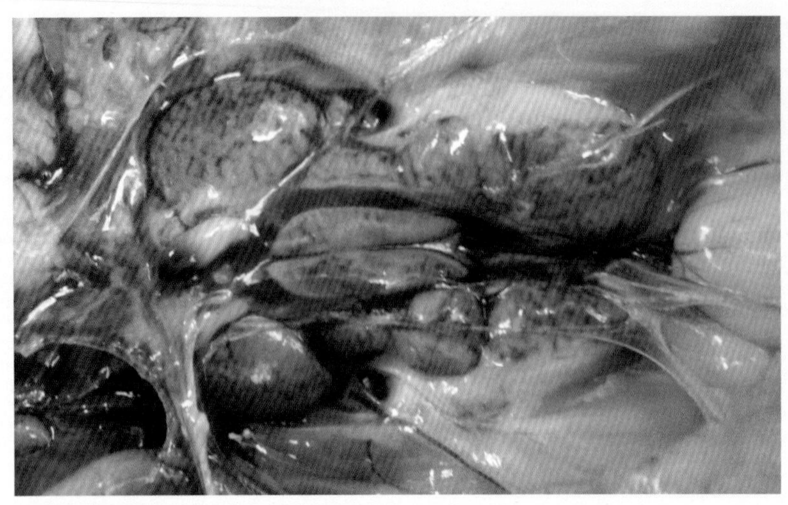

图 2 - 111　安卡拉病，患禽肾脏肿胀、出血

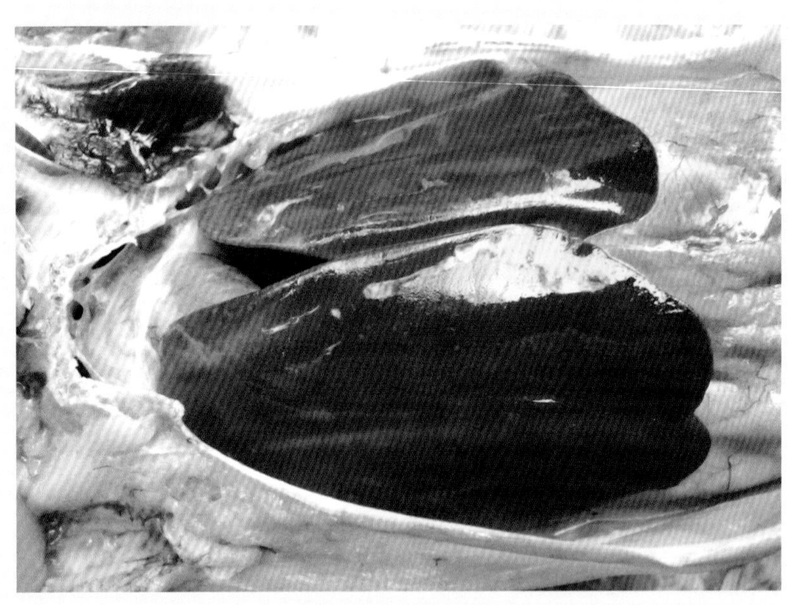

图 2 - 112　高致病性禽流感，患鸡肝脏肿胀，暗红色，有时可见不同程度的点状出血

十二、与黄病毒病鉴别

黄病毒病又称坦布苏病毒感染，目前多见于育成阶段和成年期水禽。患禽软腿、瘫痪，剖检主要可见脑膜腔积液、卵泡膜出血、卵子内血肿等，见图 2 - 113 ～ 图 2 - 121。禽流感患禽一般无明显的脑膜腔积液，卵膜可有充血出血，但极少见卵子内血肿的情况，见图 2 - 122、图 2 - 123。

图 2－113　黄病毒感染，患鸭软脚、瘫痪

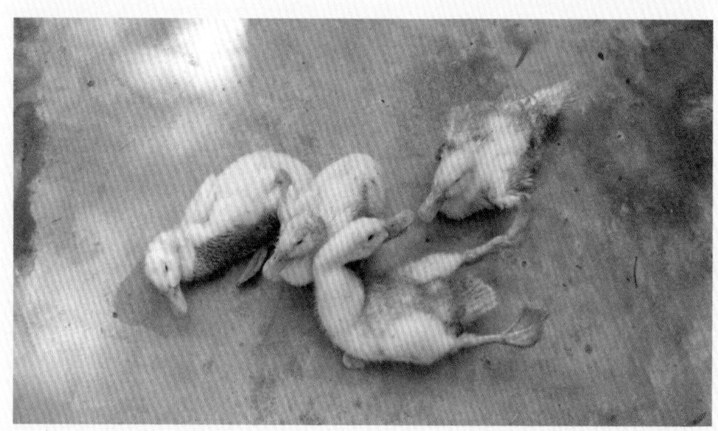

图 2－114　黄病毒感染，患鸭软脚、瘫痪

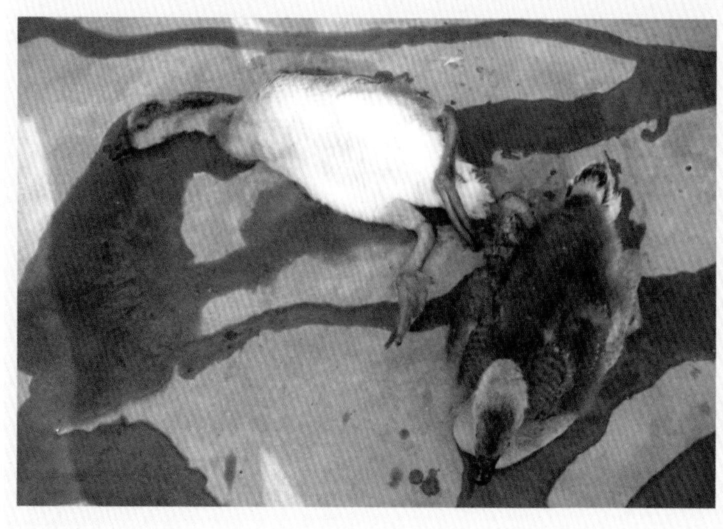

图 2－115　黄病毒感染，患鹅软脚、瘫痪

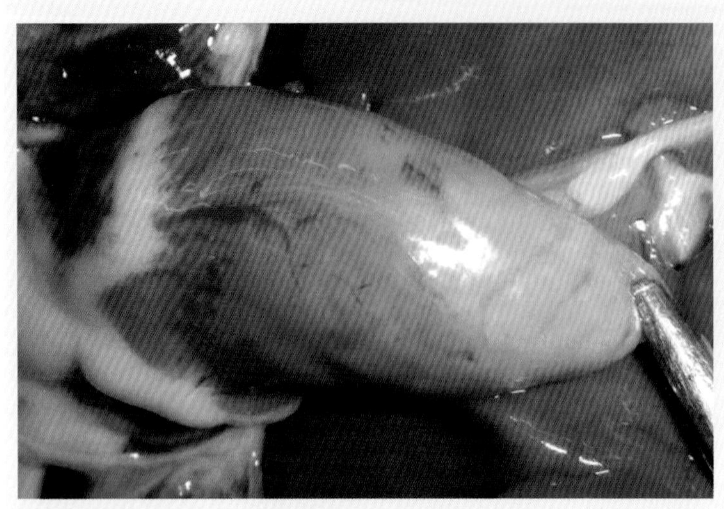

图 2－116　黄病毒感染，患禽心外膜斑点状出血

图 2－117　黄病毒感染，患禽肝脏呈泥黄色，被膜下形成血肿

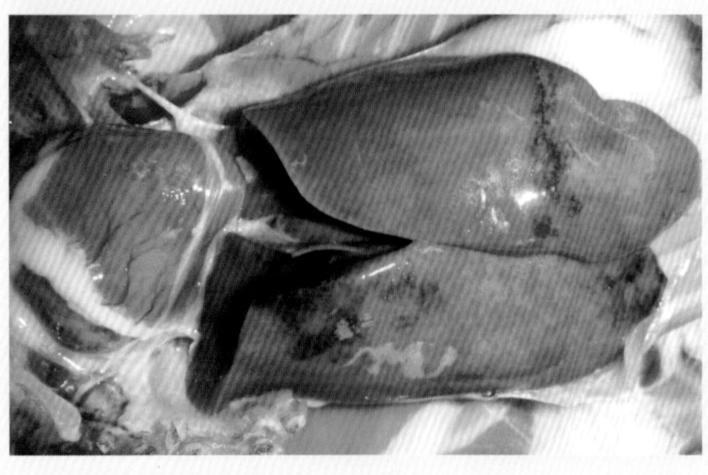

图 2－118　黄病毒感染，患禽肝脏斑点状出血

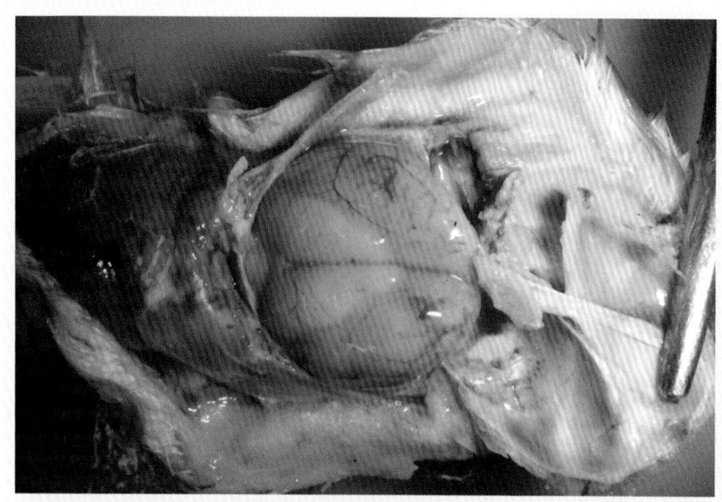

图2－119 黄病毒感染，患禽脑不同程度积液，表面出血

图2－120 黄病毒感染，患禽卵子被膜出血、变形，个别卵子内部充满血凝块，卵黄膜破裂后形成卵黄性腹膜炎

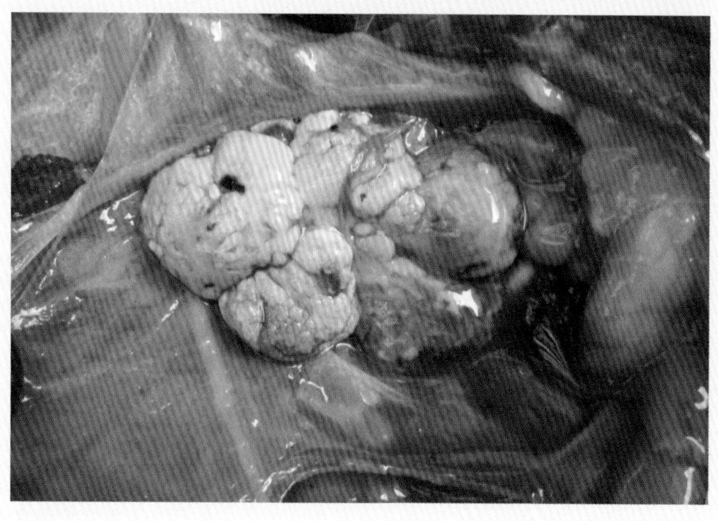

图2－121 黄病毒感染，患禽卵子变形，变形后期逐渐萎缩、干固化，出现卵黄性腹膜炎

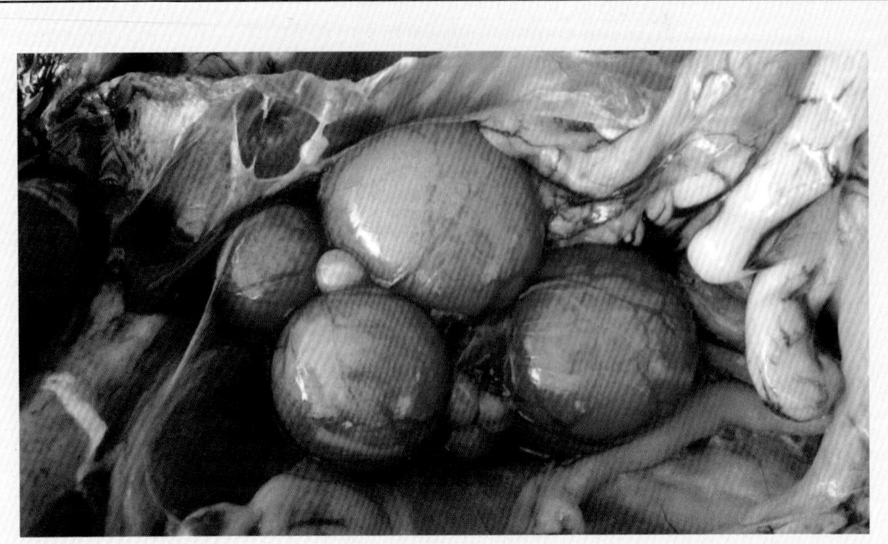

图 2－122　高致病性禽流感，患鸭卵泡充血、出血

图 2－123　高致病性禽流感，急性发病鹅卵泡充血、出血，变形

进行禽流感临床诊断，既要抓住本病特征，认真鉴别类症，还要紧密结合相关流行病学信息作缜密的分析，才能够使临床诊断更准确，为进一步实施实验诊断与防控提供高价值的指导信息。

第三章
禽流感病毒分子诊断技术要点

禽流感（avian influenza，AI）是由正黏病毒科流感病毒（属 A 型流感病毒）引起的、可发生于各种禽类的病毒性传染病。该病于 1878 年在意大利鸡群中首次被发现，随后在其他欧洲国家、北美、南美、东南亚等地区的多个国家陆续见报道。目前该病在世界范围内均有分布，对家禽养殖及相关产业产生了严重影响。依据 AIV 对人工感染鸡的致病性差异并结合病毒 HA 裂解位点的分子特征，将禽流感病毒分为高致病性和低致病性两大类。高致病性禽流感病毒可导致禽类大批量死亡，造成巨大经济损失，严重制约养殖业发展，威胁人类公共卫生安全；低致病性禽流感病毒能明显降低家禽的生产能力和经济价值，并能在禽类间水平传播，并在传播过程中能形成新毒株，造成新的疫情。该病危害极大，被世界动物卫生组织（OIE）列为 A 类动物疫病，我国亦将其列为一类动物疫病。

禽流感的诊断主要包括临床诊断和实验室诊断两种方式。禽流感病毒的亚型众多，不同亚型毒株间毒力差别很大，引起的临床症状千差万别；感染病禽的种属、品种、年龄、有无并发症等因素不同，所致病理变化也可能明显不同，使得大多数时候都难以仅依赖临床观察获得确诊。实验室诊断是确诊禽流感的有效途径，除常规的病毒分离鉴定、血清学检测外，分子生物学检测技术较常规检测方法具有更加快速、准确、灵敏等优势，且由于分子检测技术以核酸为检测对象，可避免病毒增殖分离鉴定过程中出现污染或扩散等情况，展示了良好的应用前景。AIV 的分子诊断方法主要有反转录 - 聚合酶链式反应（reverse transcription-polymerase chain raction，RT - PCR）、实时荧光定量 RT - PCR（real time fluorescent quantitative RT - PCR，rRT - PCR），这两种技术目前发展比较成熟，考虑成本和实用性，本章参考已报道的常规方法及作者多年来的直接实验体会，谨就 RT - PCR 在禽流感病毒分子诊断中的应用要点作一陈述。

第一节　禽流感病毒常规 RT - PCR 检测技术操作要点

一、样品的采集和处理

1．样品保存液的配制

常规无菌样品一般采用含有抗生素（一般为青霉素、链霉素各 2000mg/L）的 pH 7.0 ～ 7.4 的等渗磷酸盐缓冲液（PBS）；含菌样品（泄殖腔拭子或粪便）一般采用含有抗生素（一般为青霉素、链霉素各 10 000mg/L）的 pH 7.0 ～ 7.4 的等渗磷酸盐缓冲液（PBS）。

2. 样品的采集

病死畜禽无菌采集气管、脾、肺、肝、肾和脑等组织样品，－20℃保存备用；活体禽只应采集咽喉或泄殖腔拭子于配好的保存液中，－20℃保存备用；对于较小的禽只可取新鲜粪便于配好的保存液中，－20℃保存备用。

二、病毒 RNA 的提取

可采用商品化的 RNA 提取试剂盒进行。如需大量且完整的 RNA，建议采用 Trizol 手工提取法。以下为 Trizol 试剂提取 RNA 的操作步骤：

（1）提取组织 RNA 时，每 50 ～ 100mg 组织用 1mL Trizol 试剂进行匀浆处理；提取细胞或其他液体样品 RNA 时，则依据 Trizol 试剂说明要求比例加入并混匀。

（2）将上述组织或细胞的 Trizol 裂解液转入 EP 管中，在室温下静置 5min，按照每 1mL Trizol 加 0.2mL 剂量加入氯仿，盖上 EP 管盖子，在手中剧烈震荡 30s，在室温下静置 3min 后，12 000Xg（4℃）离心 15min。

（3）取上层水相置于新 EP 管中，按照每 1mL Trizol 加入与水相等体积的异丙醇，充分混匀，12 000Xg（4℃）离心 10min。

（4）弃上清液，按照每 1mL Trizol 加 1mL 75% 乙醇进行洗涤，涡旋混合后，10 000 Xg（4℃）离心 5min，弃上清液。

（5）让沉淀的 RNA 在室温下自然干燥后，用 50 ～ 200μL Rnase-freewater 溶解 RNA 沉淀。RNA 溶液可直接进行反转录试验或－20℃保存备用。

三、检测引物的确定

对于检测引物，通常以生物学软件（如：DnaMAN）对目的基因片段进行序列比对，找出目的基因保守片段，再用引物设计软件（如：primer premier 5.0）设计出检测引物，通过特异性和灵敏度检验筛选出符合检测要求的引物。表 3－1 所示为本实验室对常见高致病性禽流感亚型病毒常用引物。

表 3－1 PCR 过程选用的引物

引物名称	引物序列 5'—3'	长度（bp）	扩增基因	备注
M－F	AATGGCTAAAGACAAGACC	359	M	本引物为流感病毒通用引物
M－R	CCTGTGAGACCGATGCTG			
H5－F	AGATTGTAGTGTAGCTGGAT	731	HA	本引物可检测 H5 亚型禽流感
H5－R	GAGGCTGTATGTTGTGGA			

续上表

引物名称	引物序列 5'—3'	长度（bp）	扩增基因	备注
H7 - F	TGGTATTCGCTCTGATTGCG	506	HA	本引物可检测 H7 亚型禽流感病毒
H7 - R	AGTCATCTGCGGGAATGCAG			
H9 - F	AGGACTAATCTATGGCAACC	830	HA	本引物可检测 H9 亚型禽流感病毒
H9 - R	ACCAACCTCCCTCTATGA			
N1 - F	TGATGGCACCAGTTGGTTGA	313	NA	本引物可检测 N1 亚型禽流感病毒
N1 - R	CATGATTTCGCCAGCGTCAG			
N2 - F	AGCCTTTCCAATTGTCTCTGC	380	NA	本引物可检测 N2 亚型禽流感病毒
N2 - R	TGTGCATAGCATGGTCCAGCT			
N6 - F	GAATGACACTATCGGTAGTAA	269	NA	本引物可检测 N6 亚型禽流感病毒
N6 - R	AGCATGTGCCATGAGTTCAC			
N9 - F	AGTAGCAATGACACACACTA	286	NA	本引物可检测 N9 亚型禽流感病毒
N9 - R	ACTCCAGTCAGCGTTTAATA			

四、反转录及 PCR 扩增

病毒 RNA 的反转录，20μL 反转录体系如表 3 - 2 所示。

表 3 - 2　病毒 RNA 20μL 反转录体系

试剂名称	使用量
RNA 模版	5μL
Oligo（dT）12 - 18 引物（50μM）	1μL
dNTP 混合物（10 mM each）	2μL
5 × 反应缓冲液	4μL
RNase 抑制剂（40U/μL）	0.5μL
PrimeScript 反转录酶（200U/μL）	0.5μL
无核酸酶双蒸水	补至 20μL

上述体系于 30℃ 放置 10min 后，置 42℃ 水浴 60min 合成 cDNA，-20℃冻存备用。

目的基因的 PCR 扩增，20μL PCR 反应体系如表 3 - 3 所示。

表 3 - 3　20μL PCR 反应体系

试剂名称	使用量
上述反转录产物	1.5μL
上游引物（10μM）	0.8μL

续上表

试剂名称	使用量
下游引物（10μM）	0.8μL
Premix Ex Taq™	8.5μL
双蒸水	补至20μL

在上述操作中，要确保每一组分都加入到体系当中，在全部组分加完以后，充分混匀，瞬时离心，使液体都沉降到PCR反应管底部，然后实施被检核酸的PCR护增，注意设立阴阳性对照，反应程序如下：

95℃预变性5min；94℃变性30s，退火温度52～58℃，反应45s，72℃延伸45s，30个循环；72℃后延伸10min；4℃保存备用。

五、电泳及结果的判定

PCR产物用琼脂糖凝胶电泳观察结果。一般0.1～0.5kb大小的DNA片段采用1.5%琼脂糖凝胶板，0.5～5kb大小的DNA片段采用1.0%琼脂糖凝胶板。取5～10μL PCR产物加入到加样孔中，加入分子量标准，以5V/cm设置电压，电泳25～40min。用紫外凝胶成像仪观察结果，采用阴阳对照，阳性对照应在目的大小标准分子条带附近出现扩增条带，阴性对照则无扩增条带，如出现目的大小条带则判定为阳性，否则判定为阴性。

第二节　禽流感病毒RT-PCR技术的注意事项

RT-PCR检测技术具有较高的灵敏度和特异性，是目前禽流感快速检测中应用较为广泛的技术之一。但是，因所用实验仪器，如高速冷冻离心机、超净工作台、PCR仪等价格较为昂贵，实验场所洁净要求较高，一定程度影响了本技术在基层检测中的推广。在实际操作过程中，尚存在不少需要克服的问题，现仅简述如下，以引起注意。

（1）病料的采集保存。RT-PCR灵敏度较高，极其微量的模板即可扩增出阳性结果，样品的轻微污染就会造成检测结果的误差，出现假阳性，故对于样品采集和保存需要专用容器设备，工作人员采样前需经过必要的培训。

（2）模板的质量。整个PCR反应，模板的质量是试验成功与否的关键。影响模板质量的因素主要包括模板的纯度与浓度。上述病料采集过程严格防止污染是保证样板纯度的前提，在提取核酸的过程中，更应严格按照试验要求进行操作，减少人为的杂质残留，避免DNA聚合酶活性损失，进一步保证模板的纯度；对于模板的浓度，需要反复摸索比较，筛选出最佳浓度，否则，模板浓度过高容易出现非特异性扩增，过低则会降低产物浓度过低，出现假阴性。

（3）引物。在引物设计的过程中，严格按照引物设计的基本原则，选择目的基因的保守片段，上下游引物长度宜为 20 ～ 24bp，长度相差不要超过 4bp，Tm 值应在 58 ～ 60℃，且上下游引物 Tm 应尽量相近，相差不宜超过 2℃；拥有相近的（G + C）含量，最好在 45% ～ 55% 之间；避免出现互补片段和连续多个重复碱基。

（4）酶的选择。建议使用商品化的预混酶，再依据使用说明要求，增减使用量，过少易造成 PCR 产物减少，影响结果的准确性；过多则易造成成本的浪费。

（5）PCR 反应程序。合适的反应条件，能够增加检测结果的准确性。不同的引物，因其引物的长度和（G + C）含量有差异，会使退火的温度、延伸的时间有所不同，对于新设计的检测引物，应进行最佳退火温度的选择、特异性及重复性试验，依据试验结果确立最佳反应程序。

（6）避免试验过程的污染。PCR 是一种灵敏度极高的检测方法，微量的污染即可造成试验结果失准。实验过程应尽量使用可高压处理的一次性消耗品，如枪头和 PCR 管，RNA 提取所有用具都应该经过无 Rnase 处理，避免污染 Rnase 对实验结果的影响。定时对实验器具进行清理，是对试验结果准确性的必要保证。

（7）结果观察。PCR 产物应在 PCR 结束后 48h 内，通过琼脂糖凝胶电泳观察结果，保存时间过长，易造成 PCR 产物的降解，从而出现假阴性结果，同时在电泳结束后应在 20min 内观察结果，否则易造成结果的误差。

总之，影响 PCR 扩增的反应因素很多，各种因素都应当反复调试，尽可能使其达到最佳的搭配状态；防止污染更是重中之重，每次试验完毕都应及时清理实验室与器具，如条件允许，所有试剂都应规定专用。

第四章

H5 亚型禽流感油乳剂灭活疫苗诱导家禽免疫反应

影响禽流感免疫效果的因素有很多，包括疫苗种类、质量，接种剂量，接种次数，接种间隔，首免时间，家禽日龄、种类、母源抗体水平等。本章扼要陈述了几种主要影响 H5N1 亚型禽流感油乳剂灭活疫苗接种白鸭、番鸭、鹅免疫应答效果的因素的研究过程与结果，企望能够使读者更具体、深刻地了解有关因素对 H5 亚型禽流感免疫接种效果影响的规律，有益于主动、科学地制定家禽的 H5N1 亚型禽流感免疫程序，不断提高免疫防控水平；同时陈述了 H5 亚型禽流感免疫番鸭抗体水平与抗感染的关系和 H5 亚型禽流感免疫番鸭、鹅抗体水平与自由基数值消长关系的研究过程与结果，以便为评价家禽 H5 亚型禽流感免疫保护效果提供直接或间接的依据；陈述了 H5 亚型禽流感免疫白鸭种群及其后代雏禽的抗体消长关系与规律，为雏禽禽流感首免时间的确定提供依据。

第一节　H5N1 亚型禽流感油乳剂灭活疫苗接种白鸭的免疫反应

一、材料与方法

1. *疫苗*

禽流感 H5N1 油乳剂灭活疫苗购自农业部指定生产厂家。

2. *主要试剂*

禽流感 H5N1 抗原、阳性血清购自哈尔滨兽医研究所；阿氏液、PH7.2 的 0.01mol/L 磷酸盐缓冲液（PBS）、1% 番鸭红细胞悬液、T 淋巴细胞酸性 α－醋酸萘酯酶（ANAE）测定试剂，均按常规配制。

3. *实验动物*

1 日龄健康白鸭雏鸭、23 周龄白鸭种鸭、H5N1 亚型禽流感油乳剂灭活疫苗免疫白鸭种鸭产蛋孵化的雏鸭，由某实验禽场提供。

4. *实验鸭分组与处理*

（1）主动免疫试验小鸭分组、免疫与血样采集方法

选取健康白鸭雏鸭 32 只，随机分成 4 组，依次编号为 1、2、3、4 组，每组 8 只，各组于脚蹼上打孔做记号。各组免疫方法见表 4－1。

表 4－1 实验雏鸭分组与处理

组别	样本数（n）	疫苗	首免周龄	首免剂量	二免周龄	二免剂量	接种方法
1	8	H5N1	1	0.5mL/只	—	—	皮下注射
2	8	H5N1	2	0.5mL/只	—	—	皮下注射
3	8	H5N1	2	0.5mL/只	3	1mL/只	皮下注射
4	8	对照组	—	—	—	—	—

所有雏鸭（含对照组）于免疫前和免疫后各图，经颈脉采血，瘀血清，按常规作 AIH5 HI 抗体检测。

（2）主动免疫试验种鸭及其雏鸭母源抗体检测方法

选取 23 周龄种鸭一群（500 只，曾于 2、4 周龄先后做过二次 AIH5 油乳剂灭活疫苗免疫），采用 H5NI AI 油乳剂灭活疫苗做皮下注射免疫接种，1mL/只，从中随机抽取 14 只，于免疫前和免疫后 1 ～ 12 周，每周抽取 8 只采血做 AIH5 抗体水平的检测，并在免疫后第 6 周（抗体高峰期）将所产种蛋做记号孵化，孵出的雏鸭选取 10 只，分别于 1、3、5、7、9、11、13、15、17、19 日龄采血进行 AIH5 母源抗体的检测。

（3）AI HI 抗体滴度检测方法

HI 抗体滴度测定所采用的操作方法和结果判定参照农业部制定的高致病性禽流感防治技术规范中的血凝（HA）、血凝抑制（HI）试验方法，红细胞采自成年番鸭。

（4）小鸭、种鸭及其雏鸭 T、B 细胞检测的血涂片制作与 T、B 淋巴细胞计数方法

对小鸭和种鸭于免疫前和免疫后每周采血涂片，种鸭所产雏鸭于 1、7、15、19 日龄采血涂片，按酸性 ANAE 反应标记淋巴细胞的化学方法孵育。用光学显微镜油镜观察，每一张片数 100 个淋巴细胞，判断标准以胞浆内出现红棕色颗粒者为 ANAE 阳性细胞（T 细胞），胞浆内无红棕色颗粒者为 ANAE 阴性细胞（B 细胞），计算 T、B 淋巴细胞比值。

（5）数据处理

将测定的小鸭、种鸭及其雏鸭抗体和 T、B 淋巴细胞比值，以平均值和标准差（X ± SD）表示，用 DPS 计算机软件统计分析。

二、结果

1. 小鸭接种 H5N1 灭活疫苗后检测抗体滴度的结果

小鸭接种 H5N1 灭活疫苗后检测抗体滴度的结果如表 4－2 所示。

表 4－2 小鸭 H5N1 抗体滴度的检测结果（单位：$\log_2$）

组别	周龄					
	2	3	4	5	6	7
1	0.00 ± 0.00^{c}	1.00 ± 2.83^{c}	0.25 ± 0.71^{c}	1.75 ± 2.71^{c}	0.50 ± 0.93^{c}	1.00 ± 1.85^{c}
2	1.25 ± 1.83^{d}	0.25 ± 0.71^{d}	0.50 ± 1.41^{d}	1.50 ± 2.98^{d}	0.75 ± 1.49^{d}	3.25 ± 5.85^{cd}
3	0.25 ± 0.71^{d}	0.00 ± 0.00^{d}	0.00 ± 0.00^{d}	2.25 ± 3.62^{d}	3.00 ± 3.38^{cd}	2.75 ± 2.82^{d}
4	0.25 ± 0.71^{d}	0.25 ± 0.71^{d}	0.00 ± 0.00^{d}	0.00 ± 0.00^{d}	0.00 ± 0.00^{d}	0.00 ± 0.00^{d}

注：同一直列肩标字母相同者或有相同字母者表示差异不显著（$P > 0.05$）；字母相邻者表示差异显著（$P < 0.05$）；字母相间者表示差异极显著（$P < 0.01$），以下同。

从表4－2结果可见，1组免疫后各周抗体始终较低，4组在2、3周龄检测到低滴度的母源抗体，以后一直未能测出抗体。2、3组一免后第1、2周的抗体水平均较低，到第3、4周后3组的抗体水平明显高于2组，第5周的结果似无差异，但2组的离散度大于3组。

2. 小鸭接种H5N1灭活疫苗后，检测T、B淋巴细胞的结果

小鸭接种H5N1灭活疫苗后，检测T、B淋巴细胞的结果如表4－3所示。

表4－3　免疫小鸭T、B淋巴细胞变化的结果

组别	周龄						
	1	2	3	4	5	6	7
1	24.00±4.32[ab]	24.06±4.12[ab]	26.81±4.51[ab]	24.13±6.80[ab]	29.38±6.90[a]	23.13±3.81[bc]	23.25±3.62[bc]
2	—	21.67±3.71[bc]	15.00±3.52[e]	22.11±5.35[bc]	19.60±3.50[de]	20.11±4.73[cd]	22.63±5.45[bc]
3	—	20.80±4.32[cd]	17.00±4.74[e]	23.20±5.72[bc]	23.00±3.03[bc]	19.45±5.41[de]	20.89±3.44[cd]
4	—	23.50±1.76[bc]	21.00±2.53[cd]	20.88±3.31[cd]	21.14±3.61[cd]	22.00±3.95[bc]	23.43±2.94[bc]

从表4－3可见，4组（对照组）T、B淋巴细胞比值1～7周各周数值连线形成反抛物线，下降值最大为3.12。1组与4组相比较差异明显，1组T、B淋巴细胞比值在1周龄免疫后，于3周龄和5周龄形成2个波峰，与免疫前的差值为2.82和5.38，表明小鸭1周龄免疫AIH5亚型油乳剂灭活疫苗后，T细胞增值明显大于B细胞。2组与1组比较，2组T、B淋巴细胞比值在2周龄免疫后，于3周龄和5周龄出现2个波谷，与免疫前差值为9.0和4.4，表明小鸭2周龄免疫AIH5亚型油乳剂灭活疫苗后，B细胞增值明显大于T细胞。3组与2组相比较，数值形成的曲线走向相类似，但3组反应程度更强，反应持续时间更长，T、B淋巴细胞比值同样于3周龄形成第一个波谷，第二个波谷形成于6周，至第7周仍处于较低水平（20.89），表明小鸭于2、3周二次免疫接种AI疫苗，诱导小鸭体内B细胞增值强于2周龄一次免疫接种。

3. 种鸭接种H5N1灭活疫苗后抗体效价与T、B淋巴细胞检测结果

于育雏期2、4周龄先后二次接种H5N1亚型禽流感油乳剂灭活疫苗的种鸭，开产前（23周龄）加强免疫接种H5N1灭活疫苗一次，其后于23～38周龄每周采血检测AIH5抗体，23～26周龄检测T、B淋巴细胞比值，结果如表4－4所示。

表4－4　种鸭H5N1HI抗体滴度（1∶*n*）与T、B淋巴细胞（比值,%）检测结果

周龄	23	24	25	26	27	28	29	32	35	38
H5抗体均值（*n*）	9.29±14.27	100±48.99	102.86±55.89	297.14±60.47	97.14±45.36	182.86±60.47	140.00±95.92	41.43±28.54	57.14±41.43	41.43±54.29
T、B淋巴细胞比值（%）	23.00±3.60	20.00±2.24	24.29±9.46	30.20±3.90	—	—	—	—	—	—

从表4－4可见，种鸭群（23周龄）经加强接种H5N1灭活疫苗后1周，AIH5 HI

抗体均值达1∶100，至免疫后第12周（35周龄）虽有所下降，但仍维持较高水平1∶57∶14。T、B淋巴细胞的比值变化联系密切，在免疫后1周，随着抗体上升，T、B细胞比值下降，但抗体继续上升的同时，T、B细胞比值反而开始大幅上升。

4. 免疫种鸭群后代雏鸭H5N1母源抗体与T、B淋巴细胞检测结果

种鸭免疫接种H5N1灭活疫苗后第6周（29周龄），采取该种鸭当天种蛋分别记号孵化，取孵化的1日龄雏鸭10只，于第1、3、5、7、9、11、13、15、17、19天抽血检测母源抗体效价和T、B淋巴细胞比值，结果如表4－5所示。

表4－5　雏鸭H5N1母源抗体与T、B淋巴细胞检测结果

日龄	1	3	5	7	9	11	13	15	17	19
H5抗体平均值	36.00±28.81	64.00±21.91	44.00±32.86	22.00±10.95	26.00±13.42	13.00±6.71	8.00±7.58	3.75±4.79	1.67±2.89	0
T、B细胞比值	22.14±2.73	—	—	22.43±4.31	—	—	—	23.43±1.62	—	21.14±2.34

注："—"表示未做检测。

从表4－5结果看，雏鸭AIH5 HI母源抗体在出雏后3日龄达到峰值，5日龄开始下降，直至19日龄消失。T、B淋巴细胞的比值则变化不大。

三、讨论与小结

1. 关于首免时间、免疫次数对小鸭AI免疫效果的影响

由表4－2可见，1组（1周龄一次免疫组）小鸭AI HI抗体水平始终极其低下，但由表4－3可见1组小鸭于1周龄免疫后，其T、B细胞比值于3、5周龄形成2个明显的波峰，说明小鸭1周龄一次免疫虽然不能够诱导HI抗体产生，但T细胞的增值却十分强烈，提示1周龄免疫主要诱导的是T细胞主导的细胞免疫。这种情况可以借以解释临床上有些小鸭群于1周龄做过AI免疫，虽然不能检测到抗体，但其对AIV的抵抗力明显高于未经AI免疫的其他小鸭群。

由表4－2可见，2组（2周龄一次免疫组）小鸭AI HI抗体水平略高于1组。从表4－3亦反映出，2组小鸭于2周龄作AI免疫后，其T、B细胞比值于3、5周龄出现了明显的波谷（B细胞增殖强于T细胞）。上述试验结果表明，随着日龄的增大，小鸭接受AI免疫后体液免疫应答能力有所增强。试验结果还表明，小鸭T、B细胞比值的动态变化的确能在一定程度上反映抗体消长的情况。

由表4－2可见，3组（2、3周龄二次免疫组）小鸭AI HI抗体水平又略高于2组。T、B细胞比值波谷状态持续时间也相对较长。这进一步说明，小鸭早期免疫应答能力不强，可以通过增大首免周龄和免疫次数给予弥补。

2. 关于种鸭的AI免疫

由表4－4可见，育雏期（2、4周龄）经过2次AI疫苗免疫的种鸭，于开产前（23周龄）加强免疫一次，24周龄抗体迅速从23周龄的1∶9.29上升至1∶100，至26周龄上升至1∶297.14，其T、B细胞比值亦由23.00降至20.00。与上述雏鸭的免疫反应过程相比较，进一步表明，免疫次数与日龄可以明显影响快大型肉鸭（白鸭）的AI

免疫应答能力。

3．关于雏鸭母源抗体水平与T、B淋巴细胞比值的消长规律

从表4－5可见，雏鸭AIH5 HI母源抗体在出雏后3日龄达到峰值（1∶64，约相当于母鸭的50%），5日龄开始下降，9日龄为1∶26，至19日龄抗体完全消失，而T、B淋巴细胞比值始终无明显变化。提示，雏鸭通过母体输送建立的天然被动免疫，在所检测的龄期内，对T、B淋巴细胞消长无影响，而对循环抗体消长影响明显。研究结果为了解和掌握母鸭抗体水平与小鸭母源抗体水平的关系及小鸭母源抗体的消长规律，提供了良好的理论依据。

第二节　H5N1亚型禽流感油乳剂灭活疫苗接种番鸭的免疫反应

一、材料与方法

1．主要试剂

禽流感H5亚型HI标准抗原与血清，购自中国农业科学院哈尔滨兽医研究所；1%番鸭红细胞悬液，采取隔离饲养非免疫公番鸭血液，按常规方法配制。

2．H5N1亚型灭活油乳剂疫苗

购自国家指定生产厂家。

3．试验方法

（1）试验鸭血清样品的采集时间与HI抗体检测方法

将全部待试验番鸭分别于1、2周龄试验分组前随机抽取30只及试验分组后在各组试验鸭免疫前及免疫后每周（间隔7天）采血，分离血清，按常规试验方法，采用1%番鸭红细胞悬液，进行HI抗体检测。

（2）首免时间对H5N1油苗免疫效果的影响试验

取雏番鸭32只，随机平分为4组，第1、2、3组分别于7日龄、14日龄、21日龄经胸部皮下注射H5N1油苗0.5mL/只，第4组不免疫。按以上（1）方法采血与检测HI抗体。

（3）免疫剂量对雏番鸭H5N1油苗免疫效果的影响试验

取14日龄雏番鸭32只，随机平分为4组。第1组经胸部皮下注射H5N1油苗0.5mL/只，2组注射1.0mL/只，3组注射1.5mL/只，第4组不免疫。按以上（1）方法采血与检测HI抗体。

（4）免疫次数对H5N1油苗免疫效果的影响试验

取7日龄雏番鸭48只，随机分成A、B、C、D、E、F组，每组8只，按表4－6的方法经胸部皮下注射H5N1油苗做一次或二次或三次免疫后，按以上（1）方法采血与检测HI抗体。

表 4－6 免疫次数对 H5N1 油苗免疫效果的影响试验设计

组别	首免日龄	首免剂量	二免日龄	二免剂量	三免日龄	三免剂量
A	7	0.5mL	N	N	N	N
B	14	0.5mL	N	N	N	N
C	7	0.5mL	14	1.0mL	N	N
D	14	0.5mL	21	1.0mL	N	N
E	7	0.5mL	14	1.0mL	21	1.5mL
F	N	N	N	N	N	N

注："N" 表示未进行处理。

二、结果与分析

1. H5N1 油苗不同首免时间接种雏番鸭后的 HI 抗体检测结果

分别于 7 日龄（1 组）、14 日龄（2 组）、21 日龄（3 组）做 H5N1 油苗首免的雏番鸭的 HI 抗体检测结果见表 4－7 和图 4－1。

表 4－7 H5N1 油苗不同首免时间接种雏番鸭后 HI 抗体检测结果（$\log_2$，平均值 ± 标准误，$n=8$）

组别	周龄										
	1W	2W	3W	4W	5W	6W	7W	8W	9W	10W	11W
1	4.75 ± 1.58	2.75 ± 1.04	5.13 ± 1.55	3.25 ± 1.75	1.63 ± 1.85	1.63 ± 1.85	0.63 ± 1.19	0.88 ± 1.81	3.00 ± 1.93	1.57 ± 1.62	0.71 ± 0.95
2	4.63 ± 1.69	2.63 ± 1.47	1.25 ± 1.91	1.38 ± 1.77	2.13 ± 2.36	2.75 ± 2.38	3.25 ± 2.82	3.50 ± 3.12	2.25 ± 2.55	2.00 ± 1.77	1.38 ± 2.07
3	4.75 ± 1.58	2.63 ± 1.47	0.50 ± 0.76	1.63 ± 1.60	3.50 ± 2.39	4.75 ± 1.39	5.88 ± 1.25	6.50 ± 1.77	7.00 ± 1.20	5.63 ± 1.41	3.88 ± 1.96
4	4.63 ± 1.69	2.63 ± 1.47	0.63 ± 1.06	0	0	0	0	0	0	0	0

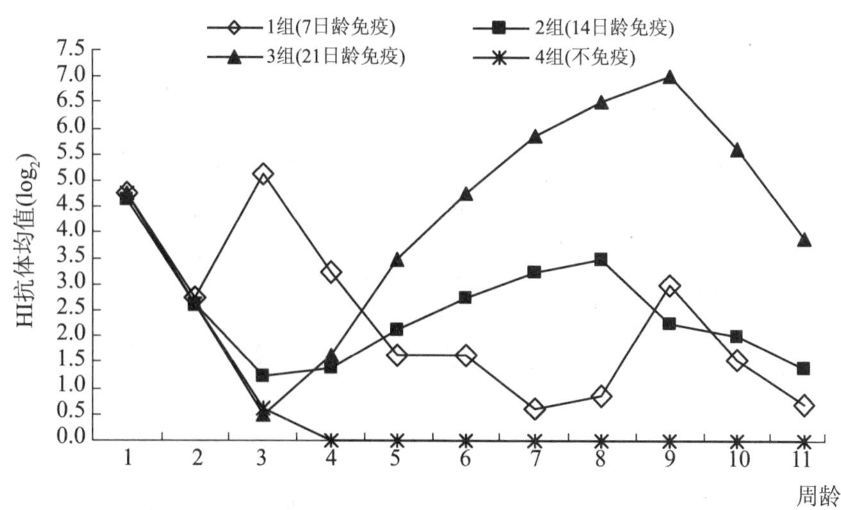

图 4－1 不同日龄雏番鸭接种 H5N1 油苗后 HI 抗体水平变化情况

从表4－7和图4－1可见，7日龄首免组在免疫后2周达到峰值5.13$\log_2$，随后急剧下降，至免疫后6周只有个别可检测到抗体，然后又出现上升，至免疫后8周达第二峰值3$\log_2$。每周抗体均值起伏较大。14日龄和21日龄首免组均在免疫后6周达到峰值（3.5$\log_2$和7$\log_2$），抗体均值表现为平缓的上升和下降过程，但在数值上前者明显低于后者。21日龄首免组在免疫后2～10周抗体均值基本维持在4$\log_2$以上，另两组（1、2周龄首免组）只有1周龄免疫组在免疫后2周短暂出现4$\log_2$以上。试验结果表明，雏番鸭在1～3周龄内日龄越大，对AI灭活疫苗的免疫应答越明显，有效抗体水平维持时间越长，抗体消长曲线也较平稳。

2. H5N1油苗不同免疫剂量接种雏番鸭后HI抗体检测结果

14日龄雏番鸭分别接种H5N1油苗0.5mL/只（1组）、1.0mL/只（2组）、1.5mL/只（3组），其HI抗体检测结果见表4－8和图4－2。

表4－8 雏番鸭接种不同剂量H5N1油苗后HI抗体检测结果（$\log_2$，平均值±标准误，$n=8$）

组别	周龄										
	1W	2W	3W	4W	5W	6W	7W	8W	9W	10W	11W
1	4.63±1.69	2.63±1.47	1.25±1.91	1.38±1.77	2.13±2.36	2.75±2.38	3.25±2.82	3.50±3.12	2.25±2.55	2.00±1.77	1.38±2.07
2	4.63±1.69	2.63±1.47	2.63±1.60	2.25±2.55	2.63±3.16	3.63±3.25	2.86±2.12	4.00±2.07	2.00±2.20	2.13±1.81	1.25±1.58
3	4.63±1.69	2.63±1.47	3.50±1.77	3.14±1.77	1.38±1.69	2.13±1.96	2.43±2.23	4.50±2.07	2.50±2.14	3.13±2.47	2.75±2.19
4	4.63±1.69	2.63±1.47	0.63±1.06	0	0	0	0	0	0	0	0

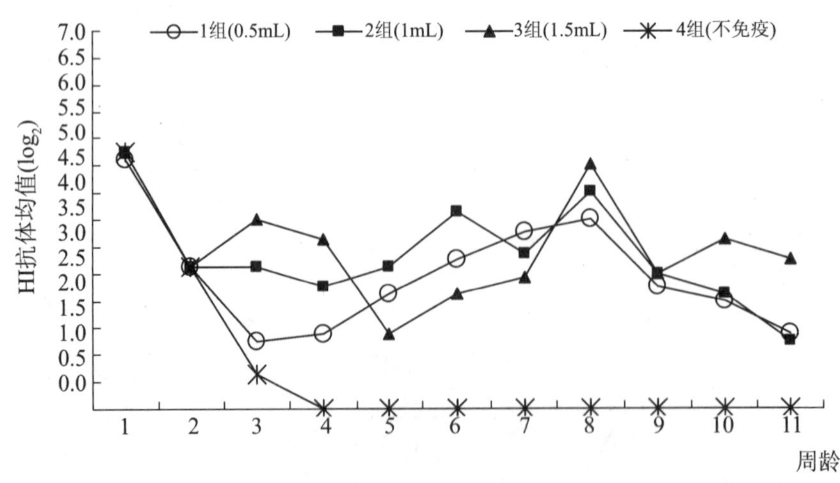

图4－2 雏番鸭接种不同剂量H5N1油苗后HI抗体变化情况

从表4－8和图4－2可见，各组抗体在免疫后2周内，抗体水平与剂量呈正相关，

3 组 >2 组 >1 组。三个组均在免疫后 7 周达到峰值（1 组为 3.5log_2、2 组为 4.0log_2、3 组为 4.5log_2）。1 组抗体均值从开始上升—峰值—下降，表现为平缓的动态，而另两组各周抗体变化波动较大，基本在 3log_2 上下波动。这表明：对 14 日龄雏番鸭，在剂量为 0.5 ～ 1.5mL/只范围内，AIH5 灭活疫苗诱导的免疫应答速度、强度与免疫剂量成正比关系，但相差值不大。另外，在过大剂量情况下，还可能有诱导抗体水平波动的现象发生。

3. H5N1 油苗不同免疫次数免疫雏番鸭后的 HI 抗体检测结果

7 日龄一次免疫 0.5mL/只（A 组）；7 日龄首免 0.5mL/只、14 日龄二免 1.0mL/只的二次免疫（C 组），7 日龄首免、14 日龄二免、21 日龄三免，剂量依次为 0.5mL/只、1.0mL/只、1.5mL/只的三次免疫（E 组）；14 日龄一次免疫 0.5mL/只（B 组）；14 日龄首免 0.5mL/只、21 日龄二免 1.0mL/只的二次免疫（D 组），各试验组鸭只免疫后 HI 抗体检测结果见表 4 – 9 和图 4 – 3。

表 4 – 9　雏番鸭不同次数接种 H5N1 油苗后 HI 抗体检测结果（log_2，平均值 ± 标准误，$n=8$）

组别	周龄										
	1W	2W	3W	4W	5W	6W	7W	8W	9W	10W	11W
A	4.75 ± 1.58	2.75 ± 1.04	5.13 ± 1.55	3.25 ± 1.75	1.63 ± 1.85	1.63 ± 1.85	0.63 ± 1.19	0.88 ± 1.81	3.00 ± 1.93	1.57 ± 1.62	0.71 ± 0.95
B	4.63 ± 1.69	2.63 ± 1.47	1.25 ± 1.91	1.38 ± 1.77	2.13 ± 2.36	2.75 ± 2.38	3.25 ± 2.82	3.50 ± 3.12	2.25 ± 2.55	2.00 ± 1.77	1.38 ± 2.07
C	4.75 ± 1.58	2.63 ± 1.06	5.75 ± 1.39	2.75 ± 1.39	0.88 ± 0.99	1.88 ± 1.55	1.63 ± 2.00	2.75 ± 1.83	3.13 ± 2.30	3.14 ± 2.04	3.75 ± 1.71
D	4.75 ± 1.58	2.63 ± 1.47	1.88 ± 2.03	3.00 ± 2.07	6.63 ± 1.51	6.88 ± 1.36	7.25 ± 1.67	7.13 ± 2.03	6.63 ± 1.81	6.13 ± 1.81	5.38 ± 1.92
E	4.75 ± 1.58	2.25 ± 0.71	3.00 ± 0.93	4.00 ± 1.31	5.50 ± 1.41	7.75 ± 1.83	7.13 ± 1.98	7.63 ± 2.07	6.13 ± 1.96	5.50 ± 1.69	4.25 ± 1.91
F	4.63 ± 1.69	2.63 ± 1.47	0.63 ± 1.06	0	0	0	0	0	0	0	0

从表 4 – 9 和图 4 – 3 可见，2 次免疫的 C 组、D 组与 3 次免疫的 E 组均在首免后 1 周 HI 抗体开始上升。C 组在首免后 2 周达到峰值 5.75log_2，随后快速下降，至首免后 4 周降至最低值 0.88log_2，然后又缓慢上升，至首免后 10 周，达第 2 峰值 3.75log_2。D 组在首免后 5 周达到峰值 6.88log_2，首免后 4 ～ 9 周均维持在 6log_2 以上，个体最低值为 4log_2，峰值为 9log_2。E 组在首免后 5 周达峰值 7.75log_2，直至 8 周维持在 6log_2 以上，但个别在 4log_2 以下。而 E、D 组各检测抗体水平分别与 C、A、B 组比较差异明显。C

组分别与A、B组比较，C组较A组平稳且高，而较B组则是前期低后期高。结果提示：雏番鸭于2、3周龄二次免疫可诱导最为理想的免疫应答。在此日龄阶段如果首免时间过早，即使增加免疫次数也无益于诱导强而平稳的免疫应答。

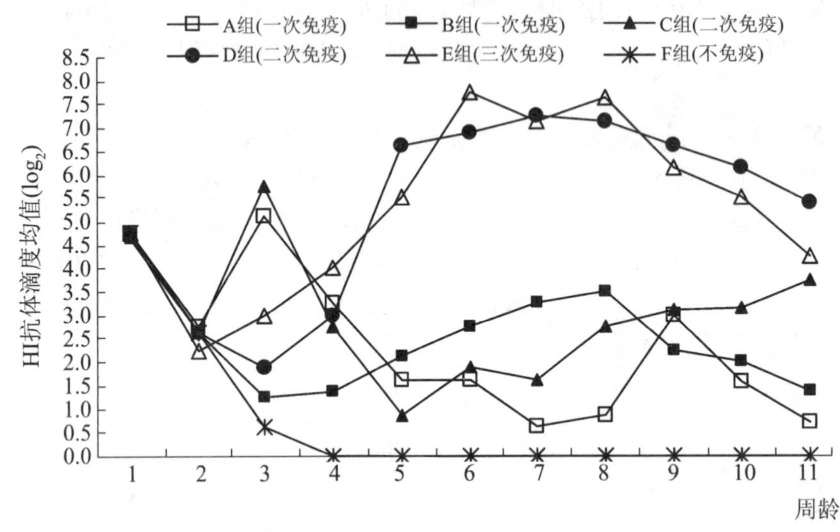

图4-3　雏番鸭不同次数接种H5N1油苗后HI抗体变化情况

三、讨论与小结

1. 首免时间对免疫效果的影响

不同首免时间试验结果表明，雏番鸭在14日龄内已具一定的免疫应答反应，但此阶段诱导的个体间的免疫抗体水平差异大（离散度大）。21日龄免疫组在免疫后3～7周（6～10周龄）的抗体均值基本维持在$4\log_2$以上，个体抗体差异较小。这表明雏番鸭AI油乳剂疫苗的免疫效果与日龄有关，2周龄内雏番鸭的免疫应答能力不一，3周龄番鸭个体间免疫应答能力较平衡，对AIH5灭活疫苗的接种能产生良好的免疫应答反应。

2. 免疫剂量对免疫效果的影响

试验结果表明，14日龄番鸭接种H5N1油苗1.0mL/只或1.5mL/只比接种0.5mL/只免疫组产生免疫应答的时间早，在免疫后两周内抗体水平与剂量成正相关，1.5>1>0.5；三组的抗体峰值依次相差0.5～1个$\log_2$，而到达峰值时间无明显差异。另外无论哪一剂量，免疫鸭个体间抗体水平离散度均较大。以上说明，14日龄番鸭在AI免疫中并不能通过剂量明显地改善免疫效果。从实际生产成本与操作角度考虑，14日龄以内的雏番鸭还是以0.5mL/只作首次免疫较合适。

3. 免疫次数对免疫效果的影响

试验结果显示，7、14日龄二次免疫与7日龄一次免疫，在5周龄前两者抗体变化基本相同，但二次免疫组在5周龄后抗体均值呈持续缓慢上升趋势，说明番鸭进行一次或二次免疫后的前期免疫应答无明显差异，但二次免疫后期抗体高于一次免疫组。14、

21 日龄二次免疫组与 14 日龄一次免疫组的抗体曲线变化趋势基本一致，但二次免疫组抗体均值明显高于一次免疫组。7、14、21 日龄三次免疫组抗体水平与曲线变化情况和 14、21 日龄二次免疫组类似。14、21 日龄二次免疫组与 21 日龄一次免疫组比较，抗体水平无明显差异。这说明日龄增大后，其免疫应答能力增强，可以适当替代增加免疫次数所获得的效应。但采取 14 日龄首 21 日龄二免的程序，则雏番鸭较 21 日龄一次免疫提前一周产生抗体，对鸭只早期免疫保护起关键作用，且前者较后者抗体水平高，维持时间长。以上表明，7、14、21 日龄三次免疫和 14、21 日龄二次免疫效果优于 7、14 日龄二次免疫和一次免疫。结合生产实际情况，处于目前生产状态下的雏番鸭以 14 日龄首免、21 日龄二免的两次免疫的免疫程序最为切合实际。

第三节　H5N1 亚型禽流感油乳剂灭活疫苗接种鹅的免疫反应

一、材料与方法

1. 禽流感疫苗

H5 亚型禽流感油乳剂灭活疫苗（H5N1，Re1 株，以下简称 AIH5 油苗），由哈尔滨维科生物技术开发公司生产，批号：2005040。

2. 试验动物

1 日龄马岗鹅雏鹅，购自佛山市某种鹅场，严格隔离，常规饲养，试验前不作任何免疫。

3. 试验主要试剂

AIH5 亚型 HI 抗原、H5 亚型阳性血清，购自中国农业部哈尔滨兽医研究所；1% 鹅红细胞悬液，采取隔离饲养非免疫公鹅血液，按常规方法配制；pH7. 2 磷酸缓冲液等，按常规配制。

4. 试验动物的分组与处理

1 日龄健康雏鹅隔离饲养至 7 日龄，随机分成 9 组，依次编号为 1 ～ 9 组，每组 10 只，其中 1 ～ 8 组为免疫接种试验组，第 9 组为不免疫对照组。各组具体免疫方法如表 4 – 10 所示。

表 4 – 10　实验鹅分组与 AIH5 油苗接种方法

组　别	首免日龄	首免剂量	二免日龄	二免剂量	三免日龄	三免剂量	接种方法
1	7	1. 0mL	N	N	N	N	皮下注射
2	7	0. 5mL	14	1. 0mL	N	N	皮下注射
3	7	0. 5mL	14	1. 0mL	21	1. 5mL	皮下注射
4	14	0. 5mL	N	N	N	N	皮下注射

续上表

组　别	首免日龄	首免剂量	二免日龄	二免剂量	三免日龄	三免剂量	接种方法
5	14	1.0mL	N	N	N	N	皮下注射
6	14	2.0mL	N	N	N	N	皮下注射
7	14	0.5mL	21	1.0mL	N	N	皮下注射
8	21	1.0mL	N	N	N	N	皮下注射
对照组	N	N	N	N	N	N	N

注：N 表示不做处理。

5. 抗体检测

各试验组（包括对照组）于疫苗接种前和接种后各周（每次间隔 7 天）经静脉采血，分离血清，检测 H5 亚型 HI 抗体水平。血凝（HA）试验和血凝抑制（HI）试验中采用 1% 鹅红细胞悬液，操作按 GB/T 18936—2003 方法进行。

二、结果

1. 不同首免日龄雏鹅免疫后 AIH5 亚型 HI 抗体的检测结果

分别对 7 日龄、14 日龄、21 日龄雏鹅经胸部皮下注射 AIH5 油苗后，各周 H5 HI 抗体均值变化如表 4 - 11 和图 4 - 4 所示。

表 4 - 11　雏鹅于 7、14、21 日龄接种 AIH5 油苗 1mL/只后各周抗体均值

组别	接种日龄	各周龄 HI 抗体平均值（平均值 ± 标准误）($n = 10$）									
		1W	2W	3W	4W	5W	6W	7W	8W	9W	10W
1	7	4.88 ± 1.46	2.38 ± 1.41	1.13 ± 1.25	0.38 ± 1.06	1.50 ± 1.41	2.38 ± 2.67	2.75 ± 2.87	4.25 ± 1.91	4.75 ± 1.83	3.38 ± 2.62
2	14	4.88 ± 1.46	2.50 ± 0.93	1.17 ± 1.25	3.43 ± 1.81	4.38 ± 2.07	6.86 ± 0.90	6.86 ± 0.90	6.75 ± 2.87	7.50 ± 1.05	6.43 ± 1.62
3	21	4.88 ± 1.46	2.50 ± 0.93	0.75 ± 0.89	0.86 ± 1.46	3.25 ± 1.28	5.38 ± 1.60	6.13 ± 1.46	7.88 ± 1.46	8.00 ± 1.85	6.75 ± 1.90
4	对照组	4.88 ± 1.46	2.50 ± 0.93	0.75 ± 0.89	0 ± 0	0 ± 0	0 ± 0	0 ± 0	0 ± 0	0 ± 0	0 ± 0

由表 4 - 11 和图 4 - 4 可见，7 日龄免疫组主动免疫应答抗体均值在疫苗接种后 4 周才开始缓慢上升，至免疫后 8 周（9 周龄）达峰值 4.75$\log_2$；14 日龄与 21 日龄免疫组在接种疫苗后 2 周即产生了免疫应答，抗体开始明显上升，至免疫后 3 周均达 4.00$\log_2$ 以上（4.38、5.38），并分别在免疫后 7 周和 6 周（9 周龄）达到峰值 7.50$\log_2$ 和 8.00$\log_2$，至 10 周龄仍维持在 6$\log_2$ 以上。

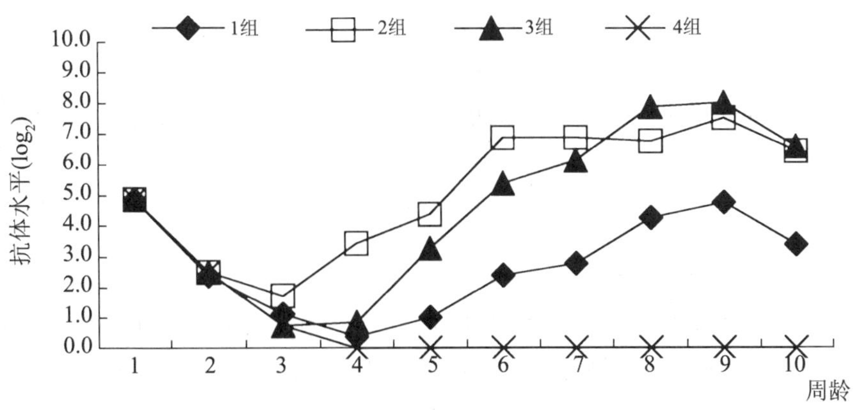

图 4－4 雏鹅于 7、14、21 日龄作一次接种 AIH5 油苗抗体变化曲线

2. 14 日龄雏鹅接种不同剂量疫苗后抗体检测结果

14 日龄雏鹅分别接种 0.5mL/只、1mL/只、2mL/只 AIH5 油苗后各周 HI 抗体水平变化如表 4－12 和图 4－5 所示。

表 4－12 14 日龄雏鹅分别接种 0.5mL/只、1mL/只、2mL/只 AIH5 油苗后各周抗体均值

组别	接种剂量	各周龄 HI 抗体平均值（平均值 ± 标准误）（$n=10$）									
		1W	2W	3W	4W	5W	6W	7W	8W	9W	10W
1	0.5	4.88 ± 1.46	2.50 ± 0.93	2.00 ± 1.53	2.33 ± 1.97	2.57 ± 2.94	4.43 ± 2.15	5.29 ± 2.06	5.63 ± 2.77	6.43 ± 2.64	6.14 ± 2.12
2	1	4.88 ± 1.46	2.50 ± 0.93	1.17 ± 1.25	3.43 ± 1.81	4.38 ± 2.07	6.86 ± 0.90	6.86 ± 0.90	6.75 ± 2.87	7.50 ± 1.05	6.43 ± 1.62
3	2	4.88 ± 1.46	2.50 ± 0.93	2.25 ± 2.43	4.00 ± 1.60	4.13 ± 1.55	5.57 ± 2.07	5.57 ± 1.67	6.75 ± 2.12	7.38 ± 1.41	6.75 ± 1.28
4	对照组	4.88 ± 1.46	2.50 ± 0.93	0.75 ± 0.89	0 ± 0	0 ± 0	0 ± 0	0 ± 0	0 ± 0	0 ± 0	0 ± 0

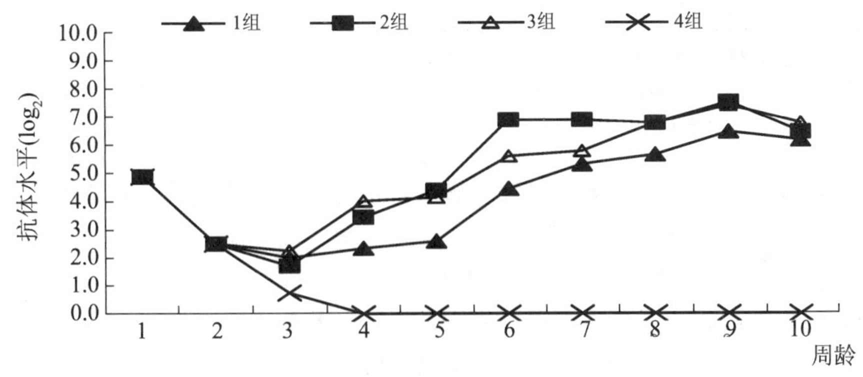

图 4－5 14 日龄雏鹅接种不同疫苗剂量后的抗体水平变化曲线

从表4－12和图4－5可见，14日龄雏鹅三个剂量免疫组的抗体均在免疫后2周（4周龄）开始上升，峰值均出现在免疫后第7周（各组依次为6.43$\log_2$、7.50$\log_2$、7.38$\log_2$）。0.5mL/只组，峰值较其余两组约低1个滴度，且该组抗体上升缓慢，免疫后4周抗体水平才达4$\log_2$以上，1mL/只与2mL/只组在免疫1周后上升速度较快，免疫后3周即达4$\log_2$以上，同时在免疫后3周开始，1mL免疫组抗体高于2mL免疫组，至4周已达6$\log_2$以上。

3. 不同免疫次数雏鹅的抗体水平

分别在7日龄或14日龄作一次免疫，7、14日龄或14、21日龄作二次免疫，7、14、21日龄作三次免疫后，各组试验鹅各周AIH5 HI抗体水平变化如表4－13和图4－6所示。

表4－13 经一次、二次或三次免疫后的雏鹅AI HI抗体水平

组别	免疫次数	各周龄HI抗体平均值（平均值±标准误）（$n=10$）									
		1W	2W	3W	4W	5W	6W	7W	8W	9W	10W
1	1	4.88±1.46	2.38±1.41	1.13±1.25	0.38±1.06	1.50±1.41	2.38±2.67	2.75±2.87	4.25±1.91	4.75±1.83	3.38±2.62
4	1	4.88±1.46	2.50±0.93	2.00±1.53	2.33±1.97	2.57±2.94	4.43±2.15	5.29±2.06	5.63±2.77	6.43±2.64	6.14±2.12
2	2	4.88±1.46	2.14±1.77	1.14±2.04	4.29±2.29	4.14±1.35	5.71±2.21	6.75±1.98	6.71±1.70	6.57±1.51	5.71±1.70
7	2	4.88±1.46	2.50±0.93	0.88±1.64	3.00±1.51	4.75±1.58	5.75±1.28	6.00±2.16	6.25±1.39	6.88±1.55	5.43±1.81
3	3	4.88±1.46	2.00±1.77	1.75±1.98	4.00±2.78	4.25±1.83	6.13±1.81	6.13±1.25	6.75±1.83	6.25±1.38	6.13±0.83
对照组	不免疫	4.88±1.46	2.50±0.93	0.75±0.89	0±0	0±0	0±0	0±0	0±0	0±0	

注：1组于7日龄接种1mL/只油苗，4组于14日龄接种0.5mL/只，2组为7日龄接种0.5mL/只、14日龄接种1mL/只，7组为14日龄接种0.5mL/只、21日龄接种1mL/只，3组为7日龄接种0.5mL/只、14日龄接种1mL/只、21日龄接种1.5mL/只，对照组不作接种。

从表4－13和图4－6可见，就首免后主动免疫应答速度而言，1周龄一次免疫最慢（首免后7周（8周龄）才达到4$\log_2$以上），其次为2周龄一次免疫（首免后4周达到4$\log_2$以上），再次为1、2周龄或2、3周龄二次免疫和1、2、3周龄三次免疫（首免后3周已达到4$\log_2$以上，尤其是2、3周二次免疫于首免后2周达到3$\log_2$）。就达到4$\log_2$水平的最小周龄而言，1、2周龄二次免疫及1、2、3周龄三次免疫抗体达到4$\log_2$的周龄最小（4周龄）。就免疫后抗体水平达到峰值的时间而言，以1、2周龄二次免疫最佳（7周龄），其次为1、2、3周龄三次免疫（8周龄），其余为9周龄。就各检测点同期比较而言，抗体水平最低者为1周龄一次免疫，其次为2周龄一次免疫，其余各组基本一致。上述三种情况相差均在1个滴度左右。由上述几种指标综合比较，以1、2周龄二次免疫，2、3周龄二次免疫，1、2、3周龄三次免疫的免疫程序均可以作为雏鹅AIH5免疫可选程序，其中二次免疫则更适宜生产推广。

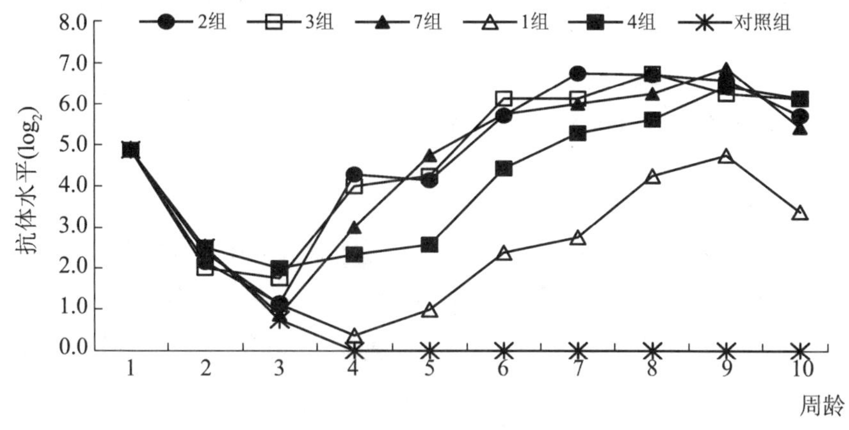

图4－6　不同免疫次数雏鹅抗体水平变化曲线

三、讨论

1. 关于不同首免时间对鹅免疫抗体的影响

从表4－11及图4－4可见，7日龄首免一次免疫接种H5N1油乳剂灭活疫苗后3周（4周龄）内未见H5抗体水平上升（1～4周龄所检出的抗体为母源抗体），免疫4周以后H5抗体水平开始升高，直到免后第7周才达到4$\log_2$以上。14日龄与21日龄免疫组在接种疫苗后2～3周产生免疫应答，抗体上升速度快，至免疫后3周均达4$\log_2$以上，各周检测点抗体均值与峰值均明显高于7日龄免疫组2～3滴度。提示首免日龄的大小，对AIH5油苗免疫接种效果会有较明显的影响，其原因可能是受母源抗体的影响或与早期雏鹅免疫系统发育不成熟有关。

2. 关于免疫剂量对免疫抗体的影响

从表4－12及图4－5可见，2周龄雏鹅接种疫苗0.5mL/只组抗体上升缓慢，抗体水平均低于1mL/只组和2mL/只组；1mL/只免疫组免疫后H5抗体水平一直稳步上升，保持比较平稳的水平；2mL/只免疫组免疫后1～2周H5抗体水平与1mL/只免疫组相近，但在免疫后5～7周抗体水平均低于1mL/只免疫组。提示：雏鹅接种AIH5油苗的剂量只在一定范围内（如0.5～1mL/只）与应答强度成正比，过量接种疫苗会因释放过多而中和已生成的抗体或副反应过大等原因而削弱免疫效果，有关问题仍有待更深入地探究。

3. 关于免疫次数对免疫效果的影响

从表4－13及图4－6可见，就首免后主动免疫应答速度而言，最佳为1、2周龄或2、3周龄二次免疫或1、2、3周龄三次免疫组，其抗体均可于首免后3周达到4$\log_2$。

就抗体达到 $4\log_2$ 的最小周龄而言，1、2 周龄二次及 1、2、3 周龄三次免疫组效果最佳（均可于 4 周龄达到 $4\log_2$）。就免疫后抗体水平达到峰值的大小、时间的迟早以及峰值前后各检测点抗体水平同期比较而言，亦以 1、2 周龄或 2、3 周龄二次免疫或 1、2、3 周龄三次免疫组效果最佳。

以上结果说明，在肉鹅的 AIH5 油乳剂灭活疫苗的免疫接种中，首免日龄无论是 7 日龄、14 日龄或 21 日龄，首次免疫 1 周后，雏鹅体内都能产生较快免疫应答，但 1 周龄的免疫应答能力弱，2 周龄、3 周龄的免疫应答能力强，抗体可以达到抗 AI 感染的临界水平以上。二次免疫比一次免疫的效果明显，二次免疫与三次免疫的效果无明显差异。故建议肉鹅生产中对于 AI 免疫，选择以 14 日龄首免 0. 5mL/只、21 日龄接种 1mL/只可取得较为理想的免疫效果。

本试验在 HI 检测中，采用了 1% 公鹅红细胞作为反应指示剂，有效避免了常规方法中以鸡红细胞悬液检测水禽血清时经常出现的非特异性凝集的现象，使试验结果更易于判定，提高了试验结果的可靠性。

第四节　番鸭体内 H5 亚型禽流感 HI 抗体与抗感染关系

一、材料

1. 种毒与疫苗

A/Duck/Guangdon/177/2004（H5N1）（简称 H5 177 株），由华南农业大学禽病研究室分离保存并提供，经中国预防医学科学院病毒学研究所国家流感中心鉴定；H5 亚型禽流感油乳剂灭活疫苗（H5NI，Re1 株，下称 H5N1 油苗），由哈尔滨维科生物技术开发公司生产，批号：2005040。

2. 抗原与血清

禽流感 H5、H7、H9 亚型 HI 标准抗原及阳性血清，ND、EDS－76 HI 标准抗原及阳性血清，购自中国农业科学院哈尔滨兽医研究所。

3. 实验动物

10 日龄 SPF 鸡胚，由北京梅里亚实验动物技术有限公司提供；10 日龄非免疫鸡胚，由佛山某蛋鸡场供应；番鸭，从佛山市三水某种番鸭场购进 1 日龄健康本地番鸭苗，隔离饲养，试验前不作任何免疫；禽红细胞供体动物——成年公鸡、成年公番鸭各 3 只，未经免疫，隔离饲养，由佛山科学技术学院禽病学实验室提供。

4. 主要试剂与其他实验材料

pH7. 2 的 0. 01mol/L 磷酸盐缓冲液（PBS），红细胞保存液（阿氏液）按常规配制；1% 鸡红细胞悬液、1% 番鸭红细胞悬液：分别采取 3 只公鸡血液与 3 只公番鸭血液，按 GB/T 18936—2003 中红细胞悬液配制方法配制；HE 染色试剂，按常规配制（杜桌民，1998）。

二、方法

1. 攻毒毒株的增殖

将H5 177株种毒液用生理盐水作10^{-2}稀释，经尿囊腔接种10日龄SPF鸡胚0.2mL/胚，37℃孵育，收集接种24h后死亡鸡胚尿囊液及至72h仍存活鸡胚尿囊液，将测定HA效价≥10^{9}的鸡胚液混合分装，为攻毒病毒液，-70℃保存备用。

2. 攻毒病毒液对50日龄番鸭半数致死量（LD_{50}）的测定

取1日龄雏番鸭42只隔离饲养，至50日龄随机分成6组，每组7只。将H5 177株增殖病毒液用生理盐水进行10倍的倍比稀释（10^{-0}～10^{-4}），各稀释度依次对1～5组试验鸭经胸部肌肉注射一组，0.5mL/只，第6组注射生理盐水，0.5mL/只。按Reed-Muench法（殷震，1997）计算LD_{50}。

3. 试验番鸭的免疫与分组

取1日龄雏番鸭120只，隔离饲养至14日龄，随机分成2群。第一群100只，其中40只于14日龄接种H5N1油苗，0.5mL/只。另60只于14日龄接种H5N1油苗，0.5mL/只；21日龄再次接种，1mL/只。第二群20只不作任何免疫。至50日龄将所有试验鸭逐只编号，检测AIH5 HI抗体，按抗体水平分组，每组随机抽取10只，其中第1组的AIH5 HI抗体水平为$3\log_2$，第2组的AIH5 HI抗体水平为$4\log_2$，第3组的AIH5 HI抗体水平为$5\log_2$，第4组的AIH5 HI抗体水平为$6\log_2$，第5组的AIH5 HI抗体水平为$7\log_2$。取20只AIH5 HI抗体检测为阴性的雏番鸭随机平分成第6组和第7组，10只/组。

4. 攻毒与病毒复分离

用H5 177株增殖病毒液经LD50测定，对2.3中划分的第1～6组试验鸭进行人工攻毒发病，每只经胸部肌肉注射1.0mL（含11LD_{50}的病毒）。第7组注射生理盐水1.0mL/只。

（1）攻毒鸭临床症状与病理变化观察

试验鸭经攻毒后，每天观察，记录发病、死亡情况，并对死亡鸭进行剖检，观察病变，直至攻毒后第10天，然后对未死亡的鸭只全部扑杀。对所有死亡及人为扑杀的鸭只采取脑、心、肝、胰腺、脾、肺、肾、十二指肠、法氏囊、胸腺等组织样品，经10%甲醛溶液固定后，按常规切片，HE染色，显微镜观察，检查各器官组织的变化情况。

（2）喉头气管、泄殖腔拭子采取、处理与鸡胚接种

在攻毒前及从攻毒后24h开始，间隔24h用灭菌棉签采取攻毒鸭和试验对照鸭的喉气管和泄殖腔拭子，每个棉拭子单独放入经高压灭菌的2.5mL的小离心管中，每管加入2mL含青霉素2000U/mL和链霉素2000μg/mL的pH7.2的PBS液，振荡，挤干拭子，取悬液经3000r/min 4℃离心20min，取上清液用0.45μL滤膜过滤除菌后经尿囊腔接种10日龄鸡胚，每个样品接种5枚鸡胚，0.2mL/枚。37℃继续孵化4天，每天照胚2次，其间如有死胚及时置4℃保存，弃去24h内死亡鸡胚，收取24h以后死亡鸡胚胚

液做 HA 试验，剖检胚体。接种后第 4 天，将所有存活鸡胚 4℃冷冻致死，分别收取接种同一样品的鸡胚尿囊液混合后做 HA 检测。将 HA 效价在 $2\log_2$ 及以上的鸡胚液配制 4 单位抗原，用禽流感 H5、H7、H9 亚型和 ND、EDS 标准阳性血清进行 HI 检测。

（3）内脏组织的处理与鸡胚接种

无菌采集攻毒后于观察期间内死亡的鸭，以及攻毒后第 10 天扑杀的所有试验鸭（包括对照组鸭）的肝脏、脾脏、胰脏、脑组织，分别将每只鸭的各种组织混合研磨，加入 5 倍体积的含青霉素 2000U/mL 和链霉素 2000μg/mL 的 pH7.2 的 PBS 液，该组织悬液经 3000r/min 4℃离心 20min，取上清液，过滤除菌后经尿囊腔接种 10 日龄鸡胚，每个样品接种 5 枚鸡胚，0.2mL/枚。鸡胚液检测同以上（2）方法。

三、结果

1. 攻毒病毒液对 50 日龄番鸭的半数致死量（LD_{50}）

按 Reed-Muench 法计算得攻毒病毒液对 50 日龄番鸭肌肉注射的 LD_{50} 为 $10^{-0.75}$/0.5mL。

2. 免疫鸭攻毒后的临床症状

攻毒后，各试验组鸭在 48h 内无明显变化，至第 72h 开始第 6 组（无抗体攻毒组）试验鸭出现精神沉郁、减食、不愿走动、流泪等症状，至第 96h 开始，第 1、2、3 组也陆续出现相应病症。随后第 6 组病鸭出现废食、软脚、扭头、眼结膜浑浊等症状，并于 120h 首先出现死亡。而第 4、5 组和第 7 组（不攻毒对照组）试验鸭无肉眼可见症状。各试验组鸭只死亡结果如表 4－14 所示。

表 4－14　攻毒后各试验组鸭只死亡结果

组　别	1	2	3	4	5	6	7
HI 抗体	$3\log_2$	$4\log_2$	$5\log_2$	$6\log_2$	$7\log_2$	$0\log_2$	$0\log_2$
死亡鸭只数	3	1	0	0	0	5	0
死亡/试验鸭数	3/10	1/10	0/10	0/10	0/10	5/10	0/10

3. 病死鸭与人为扑杀鸭的大体病理变化

各病死鸭以及人为扑杀病鸭，其肉眼可见病理变化主要表现为：眼结膜充血、出血，眼角膜浑浊（图 4－7），头部皮下水肿出血（图 4－8），脑组织充血出血（图 4－9），口腔、食道和喉头黏膜出血、坏死（图 4－10），心内膜外膜出血、心肌条纹状坏死（图 4－11），肝脏点状出血、坏死（图 4－12），脾脏出血、坏死呈斑驳状（图 4－13），胰脏点状坏死（图 4－14），肺脏水肿、瘀血、出血，肠黏膜出血，部分鸭只出现渗出性气囊炎。各组鸭只剖检病理变化情况见表 4－15。

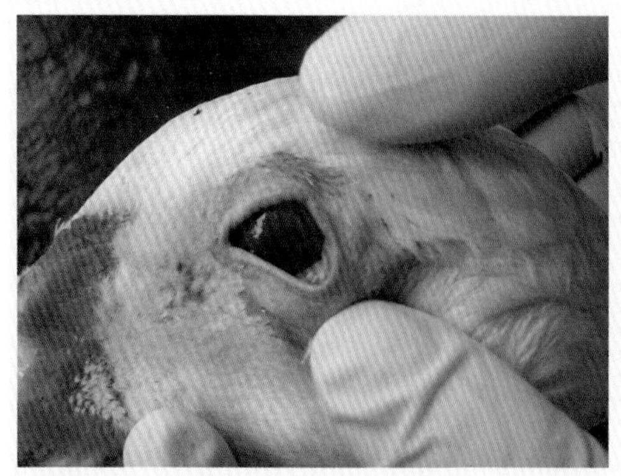

图4－7　病鸭流泪，眼结膜充血，角膜浑浊

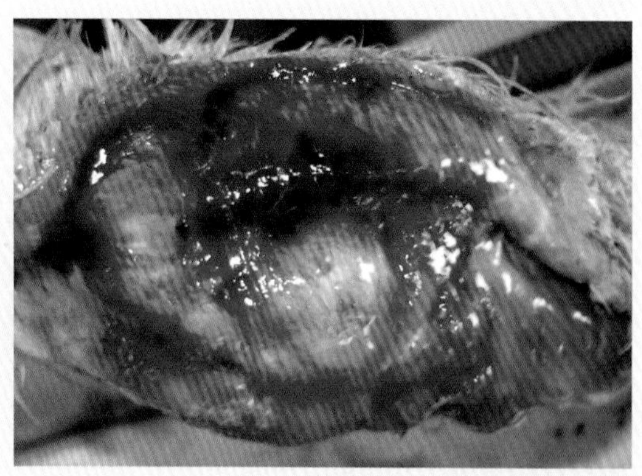

图4－8　病鸭头部皮下水肿、出血，冻胶样积液

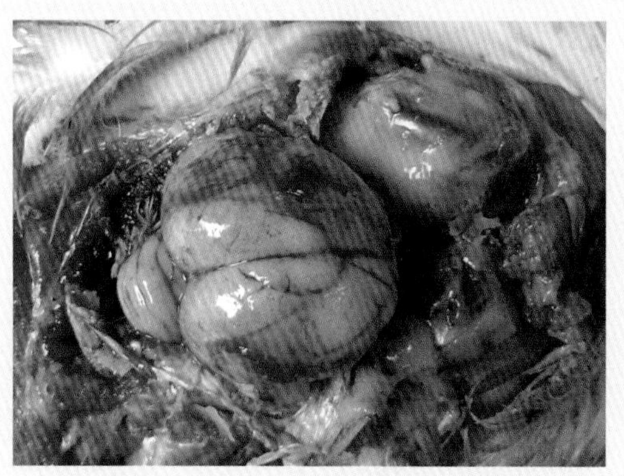

图4－9　病鸭脑组织充血，出血

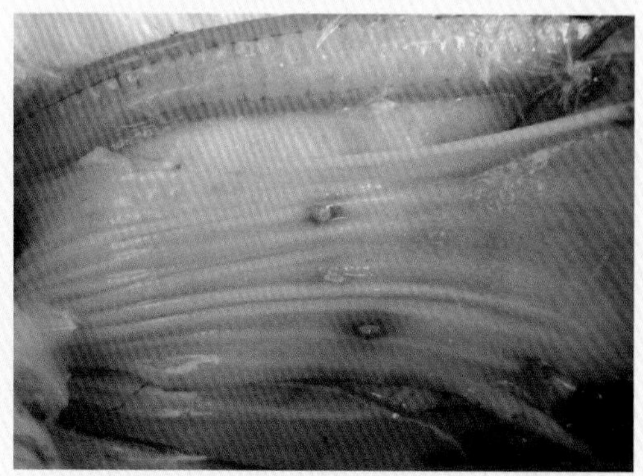

图4－10　病死鸭食道黏膜出血，假膜样坏死

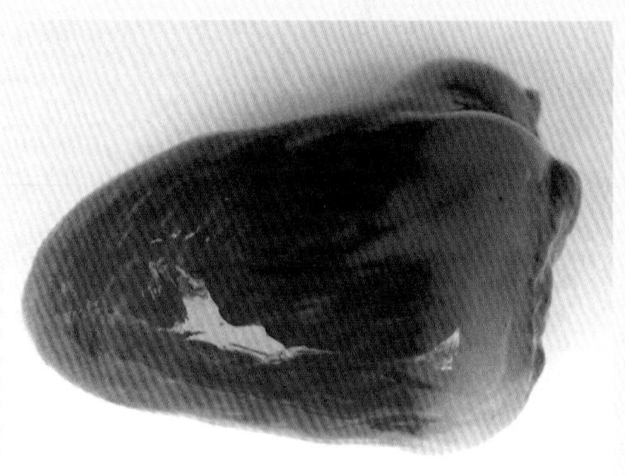

图4－11　病死鸭心肌呈条纹状变性、坏死

图4－12　病死鸭肝脏表面出血、点状坏死

图 4－13　病死鸭脾脏坏死，呈斑驳状

图 4－14　病死鸭胰脏形成透明样坏死

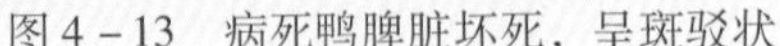

表 4－15　试验鸭剖检肉眼可见病理变化

组别	HI 抗体水平	鸭只序号	试验鸭各种组织呈现肉眼可见病变情况										是否死亡
			眼结膜充出血	皮下水肿出血	口腔喉头出血	心肌	胰脏	脾脏	肝脏	肺脏	肠黏膜	气囊渗出	
1	$3\log_2$	1	+	–	+	+	+	+	+	+	+	–	是
		2	±	+	+	–	+	+	+	–	+	–	是
		3	+	–	+	+	+	+	+	+	–	+	是
		4	–	–	–	+	+	–	+	–	–	–	否
		5	–	–	–	+	–	–	–	–	—	–	否
		6	–	–	+	+	–	+	+	+	±	+	否
		7	±	–	+	–	+	–	–	–	–	–	否
		8	–	–	–	–	–	–	–	–	–	+	否
		9	–	–	+	–	+	+	–	–	–	–	否
		10	–	–	–	–	–	–	–	–	–	–	否
2	$4\log_2$	1	–	–	+	+	+	+	+	+	+	–	是
		2	+	+	+	–	+	+	–	–	–	–	否
		3	–	–	+	+	–	–	–	–	–	–	否
		4	–	–	–	–	–	+	+	–	–	–	否
		5	+	–	+	+	–	+	–	–	+	+	否
		6	+	–	–	–	+	+	–	–	–	–	否
		7	–	–	–	–	–	–	–	–	–	–	否
		8	–	–	+	–	–	+	+	–	–	+	否
		9	–	–	–	–	–	–	–	–	–	–	否
		10	–	–	–	–	–	–	–	–	–	–	否

续上表

组别	HI抗体水平	鸭只序号	试验鸭各种组织呈现肉眼可见病变情况										是否死亡
			眼结膜充出血	皮下水肿出血	口腔喉头出血	心肌	胰脏	脾脏	肝脏	肺脏	肠黏膜	气囊渗出	
3	5log$_2$	1	+	−	+	+	+	+	+	−	+	−	否
		2	−	+	+	+	−	−	+	+	+	+	否
		3	−	−	−	−	−	−	−	−	+	−	否
		4	−	−	+	+	+	−	+	−	−	+	否
		5	−	+	+	−	+	−	−	−	−	−	否
		6	−	−	−	−	−	−	−	−	−	−	否
		7	+	−	−	−	−	−	+	−	±	−	否
		8	−	−	−	−	−	−	−	−	−	±	否
		9	−	−	−	−	−	−	−	−	−	−	否
		10	−	−	−	−	−	−	−	−	−	−	否
4	6log$_2$	1	−	−	−	−	−	−	−	−	−	±	否
		2	±	−	−	−	−	−	−	−	−	−	否
		3	−	−	−	−	−	−	−	−	−	−	否
		4	−	−	−	−	−	−	−	−	±	−	否
		5	−	−	−	−	−	−	−	−	−	±	否
		6	−	−	−	−	−	−	−	−	−	−	否
		7	−	−	−	−	−	−	−	−	−	−	否
		8	−	−	−	−	−	−	−	−	−	−	否
		9	−	−	−	−	−	−	−	−	−	−	否
		10	−	−	−	−	−	−	−	−	−	−	否
5	7log$_2$	1	−	−	−	−	−	−	−	−	−	−	否
		2	−	−	−	−	−	−	−	−	−	−	否
		3	−	−	−	−	−	−	−	−	−	−	否
		4	−	−	−	−	−	−	−	−	−	−	否
		5	−	−	−	−	−	−	−	−	−	−	否
		6	−	−	−	−	−	−	−	−	−	−	否
		7	−	−	−	−	−	−	−	−	−	−	否
		8	−	−	−	−	−	−	−	−	−	−	否
		9	−	−	−	−	−	−	−	−	−	−	否
		10	−	−	−	−	−	−	−	−	−	−	否

续上表

组别	HI抗体水平	鸭只序号	试验鸭各种组织呈现肉眼可见病变情况										是否死亡
			眼结膜充出血	皮下水肿出血	口腔喉头出血	心肌	胰脏	脾脏	肝脏	肺脏	肠黏膜	气囊渗出	
6	$0\log_2$	1	+	−	+	+	+	+	+	+	−	+	是
		2	+	+	+	+	+	+	+	+	+	−	是
		3	−	−	+	+	+	+	+	−	−	−	是
		4	+	+	+	+	+	+	+	+	+	−	是
		5	+	−	+	+	+	+	+	−	+	+	是
		6	±	−	+	−	+	+	−	+	−	+	否
		7	−	−	+	−	+	+	−	−	−	−	否
		8	−	−	+	−	+	+	+	−	−	−	否
		9	±	−	+	+	+	+	−	−	+	+	否
		10	−	−	+	−	+	+	−	−	−	−	否
7	$0\log_2$	1	−	−	−	−	−	−	−	−	−	−	否
		2	−	−	−	−	−	−	−	−	−	−	否
		3	−	−	−	−	−	−	−	−	−	−	否
		4	−	−	−	−	−	−	−	−	−	−	否
		5	−	−	−	−	−	−	−	−	−	−	否
		6	−	−	−	−	−	−	−	−	−	−	否
		7	−	−	−	−	−	−	−	−	−	−	否
		8	−	−	−	−	−	−	−	−	−	−	否
		9	−	−	−	−	−	−	−	−	−	−	否
		10	−	−	−	−	−	−	−	−	−	−	否

注：表中“+”号表示相关病变较明显，“±”表示病变轻微，“−”为无可见病变。

从表4－15的结果可知，未免疫攻毒组和具$3\log_2$、$4\log_2$、$5\log_2$ HI抗体水平的攻毒组鸭均出现不同程度的禽流感的大体病变，尤以口腔黏膜点状出血与坏死、心肌条纹状坏死、肝脏的点状出血与坏死、脾脏坏死与胰脏的点状透明样变性坏死最为明显。抗体水平达$6\log_2$及以上试验组与无抗体不攻毒对照组无可见病变。

4. 实验鸭部分器官组织病理学变化

攻毒后发病死亡的鸭只，以及攻毒后10天扑杀存活鸭中的无抗体攻毒组与$3\log_2$抗体水平攻毒组鸭只的脑、心、肝、肺、胰腺、脾、肾、法氏囊、胸腺和十二指肠等组织，均出现不同程度的病理变化。$4\log_2$抗体水平攻毒组扑杀鸭的心、肝、肾、肺、脾组织的病理变化与无抗体攻毒组、$3\log_2$抗体水平攻毒组鸭只一致，其余组织以及$5\log_2$抗体水平攻毒组扑杀鸭只各组织的病理变化较为轻微。$6\log_2$、$7\log_2$抗体水平攻毒组与无抗体不攻毒对照组扑杀鸭只各组织均无明显病理变化。各组织的具体组织学病理变化为：

脑：充血出血；小血管周围间隙由于水肿而增宽；神经细胞坏死，被胶质细胞吞噬形成噬神经元现象；胶质细胞呈结节状增生（图4－15、图4－16）。

心：心肌纤维肿胀，胞浆内充满大量颗粒，部分心肌纤维断裂、坏死（图4－17）。

肝：肝细胞颗粒变性，细胞体积增大，胞浆内充满微细颗粒；部分肝细胞坏死，核溶解消失；肝细胞索崩解，中央及门管区周围有多量淋巴细胞浸润（图4－18）。

肺：肺泡壁毛细血管扩张充血，支气管和细支气管周围淋巴细胞浸润；部分肺泡内充满渗出液、红细胞和脱落的肺泡上皮细胞等（图4－19）。

胰腺：腺上皮细胞肿胀，充满大量颗粒，部分腺泡细胞坏死脱落，结构紊乱（图4－20）。

脾：红髓充满大量红细胞，脾小体淋巴细胞变性坏死，并见多量核碎片，脾小体缩小（图4－21、图4－22）。

肾：肾小管上皮细胞肿胀，胞浆内充满大量颗粒，有的胞浆有空泡，部分上皮细胞坏死；肾小管腔变窄、阻塞；肾小球充血、出血（图4－23）。

法氏囊：滤泡上皮变性、坏死、脱落。

胸腺：胸腺小叶髓质的淋巴细胞变性、坏死，数量减少。

十二指肠：部分黏膜上皮细胞坏死脱落。

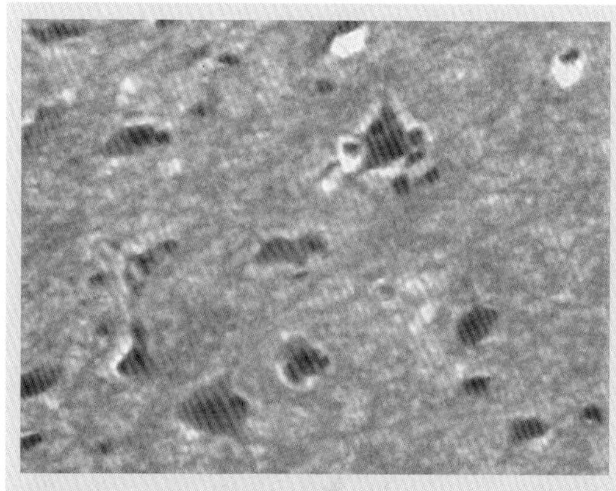

图4－15　脑神经细胞坏死，形成噬神经元现象（HE×400）

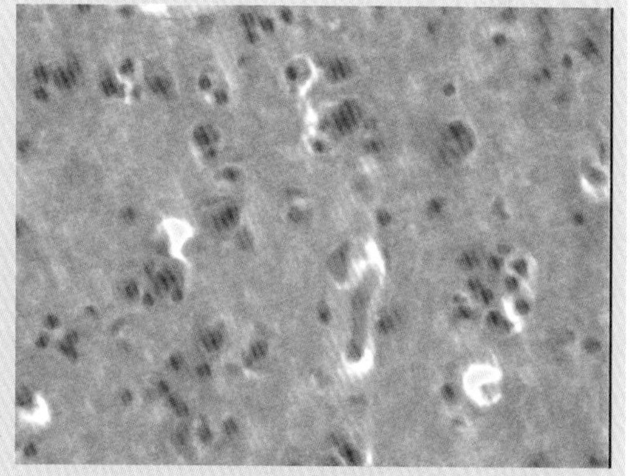

图4－16　脑胶质细胞呈结节状增生（HE×400）

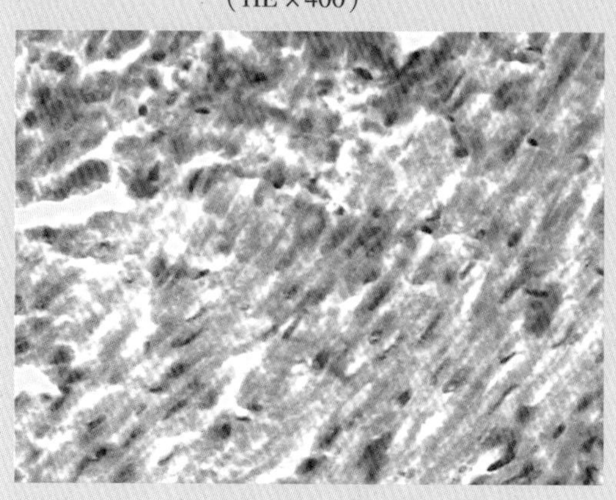

图4－17　心肌纤维变性、坏死（HE×400）

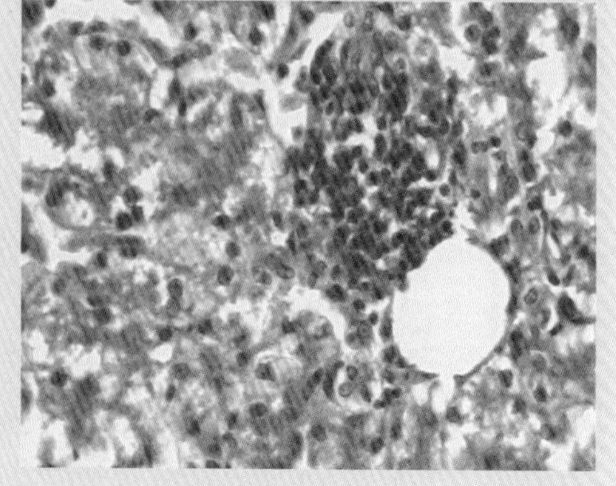

图4－18　肝细胞变性、坏死，中央及门管区周围有大量淋巴细胞浸润（HE×400）

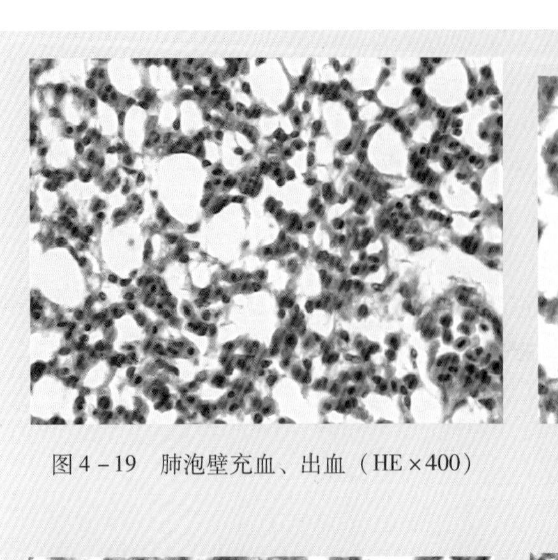

图 4－19　肺泡壁充血、出血（HE×400）

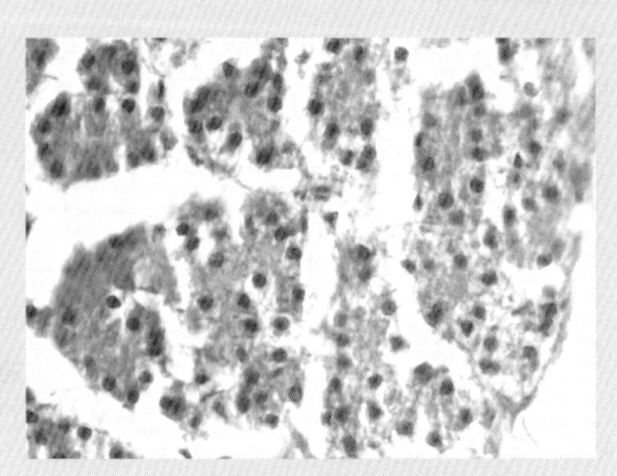

图 4－20　胰腺上皮细胞变性、坏死，失去正常结构（HE×400）

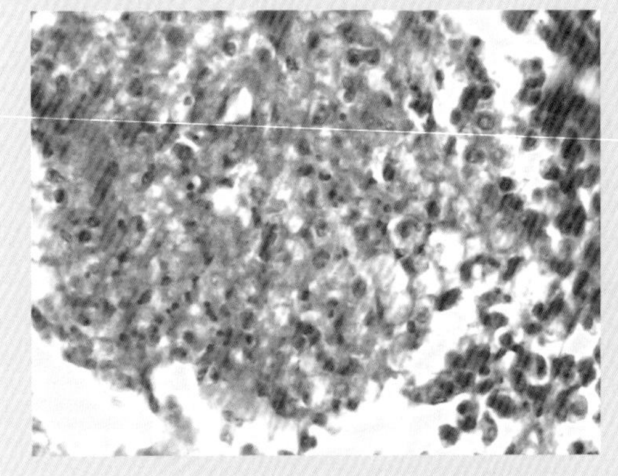

图 4－21　脾小体淋巴细胞变性坏死，形成坏死灶（HE×400）

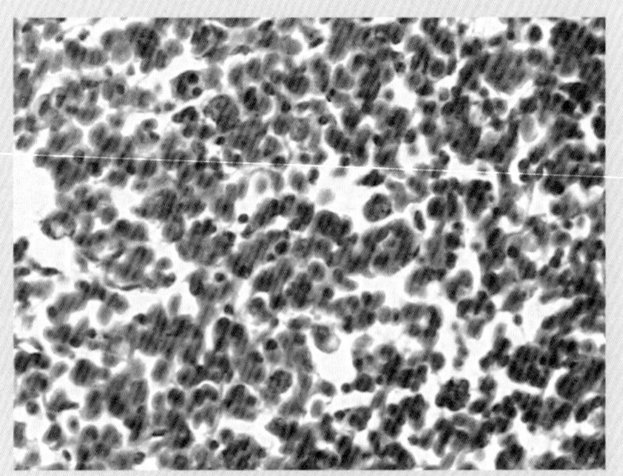

图 4－22　脾红髓充满大量红细胞（HE×400）

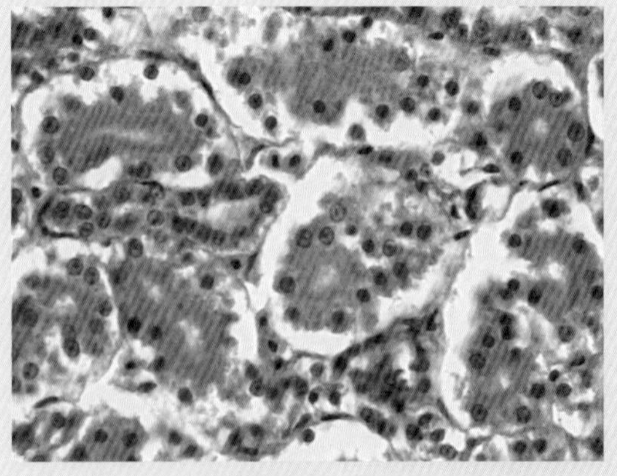

图 4－23　肾小管上皮细胞颗粒变性、坏死，结构模糊（HE×400）

5. 喉头与泄殖腔拭子及组织样品上清病毒分离结果

试验鸭喉头拭子、泄殖腔拭子及组织无菌上清病毒分离结果见表4－16。鸡胚在接种样品后24～96h出现部分死亡，收集接种同一样品死亡鸡胚尿囊液做HA检测，结果大多数具有血凝性，接种后96h存活鸡胚的尿囊液只有极个别具有血凝性。将以上HA效价在2$\log_2$以上的尿囊液配制4单位抗原，经血凝抑制试验（HI）检测，发现其血凝活性能被H5亚型AI阳性血清抑制，而不能被H9、H7亚型AI阳性血清和ND、EDS－76阳性血清所抑制。

表4－16　试验鸭喉头与泄殖腔拭子病毒分离结果

组别	HI抗体水平	攻毒后时间							
		24h	48h	72h	96h	120h	144h	192h	240h
1	3$\log_2$	2/10	5/10	6/10	7/10	6/10	5/9*	2/7*	2/7*
2	4$\log_2$	0/10	2/10	5/10	6/10	5/10	4/9*	3/9*	1/9*
3	5$\log_2$	0/10	2/10	3/10	5/10	5/10	4/10	1/10	1/10
4	6$\log_2$	0/10	0/10	0/10	0/10	0/10	0/10	0/10	0/10
5	7$\log_2$	0/6	0/6	0/6	0/6	0/6	0/6	0/6	0/6
6	0$\log_2$	5/10	7/10	9/10	9/10	8/9*	4/6*	2/5*	2/5*
7	0$\log_2$	0/10	0/10	0/10	0/10	0/10	0/10	0/10	0/10

注：1～6组为攻毒组，7组为不攻毒对照组；分母表示实验鸭数，分子表示分离到病毒的鸭数；带“*”号分母为该时间存活的实验鸭数。

攻毒死亡鸭的组织中均可分离到病毒，攻毒后240h扑杀实验存活鸭组织进行病毒分离的结果见表4－17。将分离物HA效价在2$\log_2$以上的尿囊液配制4单位抗原，经血凝抑制试验（HI）检测，发现其血凝活性能被H5亚型AI阳性血清抑制，而不能被H9亚型AI阳性、H7亚型AI阳性血清和ND、EDS－76阳性血清所抑制。

表4－17　攻毒后240h存活鸭组织上清病毒分离结果

组　别	1	2	3	4	5	6	7
HI抗体水平	3$\log_2$	4$\log_2$	5$\log_2$	6$\log_2$	7$\log_2$	0$\log_2$	0$\log_2$
病毒分离阳性比例	5/7	4/9	3/10	0/10	0/10	5/5	0/10

注：1～6组为攻毒组，7组为不攻毒对照组；分母表示实验鸭数，分子表示分离到病毒的鸭只数。

四、小结与讨论

1. 不同HI抗体水平番鸭人工感染AIV后的临床症状与病理变化差异

试验鸭攻毒后，从72～96h，无抗体攻毒组和抗体水平为3$\log_2$、4$\log_2$、5$\log_2$攻毒组陆续出现AI的临床症状，但以无抗体组出现的时间最早，并且首先出现死亡。这说明具有3$\log_2$、4$\log_2$和5$\log_2$抗体水平鸭仍可感染并出现临床症状，但已具有一定的抵抗力，可以延缓发病时间，降低发病程度与死亡率。具有6$\log_2$以上抗体水平的鸭，不表现症状，说明其具有抵抗 HPAIV 攻击的能力。

从病理剖检结果可知，$5\log_2$ 以下抗体组实验鸭均出现不同程度的病理变化，其中以口腔黏膜出血坏死、心内外膜出血和心肌条纹状变性坏死、肝脏出血坏死、脾脏坏死和胰脏的点状坏死最为突出，且以无抗体组出现病变的器官组织数量较多，表现也最典型。$6\log_2$ 组和 $7\log_2$ 组均未出现肉眼可见的病变，说明其对 H5N1 亚型 HPAIV 的攻击具有较好的抵抗力。

2. 不同 HI 抗体水平番鸭感染 AIV 后的组织病理学变化

攻毒后发病死亡鸭只的脑、心、肝、肺、胰、脾、肾均出现了较为明显的不同程度的组织病理变化，其中以非化脓性脑炎、变质性肝炎、坏死性脾炎、坏死性胰腺炎等变化为主，与马春全等（2004）报道的鸭 H5 亚型 HPAI 自然病例的组织病理学变化基本一致。$4\log_2$ 抗体水平以下攻毒组存活鸭只除心、肝、肾、肺、脾组织的病理变化与无抗体攻毒组、$3\log_2$ 组一致外，其余组织的病理变化较为轻微。$5\log_2$ 抗体水平组的存活鸭只各组织的病理变化很轻微。只有 $6\log_2$ 与 $7\log_2$ 抗体水平组存活鸭只各组织均无可见组织病理学变化。说明抗体水平在 $5\log_2$ 及以下的番鸭感染 HPAIV 后，病毒可在体内增殖，并对组织造成损伤，但其损伤的程度与抗体水平有关，抗体越高，病毒对组织的损伤越轻。当抗体水平达 $6\log_2$ 时，机体完全可以抵抗病毒对组织的损伤。

3. 试验鸭喉头与泄殖腔拭子及组织病毒分离结果

从各实验组鸭只攻毒后病毒分离结果可见，无抗体攻毒组在攻毒后 24h 即可从部分鸭只的喉头与泄殖腔拭子中分离到病毒，并持续到 240h（攻毒后的第 10 天），病毒分离的高峰期在攻毒后 48 ～ 144h 之间，说明番鸭感染 H5N1 亚型 HPAIV 后在症状出现之前可经呼吸道与消化道排出病毒，该结果与廖明等（2004）对试验鸡感染 H5N1 亚型禽流感病毒后排毒规律的研究结果相符。也就是说，感染 HPAIV 的番鸭群在发病前就具有传染能力，在生产中必须引起注意。在高发病季节或严重受威胁区，可以通过采取喉头和/或泄殖腔拭子样品分离病毒或做快速检测试验，以起到监测疫情的作用。

$3\log_2$ 抗体组在攻毒后鸭只排毒规律与无抗体组相似，但排毒鸭只的数量相对少一些。$4\log_2$ 与 $5\log_2$ 抗体组首次分离到病毒的时间均为攻毒后 48h，比无抗体组和 $3\log_2$ 抗体组推迟了 24h，分离出病毒的鸭只数量也较低，抗体水平达 $6\log_2$ 及以上试验组，攻毒后未能分离到病毒。以上说明，抗体水平 $5\log_2$ 及以下番鸭感染 H5N1 亚型 HPAIV 后，病毒可以在体内增殖，且经呼吸道与消化道排出病毒，但以无抗体鸭最易感染、排毒与发病。

试验鸭在攻毒后 10 天，无抗体攻毒组仍有个别存活鸭可经喉头与泄殖腔拭子分离到病毒，说明感染 HPAIV 后番鸭具有较长的排毒时间。其他试验组虽已不能从喉头与泄殖腔拭子分离到病毒，但仍可从部分存活鸭的组织中分离到病毒，同时从死亡后的鸭组织中均可分离到病毒，说明在发病后期经呼吸道、消化道排毒减少，组织中仍有病毒存在而成为带毒鸭，所以在对发生禽流感的禽群作诊断时，通过内脏组织结合喉气管、泄殖腔拭子分离病毒更为合适。

从以上试验结果可见，与无抗体组鸭比较，抗体水平在 $3\log_2$ ～ $5\log_2$ 水平的免疫番鸭具有一定的抵抗力，但处于 $4\log_2$ 及以下抗体水平的番鸭仍会感染发病并排毒，具 $5\log_2$ 抗体水平番鸭攻毒后虽未出现死亡，但仍可排毒。当抗体水平达 $6\log_2$ 及以上时，鸭只对 HPAIV 具有良好的抵抗力，未能检测到排毒现象。根据中华人民共和国农业行业标准《高致病性禽流感免疫技术规范》规定，禽类进行禽流感疫苗的免疫接种后，鸡 HI 抗体平均水平大于或者等于 $4\log_2$ 时，判定为免疫效力良好，而火鸡、鸭、鹅等禽类接种禽流感疫苗免疫效力评价尚缺乏足够的血清学依据（NY/T 769—2004）。从本试验结果来看，该禽流感免疫评价标准显然不适合于番鸭群，所以番鸭对 H5N1 亚型 HPAIV 具完全抵抗力的 HI 抗体水平的临界滴度定为 $6\log_2$ 更为合适。

（注：本节内容为张济培的学位论文，与华南农业大学禽源学实验室合作完成。）

第五节　番鸭感染 AIVH5 后血液中 SOD 活性和丙二醛含量的变化

一、材料与方法

1. 疫苗与毒株

AIH5 油乳剂灭活疫苗和 AIVH5，由相关科研立项课题组提供。

2. 检测试剂盒

SOD、MDA 检测试剂盒，购自南京建成生物工程研究所。

3. 实验动物及分组

1 日龄健康番鸭 100 只，购自本地某种鸭场，饲养至 2 周龄随机分成三群。1 群 40 只，2 周龄肌注 AIH5 油乳剂灭活疫苗 0.5mL/只；2 群 40 只，2 周龄首免肌注 AIH5 油乳剂灭活疫苗 0.3mL/只，3 周龄后再次肌注 0.5mL/只；3 群 20 只，肌注生理盐水 0.5mL/只。免疫后第三周对三群鸭逐只编号，静脉采血分离血清，作 HI 抗体水平检测，按抗体水平高低分为 6 组，依次命名为 0、8、16、32、64、128 组，每组 8 只，抗体水平依次为 0、1∶8、1∶16、1∶32、1∶64、1∶128。各组中随机抽取 5 只静脉注射 AIVH5（1.0mL/只）组成攻毒组，各组剩下的 3 只作对照组。攻毒组与对照组隔离饲养，1 周后经颈静脉采血，静置析出血清，-26℃保存以备检测 MDA 和 SOD。

4. SOD 活性与 MDA 含量的测定

SOD 的测定采用黄嘌呤氧化酶法，MDA 的测定采用硫代巴比妥酸比色法，按试剂盒提供的操作程序对试验血样进行检测。

5. 数据处理

测定结果以平均数和标准误（$\bar{X} \pm S$）表示，用计算机统计软件 Excell 对数据进行方差分析，确定差异显著性。

二、结果

1. 番鸭免疫攻毒后的临床症状

用 AIVH5 毒株攻毒后，0、8、16、32 组均出现冠髯发绀、皮肤出血、歪头流涕、呼吸困难等症状，0 组症状最明显，个别死亡；而 64、128 组仅见一过性精神不振，而无其他明显症状。

2. 番鸭免疫攻毒后血清中 SOD 活性的变化

番鸭免疫攻毒后血清中 SOD 活性的变化见表 4-18。

表 4-18 不同抗体水平番鸭攻毒后血清中 SOD（U/mL）活性的变化

组别	各 AIH5 HI 抗体水平番鸭的 SOD 值					
	0	1:8	1:16	1:32	1:64	1:128
对照组	154.70 ± 11.85	146.23 ± 7.25	151.97 ± 7.89	155.73 ± 9.29	157.07 ± 7.71	152.73 ± 14.03
攻毒组	102.2 ± 8.62**	108.54 ± 15.49**	121.92 ± 11.45**	134.14 ± 12.76*	158.72 ± 11.72	158.54 ± 11.12

注：*表示同一抗体水平攻毒组与对照组相比差异显著（$P<0.05$）；**表示同一抗体水平攻毒组与对照组相比差异极显著（$P<0.01$）。

由表 4-18 可见，抗体水平在 0 ～ 1:32 时，攻毒组番鸭血清 SOD 活性随着抗体水平的递增而依次递增，但最终（1:32 时）仍明显低于对照组（$P<0.05$ 或 $P<0.01$）；当抗体水平在 1:64 以上，攻毒组 SOD 活性接近对照组水平。另外对攻毒组抗体水平为 1:32 和 1:64 两份血清的 SOD 平均值进行方差分析，差异非常显著（$P<0.01$）。由此可见，当抗体在 1:64 或以上时才能保证人工攻毒机体 SOD 活性保持在正常水平，表明 AI HI 抗体在 1:64 或以上时机体可免受病毒的侵害，机体无异于常量的自由基产生，也就无需消耗 SOD。另外，对照组中各 SOD 活性变化不大，无显著差异（$P>0.05$），也说明免疫与否对正常番鸭机体无明显的应激作用，因此其 SOD 值无明显变化。

3. 番鸭免疫攻毒后血清中 MDA 含量的变化

番鸭免疫攻毒后血清中 MDA 含量的变化见表 4-19。

表 4-19 不同抗体水平番鸭攻毒后血清中 MDA（nmol/mL）含量的变化

组别	各 AIH5 HI 抗体水平番鸭的 SOD 值					
	0	1:8	1:16	1:32	1:64	1:128
对照组	2.39 ±0.15	2.54 ±0.12	2.43 ±0.12	2.43 ±0.21	2.27 ±0.10	2.36 ±0.09
攻毒组	5.66 ±0.19**	4.53 ±0.17**	3.87 ±0.09**	3.80 ±0.15*	2.49 ±0.15	2.39 ±0.11

注：*表示同一抗体水平攻毒组与对照组相比差异显著（$P<0.05$）；**表示同一抗体水平攻毒组与对照组相比差异极显著（$P<0.01$）。

由表 4-19 可见，抗体水平在 0 ～ 1:32 时，攻毒组番鸭血清 MDA 含量逐渐降低，但仍明显高于对照组（$P<0.05$ 或 $P<0.01$）；当抗体水平在 1:64 或以上后，攻毒组番鸭 MDA 含量接近对照组水平。表明 AI HI 抗体在 1:32 或以下时，机体无法抵抗或无法完全抵抗 AIV 的攻击，抗体水平在此范围内，滴度越低病毒侵害作用越严重，自由基产生越多，细胞膜脂质过氧化作用越强，产生的 MDA 越多，显然此时机体因消除自由基而需消耗 SOD 就越多。因此，表 4-19 反映 AI HI 抗体在 1:32 或以下时，SOD 值显著低于正常值。另外对攻毒组 1:32 和 1:64 两份血清的 MDA 平均值进行方差分析，差

异非常显著（$P<0.01$）。由此可见，当抗体水平在1∶64以上时才能保证受人工感染病毒的机体MDA含量保持在正常水平。另外，对照组中各MDA含量变化不大，无显著差异（$P>0.05$），也说明免疫与否对正常番鸭体内MDA无明显影响。

4. 番鸭攻毒后血清中抗体水平与SOD活性、MDA含量的相关性

由表4－18、表4－19可知，随着抗体水平的升高，SOD活性逐渐升高（回复原水平），表明SOD与抗体水平呈正相关；而随着抗体水平的升高，MDA的含量则逐渐降低（回复原水平），表明MDA值与抗体水平呈负相关；而机体在受应激与消除应激过程中，SOD活性与MDA含量变化显著，且呈负相关。

三、讨论

（1）根据经典理论，机体在受到应激时会产生大量的自由基，自由基对生物膜和组织的损伤作用会引起一系列病理过程，其中之一是引起MDA的含量上升，而MDA能使酶分子中氨基酸发生交联、肽链断裂，形成新的聚合物，从而产生新的大分子，使原来酶活性更新丧失或改变，破坏细胞膜的结构，使膜内外离子交换紊乱，加速自由基的产生（Halliwell B，1995）。检测MDA含量是否升高或SOD的消耗情况，可反映机体对某种应激因素的抵御状况。禽流感病毒攻击机体，机体MDA与SOD是否会发生规律性变化？当机体经过免疫接种后再受AIV攻击，免疫又是否能阻断MDA的生成？阻断MDA生成的免疫临界水平如何？等等，正是本题希望回答的问题。

（2）从本试验结果可见，番鸭免疫禽流感油乳剂灭活疫苗后，当抗体水平在0～1∶32时，番鸭在注射AIVH5后，SOD活性显著降低，MDA含量显著升高，这表明抗体水平在0～1∶32的番鸭在注射AIVH5后引起组织细胞发生一定的病理变化，产生了大量的自由基，使生物膜中的不饱和脂肪酸引发脂质过氧化作用，并因此形成大量MDA，表现出禽流感症状甚至死亡。当抗体水平在1∶64以上时，番鸭能抵御AIVH5病毒攻击。上述研究结果表明，AIV感染也如其他应激因素，会导致MDA与SOD负相关的规律性量变（Mezes M，1999；Kosenki EA，1997），且机体抗体达到一定水平时（1∶64或以上）SOD与MDA数值均可恢复至正常水平。

（3）应用禽流感油乳剂灭活疫苗对番鸭进行免疫不会引起机体SOD活性和MDA含量的明显变化，表明该疫苗对机体无明显应激作用。部分专家曾担心油乳剂灭活疫苗会对机体造成损害，而该试验结果在这方面给予了一个参考性的答案。

第六节　AI免疫鹅感染AIVH5后血液中SOD活性和MDA含量变化

一、材料与方法

1. 疫苗与毒株

AIH5油乳剂灭活疫苗和AIVH5，由相关科研立项课题组提供。

2. 检测试剂盒

SOD、MDA 检测试剂盒，购自南京建成生物工程研究所。

3. 实验动物及分组

1 日龄健康鹅 120 只，购自本地某种鹅场，经 1 周适应性饲养后，随机分成三群，1 群 45 只，肌注 AIH5 油乳剂灭活疫苗 0.5mL/只；2 群 45 只，首免肌注 AIH5 油乳剂灭活疫苗 0.3mL/只，7 天后再次肌注 0.5mL/只；3 群 30 只，肌注生理盐水 0.5mL/只。免疫后第三周对三群鹅逐只编号，静脉采血分离血清，进行 HI 抗体水平检测，按抗体水平 0、1:4、1:8、1:16、1:32、1:64 和 1:128 分成七组，依次记录为 0、4、8、16、32、64、128 组，每组 8 只。各组中随机抽取 5 只经静脉注射 AIVH5 病毒液，1.0mL/只，为攻毒组。各组剩下的 3 只隔离饲养，不攻毒作对照组，一周后经颈静脉采血，自然凝固分离血清，-26℃保存备作检测 MDA 和 SOD。

4. SOD 活性与 MDA 含量的测定

SOD 的测定采用黄嘌呤氧化酶法，MDA 的测定采用硫代巴比妥酸比色法，按试剂盒提供方法对试验血样进行检测。

5. 数据处理

测定结果以平均数和标准误（$\overline{X} \pm S$）表示，用计算机统计软件 Excell 对数据进行方差分析，确定差异显著性。

二、结果

1. 免疫攻毒后的临床症状

用禽流感病毒毒株（H5）攻毒后，0、4、8、16、32 组均出现冠髯发绀、出血、脚软无力、肿头流泪、呼吸困难等症状，0 组症状最明显，个别死亡。而 64、128 组仅见一过性精神稍差，而无其他明显症状。

2. 攻毒后血清中 SOD 活性的变化

不同 AIH5 HI 抗体水平鹅接种 AIVH5 后血清中 SOD 的活性变化如表 4-20 所示。

表 4-20 鹅免疫攻毒后血清中 SOD（U/mL）活性的变化

组别	各 AIH5 HI 抗体水平鹅的 SOD 值						
	0	1:4	1:8	1:16	1:32	1:64	1:128
对照组	124.03 ± 2.45	123.70 ± 5.50	127.03 ± 9.47	123.67 ± 10.21	124.90 ± 7.53	134.10 ± 9.37	126.13 ± 10.22
攻毒组	74.28 ± 5.27**	88.04 ± 12.04**	85.20 ± 9.25**	98.40 ± 8.12**	104.56 ± 8.01*	126.90 ± 7.76	135.02 ± 6.76

注：* 表示同一抗体水平攻毒组与对照组相比差异显著（$P<0.05$）；** 表示同一抗体水平攻毒组与对照组相比差异极显著（$P<0.01$）。

由表 4-20 可知，抗体水平在 0 ～ 1:32 时，攻毒组鹅血清 SOD 活性逐渐上升，但抗体至 1:32 时，SOD 活性仍明显低于对照组（$P<0.05$ 或 $P<0.01$）；抗体水平在 1:64

～1∶128 时，攻毒组鹅血清 SOD 活性接近对照组的水平。由此可知，抗体水平达到 1∶64 或以上时，免疫才对鹅的机体产生较完全的保护效果。另外可见，对照组中 SOD 活性变化不大，无显著差异（$P>0.05$），说明免疫接种与否对正常鹅体内 SOD 活性无明显影响。

3. 攻毒后血清中 MDA 含量的变化

不同 AIH5 HI 抗体水平鹅攻毒后血清中 MDA 含量的变化如表 4－21 所示。

表 4－21　鹅免疫攻毒后血清中的 MDA（nmol/mL）含量的变化

组别	各 AIH5 HI 抗体水平鹅的 MDA 值						
	0	1∶4	1∶8	1∶16	1∶32	1∶64	1∶128
对照组	2.97 ± 0.19	3.03 ± 0.23	2.66 ± 0.47	2.94 ± 0.10	3.00 ± 0.24	2.93 ± 0.16	2.91 ± 0.14
攻毒组	6.02 ± 0.16 * *	5.72 ± 0.08 * *	5.76 ± 0.12 * *	3.93 ± 0.14 *	3.37 ± 0.13 *	2.92 ± 0.17	2.98 ± 0.41

注：* 表示同一抗体水平攻毒组与对照组相比差异显著（$P<0.05$）；* * 表示同一抗体水平攻毒组与对照组相比差异极显著（$P<0.01$）。

由表 4－21 可知，抗体水平在 0～1∶32 时，攻毒组鹅的 MDA 含量逐渐递减，但抗体至 1∶32 时，MDA 值仍明显高于对照组（$P<0.05$ 或 $P<0.01$）；抗体水平在 1∶64～1∶128 时，攻毒组鹅的 MDA 含量降低至对照组水平。由此可知，抗体水平达到 1∶64 以上时，免疫才对鹅产生较好的保护效果。另外，对照组中 MDA 含量变化不大，无显著差异（$P>0.05$），说明免疫与否对正常鹅体内 MDA 无明显影响。

4. 攻毒后血清中 SOD（U/mL）活性及 MDA（nmol/mL）含量的变化关系比较

不同抗体水平鹅攻毒后血清中 SOD 活性和 MDA 含量变化关系如表 4－22 所示。

表 4－22　免疫鹅攻毒后血清中 SOD（U/mL）活性和 MDA（nmol/mL）含量的变化

抗体水平	0	1∶4	1∶8	1∶16	1∶32	1∶64	1∶128
SOD 值	74.28 ± 5.27	88.04 ± 12.04	85.20 ± 9.25	98.40 ± 8.12	104.56 ± 8.01	126.90 ± 7.76	135.02 ± 6.76
MDA 值	6.02 ± 0.16	5.72 ± 0.08	5.76 ± 0.12	3.93 ± 0.14	3.37 ± 0.13	2.92 ± 0.17	2.98 ± 0.41

由表 4－22 可知，鹅体内 SOD 活性的变化和 MDA 的含量呈负相关，而且它们关系的变化在鹅只抗体水平达 1∶64 时表现尤为明显，SOD 活性显著升高（恢复至原值），而 MDA 的含量显著下降（恢复至原值）。

三、讨论

目前，不少研究表明，机体在物理性、化学性或生物性致病因素的作用下，产生的自由基可引起细胞发生膜质过氧化作用和蛋白质、核酸的损伤，从而导致组织损伤。有研究表明，给动物注射一定量细菌毒素，会使血液和组织中脂质过氧化物含量增加，而各种抗氧化酶的活性下降，并造成组织细胞的代谢紊乱，结构和功能发生异常。MDA就是由于机体产生过多的自由基而形成的脂质过氧化产物之一，SOD 则是能清除超氧阴离子自由基，保护细胞免受损伤的物质。因而测试 MDA 的含量和 SOD 的活性通常可反映机体内脂质过氧化的程度，间接地反映出细胞损伤的程度。由表 4 - 20 与表 4 - 21 可见，当鹅的抗体水平在 0 ～ 1∶32 时，攻毒组 SOD 活性显著低于正常对照组，攻毒组 MDA 含量显著高于对照组；当抗体水平达到 1∶64 或以上后，攻毒组 SOD 的活性基本趋于正常，接近对照组的水平，攻毒组 MDA 的含量显著降低，逐渐接近对照组的 MDA 含量。表明：其一，AIV 对机体感染的作用如其他应激因子一样，可以导致 SOD 与 MDA 的规律性变化；其二，相应的 AIV 对机体的攻击作用得到解除，机体 SOD、MDA 值亦趋于正常化。从而提示 1∶64 是鹅机体安全抵御相应病毒的临界滴度。该结果与目前其他试验方法所测定的 AI 免疫临界滴度相近似。本试验结果还表明，应用禽流感油乳剂灭活疫苗对鹅进行免疫不会引起机体 SOD 活性和 MDA 含量的明显变化，该结果与本人用番鸭所开展的同类试验结果一致，表明该苗对机体无明显副作用。

第七节　AI 免疫鹅感染 AIVH5 后组织中 SOD、POD 活性和丙二醛含量的变化

一、材料与方法

1. *AI 疫苗*

重组禽流感灭活疫苗（H5N1 亚型，Re - 1 株），购自农业部哈尔滨兽医研究所。

2. *AIV H5N1 毒株*

AIV H5N1 毒株由相关科研立项课题组提供。

3. *实验动物*

1 日龄马冈鹅，购自佛山三水青歧种鹅场。

4. *实验动物分组与攻毒*

将 120 只 1 日龄健康雏马冈鹅隔离饲养至 14 日龄，随机分成 2 群，第一群 100 只，其中 40 只于 14 日龄接种 AI 疫苗，0.5mL/只；另 60 只于 14 日龄接种 AI 疫苗，0.5mL/只，21 日龄再次接种，1mL/只。第二群 20 只，不作任何免疫。至 50 日龄将所有试验鹅逐只编号，检测 AI H5N1 抗体，按抗体水平 0、$2\log_2$、$3\log_2$、$4\log_2$、$5\log_2$、$6\log_2$ 和 $7\log_2$ 分成 7 组，依次命名为 1、2、3、4、5、6、7 组。第 1 至 7 组每组随机抽取 5 只经肌肉注射 H5N1 亚型 AIV 鸡胚尿囊液，1.0mL/只，为攻毒组，同时每组放入 3 只抗体水平相同但不作人工攻毒鹅，为同居组，再从第 1 ～ 7 组随机抽取 3 只作不攻毒对照组。对照组与攻毒组（同居组）严格隔离饲养，每天观察两次，并记录临床症状。

5. 实验样品的采取

攻毒后第7天，当有鹅只发病死亡时，即扑杀所有试验鹅，取其脑、肝、脾和胰组织，用组织捣碎机将脑、肝、脾和胰捣碎，以0.85%的生理盐水配成1%和10%的匀浆液，-26℃保存备检。

6. SOD活性及MDA含量的测定

SOD测定采用黄嘌呤氧化酶法，MDA测定采用硫代巴比妥酸比色法，试剂盒购自南京建成生物工程研究所，按试剂盒提供方法对试验鹅组织进行检测。

7. POD活性测试

试验方法参见文献（赵亚华，2000），酶活性单位以U/mgprot（prot表示蛋白）表示。

8. 数据处理

测定结果以平均数和标准误（$\overline{X} \pm S$）表示，用计算机统计软件Excel对数据进行方差分析，确定差异显著性。

二、结果

1. 鹅免疫攻毒后的临床症状

攻毒后，攻毒组1、2、3、4、5组部分鹅只出现冠髯发绀、出血、流泪、呼吸困难、歪头等神经症状。1组症状最明显，出现死亡；6、7组无明显症状；同居组的1、2、3、4组也出现相应的症状，4、5、6组未见明显症状。解剖观察，攻毒组1、2、3、4、5组鹅脑充血，肝肿大并有点状出血；胰脏与脾脏出现点状坏死；心包有少量积液，低抗体水平组该病变更明显；同居组剖检见，除了1、2、3组有个别器官出血外，4、5组基本无肉眼可见病理变化；攻毒组与同居组的6、7组与对照组无明显症状与病变。

2. 鹅攻毒后组织中SOD活性的变化

免疫鹅攻毒后组织中SOD活性的变化见表4-23。

表4-23　不同抗体水平鹅攻毒后各组织中SOD（U/ mgprot）活性的变化

组织	处理方法分组	抗体水平与组别						
		1:0（1组）	1:4（2组）	1:8（3组）	1:16（4组）	1:32（5组）	1:64（6组）	1:128（7组）
肝	攻毒组	57.56 ± 6.44(2)	69.04 ± 5.56(2)	95.36 ± 5.98(2)	99.68 ± 7.39(2)	119.3 ± 8.34(1)	126.98 ± 10.14	147.50 ± 12.04
	同居组	80.40 ± 1.85(2)	84.50 ± 14.37(2)	98.80 ± 7.77(2)	107.40 ± 4.42(1)	122.30 ± 5.14	126.07 ± 6.05	129.23 ± 7.94
	对照组	126.67 ± 7.12	127.67 ± 7.76	126.20 ± 6.46	128.53 ± 10.86	132.27 ± 3.95	134.03 ± 10.05	130.70 ± 13.07

续上表

组织	处理方法分组	抗体水平与组别						
		1:0（1组）	1:4（2组）	1:8（3组）	1:16（4组）	1:32（5组）	1:64（6组）	1:128（7组）
脑	攻毒组	41.96 ± 6.36(2)	52.44 ± 6.66(2)	64.12 ± 8.49(2)	72.26 ± 14.42(1)	78.22 ± 8.83	91.56 ± 8.44	93.56 ± 9.31
	同居组	52.10 ± 11.12(1)	57.63 ± 7.61(1)	65.50 ± 8.71(1)	79.76 ± 7.05	94.43 ± 10.74	93.53 ± 10.90	94.47 ± 6.77
	对照组	97.50 ± 10.88	94.43 ± 7.89	88.77 ± 8.99	95.80 ± 8.60	91.97 ± 7.06	90.87 ± 8.21	93.83 ± 7.94
脾	攻毒组	17.58 ± 3.48(2)	37.51 ± 5.97(2)	58.56 ± 5.05(2)	54.04 ± 6.52(2)	70.20 ± 7.32(1)	80.20 ± 3.43	83.02 ± 4.70
	同居组	32.73 ± 4.31(2)	36.47 ± 5.88(2)	54.27 ± 7.92(1)	73.97 ± 11.24	71.90 ± 10.87	80.30 ± 11.36	80.97 ± 8.48
	对照组	77.53 ± 8.15	83.83 ± 5.78	82.77 ± 12.61	84.80 ± 2.19	87.37 ± 7.36	85.80 ± 6.29	81.53 ± 3.57
胰	攻毒组	10.09 ± 2.88(2)	11.23 ± 2.83(2)	15.25 ± 3.12(2)	22.82 ± 4.60(2)	28.28 ± 7.03	34.90 ± 4.21	36.58 ± 6.09
	同居组	17.53 ± 3.77(2)	19.47 ± 0.80(2)	22.80 ± 6.99(1)	26.23 ± 2.40	31.63 ± 3.29	36.50 ± 2.03	35.70 ± 5.82
	对照组	32.37 ± 2.91	33.90 ± 4.85	36.13 ± 6.45	35.07 ± 3.35	36.73 ± 5.24	37.03 ± 7.26	34.80 ± 4.56

注：(1) 表示攻毒组或同居组与对照组相比差异显著（$P<0.05$）；(2) 表示攻毒组或同居组与对照组相比差异极显著（$P<0.01$）。

由表 4－23 可见，抗体水平在 0 ～ 4lg 时，攻毒组鹅的脑、肝、脾、胰组织的 SOD 活性逐渐递增，但 $5\log_2$ 时其 SOD 值仍明显低于对照组（$P<0.05$ 或 $P<0.01$）；抗体水平在 $6\log_2$ ～ $7\log_2$ 时，攻毒组鹅 SOD 活性接近对照组水平。另外，抗体水平在 0 ～ $4\log_2$ 时，同居组鹅各组织 SOD 活性虽然逐渐递增，但最高者仍低于对照组，又明显高于同居的各攻毒组；抗体水平在 $5\log_2$ ～ $7\log_2$ 时，同居组鹅的 SOD 活性接近对照组水平。另可见，抗体水平 0 ～ $7\log_2$ 的各对照组的组织 SOD 活性变化不大，无显著差异（$P>0.05$），这说明在不攻毒的前提下，免疫与否对正常鹅体内 SOD 活性无明显影响。

3. 鹅攻毒后组织中 MDA 含量的变化比较

鹅免疫攻毒后组织中 MDA 含量的变化见表 4－24。

表 4-24 不同抗体水平鹅攻毒后组织中 MDA（nmol/mgprot）含量的变化

组织	处理方法分组	抗体水平（nlg）与组号						
		0（1组）	2（2组）	3（3组）	4（4组）	5（5组）	6（6组）	7（7组）
肝	攻毒组	1.58 ± 0.10(2)	1.13 ± 0.08(2)	1.09 ± 0.09(2)	0.92 ± 0.38(2)	0.82 ± 0.06(2)	0.46 ± 0.07	0.40 ± 0.06
	同居组	1.05 ± 0.08(2)	0.96 ± 0.06(2)	0.76 ± 0.09(1)	0.78 ± 0.09(1)	0.56 ± 0.08	0.40 ± 0.07	0.45 ± 0.08
	对照组	0. 54 ± 0.09	0.45 ± 0.07	0.46 ± 0.14	0.43 ± 0.17	0.51 ± 0.17	0.43 ± 0.08	0.47 ± 0.06
脑	攻毒组	10.31 ± 0.46(2)	8.43 ± 0.40(2)	7.61 ± 0.22(2)	5.84 ± 0.29(2)	4.52 ± 0.37	4.51 ± 0.67	4.32 ± 0.09
	同居组	7.30 ± 0.98(2)	7.37 ± 0.27(2)	5.93 ± 0.62(1)	4.98 ± 0.53	4.46 ± 0.24	4.41 ± 0.24	4.39 ± 0.25
	对照组	4.43 ± 0.23	4.39 ± 0.07	4.34 ± 0.18	4.45 ± 0.28	4.31 ± 0.19	4.28 ± 0.35	4.37 ± 0.26
脾	攻毒组	3.92 ± 0.07(2)	2.83 ± 0.05(2)	2.14 ± 0.11(2)	2.01 ± 0.07(2)	1.51 ± 0.10(1)	1.15 ± 0.06	1.03 ± 0.08
	同居组	3.31 ± 0.41(2)	2.73 ± 0.25(2)	2.05 ± 0.09(2)	2.04 ± 0.07(2)	1.24 ± 0.29	1.16 ± 0.16	1.03 ± 0.24
	对照组	1.08 ± 0.11	1.18 ± 0.16	1.14 ± 0.15	1.18 ± 0.15	1.08 ± 0.24	1.06 ± 0.08	1.12 ± 0.09
胰	攻毒组	2.86 ± 0.24(2)	1.92 ± 0.04(2)	1.76 ± 0.17(2)	1.65 ± 0.14(2)	1.59 ± 0.16(1)	1.15 ± 0.04	1.14 ± 0.12
	同居组	2.08 ± 0.20(2)	1.64 ± 0.09(2)	1.37 ± 0.09	1.16 ± 0.17	1.07 ± 0.07	1.15 ± 0.14	1.12 ± 0.14
	对照组	1.31 ± 0.07	1.23 ± 0.22	1.18 ± 0.19	1.24 ± 0.16	1.18 ± 0.19	1.23 ± 0.13	1.19 ± 0.18

注：（1）表示攻毒组或同居组与对照组相比差异显著（$P<0.05$）；（2）表示攻毒组或同居组与对照组相比差异极显著（$P<0.01$）。

由表 4-24 可见，抗体水平在 0 ～ $5\log_2$ 时，攻毒组鹅的肝、脑、脾、胰组织的 MDA 含量逐渐降低，但最低者仍明显高于对照组（$P<0.05$ 或 $P<0.01$）；抗体水平在 $6\log_2$ ～ $7\log_2$ 时，攻毒组鹅的 MDA 含量降低至对照组水平。另外，抗体水平在 0 ～ $4\log_2$ 时，同居组鹅各组织 MDA 含量虽然逐渐降低，但最低者仍高于对照组，又基本低

于同居的各个攻毒组；抗体水平在 $5\log_2 \sim 7\log_2$ 时，同居组鹅的 MDA 含量降低至对照组水平。另还可见，抗体水平 0 至 $7\log_2$ 的各对照组的组织 MDA 含量变化不大，无显著差异（$P>0.05$），这说明在不攻毒的前提下，免疫与否对正常鹅体内 MDA 无明显影响。

4. 鹅攻毒后组织中 POD 活性的变化比较

鹅免疫攻毒后组织中 POD 活性的变化见表 4－25。

表 4－25 不同抗体水平鹅攻毒后组织中 POD（U/mgprot）活性变化

组织	处理方法分组	抗体水平（nlg）与组别						
		0（1 组）	2（2 组）	3（3 组）	4（4 组）	5（5 组）	6（6 组）	7（7 组）
肝	攻毒组	2.96 ± 0.11(2)	4.73 ± 0.15(2)	6.83 ± 0.16(2)	9.77 ± 0.23(2)	14.84 ± 1.33(1)	23.06 ± 1.65	18.70 ± 1.81
	同居组	4.85 ± 0.19(2)	8.87 ± 0.14(2)	7.86 ± 0.17(1)	14.97 ± 1.43(1)	17.77 ± 0.15	19.20 ± 0.90	18.80 ± 0.63
	对照组	23.83 ± 6.45	24.67 ± 5.13	18.70 ± 4.65	21.30 ± 5.51	22.03 ± 5.40	22.90 ± 3.27	18.37 ± 4.76
脾	攻毒组	8.94 ± 0.14(2)	11.44 ± 1.11(2)	11.09 ± 0.39(2)	13.59 ± 0.58(2)	17.46 ± 1.08(1)	20.40 ± 1.46	20.20 ± 1.80
	同居组	9.93 ± 0.32(2)	11.93 ± 0.15(2)	14.67 ± 0.47(2)	16.53 ± 1.22	18.86 ± 1.80	20.10 ± 0.89	20.20 ± 1.01
	对照组	17.90 ± 0.98	21.40 ± 3.03	22.87 ± 2.42	19.30 ± 1.40	21.43 ± 2.66	18.53 ± 1.06	20.20 ± 3.21

注：（1）表示攻毒组或同居组与对照组相比差异显著（$P<0.05$）；（2）表示攻毒组或同居组与对照组相比差异极显著（$P<0.01$）。

由表 4－25 可见，抗体水平在 $0 \sim 5\log_2$ 时，攻毒组鹅的肝、脾组织 POD 活性逐渐递增，但最高者仍明显低于对照组（$P<0.05$ 或 $P<0.01$）；抗体水平在 $6\log_2 \sim 7\log_2$ 时，攻毒组鹅 POD 活性接近对照组水平。另外，抗体水平在 $0 \sim 4\log_2$ 时，同居组鹅各组织 POD 活性虽然逐渐递增，但最高者还是低于对照组，而又明显高于同居的各个攻毒组；抗体水平在 $5\log_2 \sim 7\log_2$ 时，同居组鹅的 POD 活性接近对照组水平。还可见，抗体水平在 0 至 $7\log_2$ 的对照组的肝、脾组织的 OD 活性变化不大，无显著差异（$P>0.05$），这说明在不攻毒的前提下，免疫与否对正常鹅体内 POD 活性无明显影响。

5. 鹅攻毒后各组织中 MDA 含量与 SOD、POD 活性的相关性

由表 4－23 ～ 表 4－25 可见，随着抗体水平的升高，攻毒组与同居组鹅 SOD、POD 活性逐渐递增，而 MDA 的含量则逐渐降低。由此可见，SOD、POD 活性与 MDA 含量呈负相关。

三、讨论

机体受到各种有害因子作用时，会产生大量的自由基，自由基对生物膜和组织的损伤作用会引起一系列病理过程，因此有机体在长期进化过程中逐渐形成了适应环境的抗氧化防御系统，抗氧化酶便是其中的一种（Jibert A R，1998）。SOD 是广泛存在于需氧物体内的一种抗氧化酶，能催化超氧阴离子自由基产生歧化反应，是体内最为重要的自由基清除剂。POD 能清除过氧化氢（H_2O_2），防治机体损伤。SOD、POD 这些抗氧化酶不但具有协同的防止自由基的损伤效应，而且相互间还起着保护作用（Mebride T J，1991）。MDA 能使酶分子中氨基酸发生交联、肽链断裂，形成新的聚合物，从而产生新的大分子，使原来酶活性更新、丧失或改变，破坏细胞的膜结构，使膜内外离子交换紊乱，加速自由基的产生（Jibert A R，1998）。鉴于此，MDA 和 SOD、POD 同时测定常用于反映发病过程中机体与病原抗衡的动态。本研究通过观察免疫后马冈鹅受感染的临床症状以及实验室测试各组织的 MDA 含量与 SOD、POD 活性变化情况，归纳出下列结论：

（1）各种抗氧化酶参与了抵御 H5N1 亚型 HPAIV 的过程，马冈鹅对 AIV 的感染程度与 SOD、POD 值成反比关系，而与 MDA 值呈正相关关系。

（2）鹅免疫禽流感油乳剂灭活疫苗后，抗体水平越高，对 H5N1 AIV 的抵抗力越强。抗体水平在 $6\log_2$ 以上时，鹅能抵御 H5N1 AIV 病毒人工攻击，不会感染 H5N1 AIV。所以 $6\log_2$ 是机体安全抵御 H5N1 AIV 的临界滴度。此时机体的 SOD、POD、MDA 均与正常对照组数值相当，处于正常状态。

（3）由同居感染组试验结果可见，在自然条件下，鹅抗体水平在 $5\log_2$ 时，已经能够较好地抵抗 H5N1 AIV 的自然感染，此时机体的 SOD、POD、MDA 亦处于正常状态。

（4）当人工感染组马冈鹅 AI 抗体在 $6\log_2$ 或以下，或当同居感染鹅 AI 抗体低于 $5\log_2$ 时，其体内 SOD 值、POD 值均开始下降，而 MDA 值明显上升，说明此时机体正在受到损伤，一方面脂质过氧化过程加剧，另一方面机体正在调动 SOD、POD 等加强对 MDA、H_2O_2 的降解。

由上述试验结果还可见，应用禽流感油乳剂灭活疫苗对鹅进行免疫不会引起机体 SOD、POD 活性和 MDA 含量的明显变化。表明禽流感油乳剂灭活疫苗对机体无明显损害，是一种安全有效的疫苗，值得推广应用。

第八节　雏鸭 H5 亚型 AI 母源抗体消长规律及对免疫效果的影响

一、材料与方法

1. 材料

（1）疫苗

重组禽流感病毒灭活疫苗（H5N1 亚型，Re－1 株，以下简称“禽流感油苗”），购于哈尔滨维科生物技术开发公司，批号：2006077。

（2）抗原与血清

禽流感 H5 亚型 HI 标准抗原及阳性血清，购于哈尔滨维科生物技术开发公司，批号：20060212。

（3）实验动物

1 日龄白鸭雏鸭，由某实验禽场提供。

（4）1% 禽红细胞悬液

采取成年快大白公鸭 3 只的血液，抗凝混合，参照“GB/T 18936—2003 高致性禽流感诊断技术”方法配制 1% 白鸭红细胞悬液，4 ～ 8℃保存，4 天内用完。

2. 方法

（1）雏鸭母源抗体消长规律的检测

取 1 日龄雏鸭 200 只，逐只编号后采血分离血清，并在当天进行 HI 试验检测雏鸭 H5 亚型 AI 母源抗体，按母源抗体分为三组，1 组母源抗体为 $2\log_2$ ～ $3\log_2$、2 组母源抗体为 $4\log_2$ ～ $6\log_2 2$，3 组母源抗体为 $7\log_2$ 及以上，每组 20 只，分别在 3、6、9、12、15、18、21 日龄检测 HI 抗体，检测各组雏鸭的母源抗体消长情况。

（2）母源抗体对免疫效果的影响

取 1 日龄雏鸭 200 只饲养至 6 日龄，逐只编号后采血分离血清，并在当天进行 HI 试验检测雏鸭 H5 亚型 AI 母源抗体，分别按母源抗体不同分为 6 组，各组雏鸭按表 4－26 编号及接种禽流感油苗，免疫前及免疫后每间隔 7 天采血检测 HI 抗体。

表 4－26　母源抗体对免疫的影响试验分组与接种方法

组别编号	母源抗体（$\log_2$）	疫苗接种
1	0 ～ $2\log_2$	7 日龄皮下注射 0.5mL/只
2	0 ～ $2\log_2$	7 日龄皮下注射 0.5mL/只，14 日龄再次注射 1mL/只
3	4 ～ $5\log_2$	7 日龄皮下注射 0.5mL/只
4	4 ～ $5\log_2$	7 日龄皮下注射 0.5mL/只，14 日龄再次注射 1mL/只
5	$6\log_2$ 及以上	7 日龄皮下注射 0.5mL/只
6	$6\log_2$ 及以上	7 日龄皮下注射 0.5mL/只，14 日龄再次注射 1mL/只

二、结果

1. 雏鸭母源抗体消长规律的检测结果

各组具不同母源抗体水平雏鸭的 HI 抗体降解过程检测结果见表 4－27 和图 4－24。

表4-27　各组不同日龄雏鸭母源抗体的HI效价

组别编号	各日龄检测的HI效价（log_2）							
	1d	3d	6d	9d	12d	15d	18d	21d
1	3.50	1.71	0.88	0.12	0	0	0	0
2	5.50	3.50	2.25	0.85	0.20	0	0	0
3	8.04	5.80	4.65	3.26	2.00	1.83	0.50	0.39

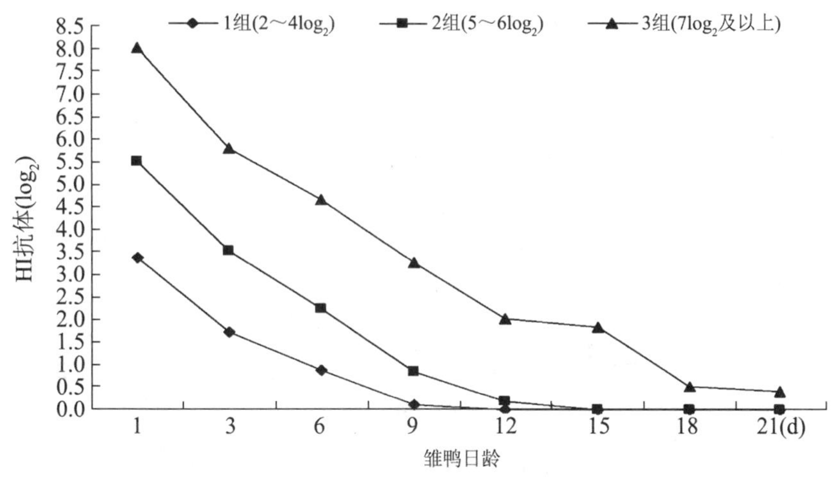

图4-24　不同水平母源抗体鸭的母源抗体变化情况

从表4-27和图4-24可见，第1组雏鸭在3日龄，鸭母源抗体均值从1日龄的8.04log_2降至5.80log_2，至9日龄降至4.0log_2以下，至18日龄降至1log_2以下；第2组雏鸭在3日龄，鸭母源抗体均值从1日龄的5.50log_2降至3.50log_2，至9日龄降至1log_2以下；第3组雏鸭在3日龄，鸭母源抗体均值从1日龄的3.50log_2降至1.71log_2，至6日龄降至1log_2以下。

2. 不同母源抗体雏鸭做禽流感油苗免疫试验的结果

对各组具不同母源抗体水平雏鸭用禽流感油苗免疫后的HI抗体检测结果见表4-28和图4-25。

表4-28　不同母源抗体鸭免疫H5亚型AI疫苗后的HI抗体效价

组别	HI抗体效价（log_2）						
	6d	14d	21d	28d	35d	42d	49d
1	1.19	2.88	0.07	0.13	1.13	1.54	0.85
2	1.12	0.13	0.89	2.19	4.00	4.35	3.27
3	4.35	0.41	0.17	0.35	0.71	1.25	0.44

续上表

组别	HI 抗体效价（$\log_2$）						
	6d	14d	21d	28d	35d	42d	49d
4	4.43	0.67	0.45	1.52	2.74	3.00	2.48
5	6.41	3.35	1.56	0.33	0.5	0.8	0.79
6	6.53	3.44	2.00	0.47	1.87	2.93	2.43

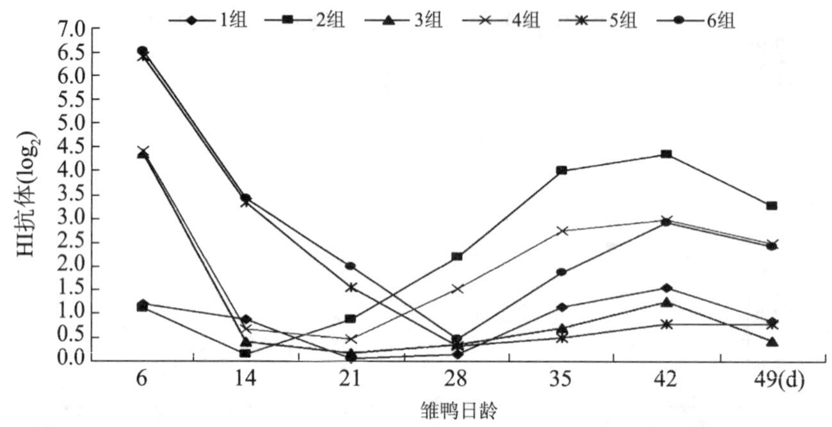

图 4－25　不同母源抗体鸭免疫 H5 亚型 AI 疫苗后的 HI 抗体变化

从表 4－28 和图 4－25 可见，第 1 组雏鸭在免疫后 1 周（2 周龄）抗体上升至 2.88$\log_2$，然后下降，至免疫后 5 周又稍有上升；第 2 组在首免后 2 周抗体开始上升，至免疫后 4 周达 4$\log_2$，5 周达峰值 4.35$\log_2$；第 3 组 7 日龄免疫后抗体一直下降，至免疫后 5 周稍有上升，抗体均值在 2$\log_2$ 以下；第 4 组雏鸭在首免后 3 周抗体开始升高，首免后 5 周达峰值 3.0$\log_2$；第 5 组免疫后抗体一直呈下降过程，免疫后 2 周降至 2.0$\log_2$ 以下；第 6 组在首免后 4 周抗体开始上升，5 周达峰值 2.93$\log_2$。

三、小结与讨论

（1）从不同母源抗体水平的三组雏鸭的抗体消除情况可知，各组至 3 日龄抗体下降约 2 滴度，以后每 3 天约下降 1 个滴度。2$\log_2$ ～ 4$\log_2$ 组，至 9 日龄完全消失；4 ～ 6$\log_2$ 组至 12 日龄抗体完全消失；7$\log_2$ 及以上组，至 18 日龄完全消失。各种水平雏鸭的抗体均值均呈直线下降，与黄淑坚等（2006）报道的结果相似，但与黄得纯等（2005）报道的雏鸭 AIH5 亚型母源抗体在 3 日龄达到峰值稍有差别，其原因有待进一步研究。

（2）从具不同母源抗体水平的雏鸭免疫效果比较可见，只在 7 日龄进行一次免疫的 1 组、3 组和 5 组免疫后的免疫应答低下，产生的抗体低，三组之间比较，1 组稍好于 3 组、3 组稍好于 5 组。分别在 7 日龄和 14 日龄进行两次免疫的 2 组、4 组和 6 组的 HI 抗体，从首免后 2 周开始均高于 1 组、3 组、5 组，2 组的抗体水平在首免后 3 周开始比4组、6组高1～1.5个滴度，6组的抗体水平又稍低于4组。试验结果表明，二次免疫组抗体高于一次免疫组，母源抗体对免疫效果有明显的影响作用，抗体越高，影响越明显，接种疫苗后产生的免疫抗体水平越低，结果与张评浒等（2005）报道的相似。说明AI H5N1油乳剂疫苗在进行雏鸭免疫时，受到母源抗体的干扰较为明显，为避免或减少母源抗体对免疫效果的影响，应加强对雏鸭母源抗体的检测，在母源抗体降至$3\log_2$以下时再进行疫苗接种，或者适当增加免疫次数（通常为2周龄首免，3周龄二免），以利于提高雏鸭的免疫抗体水平。

第五章
影响 H7 亚型禽流感油乳剂灭活疫苗诱导家禽免疫反应的主要因素

本书第四章已经对几种主要因素影响 H5 亚型禽流感油乳剂灭活疫苗诱导家禽免疫反应的试验过程与结果作了陈述。为了防控 H7N9 亚型禽流感在人类与禽群中传播，我国于 2017 年首次批准在禽群中实施 H7N9 亚型禽流感油乳剂灭活疫苗的免疫接种。本章扼要陈述在不同剂量、不同免疫次数、不同首免时间条件下，接种 H7N9 亚型流感油乳剂灭活疫苗，诱导小鸡、小白鸭、小番鸭、小麻鸭、小水鸭、小鹅产生相应 HI 抗体的研究过程与结果，期为制定各种家禽 H7N9 亚型流感灭活疫苗的基本接种程序提供必要依据。

第一节　主要材料与方法

一、主要材料

0 日龄雏番鸭、雏白鸭、雏麻鸭、雏水鸭、雏鹅及雏鸡，购自本地健康种禽场，未经 H7N9 等疫苗接种；H7N9 亚型流感基因工程毒株油乳剂灭活疫苗、H7N9 亚型流感抗原，由相关研究单位提供。

二、主要方法

1. 小番鸭分组处理与样品采集的基本方法

将饲养至 2 周龄（14 日龄）的小番鸭分为 DF1、DF2、DF3、DF4 组共 4 组。DF1 组 2 周龄接种疫苗 0.3mL/只（H7N9 油乳剂灭活疫苗，下同），为“0.3mL 一次免疫组”；DF2 组 2 周龄接种 0.5mL/只，为“0.5mL 一次免疫组”；DF3 组 2 周龄接种 0.3mL/只、3 周龄接种 0.6mL/只，为“二次免疫组”；DF4 组不作免疫接种，为“非免疫对照组”。各组小番鸭隔离饲养，定期采血，分离血清，标记，冻结保存，最后统一作 HI 抗体检测。各组小番鸭的具体免疫接种、采血、检测时间点见表 5－1。

表 5－1　小番鸭免疫接种、采血、检测的具体时间点

序号	组别	首次采血及免疫时间	二次采血或免疫时间	采血	采血	采血	采血	采血	采血
9	DF1	2W　采血　im 0.3mL	3W　采血	4W	5W	6W	7W	8W	10W
10	DF2	2W　采血　im 0.5mL	3W　采血	4W	5W	6W	7W	8W	10W
11	DF3	2W　采血　im 0.3mL	3W　采血　im 0.6mL	4W	5W	6W	7W	8W	10W
12	DF4	2W　采血	3W　采血	4W	5W	6W	7W	8W	10W

2. 小鸡的分组处理与样品采集的基本方法

将饲养至 2 周龄（14 日龄）的雏鸡分为 C1、C2、C3、C4 共 4 组。C1 组 2 周龄接种 0.3mL/只疫苗，为“0.3mL 一次免疫组”；C2 组 2 周龄接种 0.5mL/只，为“0.5mL 一次免疫组”；C3 组 2 周龄接种 0.3mL/只、3 周龄接种 0.6mL/只，为“二次免疫组”；C4 组不作免疫接种，为“非免疫对照组”。各组小鸡隔离饲养，定期采血，分离血清，标记，冻结保存，最后统一作 HI 抗体检测及 CD4、CD8 的酶联免疫检测试验，详见表 5－2。

将饲养至 1 周龄（7 日龄）的雏鸡分为 C5、C6、C7、C8 共 4 组。C5 组 1 周龄接种 0.5mL/只疫苗，为“1 周龄首次免疫组”；C6 组 2 周龄接种 0.5mL/只，为“2 周龄首次免疫组”；C7 组 3 周龄接种 0.5mL/只，为“3 周龄首次免疫组”；C4 组不作免疫接种，为“非免疫对照组”。各组小鸡隔离饲养，定期采血，分离血清，标记，冻结保存，最后统一作 HI 抗体检测，详见表 5－3。

表 5－2　小鸡免疫接种、采血、检测的具体时间点

序号	组别	首次采血及免疫时间	二次采血或免疫时间	采血	采血	采血	采血	采血	采血
1	C1	2W　采血　im 0.3mL	3W　采血	4W	5W	6W	7W	8W	10W
2	C2	2W　采血　im 0.5mL	3W　采血	4W	5W	6W	7W	8W	10W
3	C3	2W　采血　im 0.3mL	3W　采血　im0.6mL	4W	5W	6W	7W	8W	10W
4	C4	2W　采血	3W　采血	4W	5W	6W	7W	8W	10W

表 5－3　小鸡免疫接种、采血、检测的具体时间点

序号	组别	首次采血及免疫时间	二次采血或免疫时间	三次采血或免疫时间	采血时间
5	C5	1W　采血　im 0.5mL	2W　采血　—	3W　采血　—	4～9W，每周一次
6	C6	1W　采血　—	2W　采血　im0.5mL	3W　采血　—	4～9W，每周一次
7	C7	1W　采血　—	2W　采血　—	3W　采血　im0.5mL	4～9W，每周一次
8	C8	1W　采血　—	2W　采血　—	3W　采血　—	4～9W，每周一次

3. 小白鸭分组处理与样品采集的基本方法

将饲养至 2 周龄（14 日龄）的小白鸭分为 DB1、DB2、DB3、DB4 共 4 组。DB1 组 2 周龄接种 0.3mL/只疫苗，为“0.3mL 一次免疫组”；DB2 组 2 周龄接种 0.5mL/只，

为“0.5mL一次免疫组”；DB3组2周龄接种0.3mL/只、3周龄接种0.6mL/只，为“二次免疫组”；DB4组不作免疫接种，为“非免疫对照组”。各组小白鸭隔离饲养，定期采血，分离血清，标记，冻结保存，最后统一作HI抗体检测及CD4、CD8的酶联免疫检测试验，详见表5-4。

表5-4 小白鸭免疫接种、采血、检测的具体时间点

序号	组别	首次采血或免疫时间	二次采血或免疫时间	采血	采血	采血	采血	采血	采血
5	DB1	2W 采血 im 0.3mL	3W 采血	4W	5W	6W	7W	8W	10W
6	DB2	2W 采血 im 0.5mL	3W 采血	4W	5W	6W	7W	8W	10W
7	DB3	2W 采血 im 0.3mL	3W 采血 im0.6mL	4W	5W	6W	7W	8W	10W
8	DB4	2W 采血	3W 采血	4W	5W	6W	7W	8W	10W

4. 小麻鸭、小水鸭、小鹅分组处理与样品采集的基本方法

小麻鸭（DM）、小水鸭（DS）、小鹅（G）分组处理与样品采集的基本方法参照小白鸭的方法。

5. 样品的检测方法

HI试验方法按常规进行，水禽血清样品检测时，采用成年公番鸭红细胞制备红细胞悬浮液；小鸡血清样品检测时，采用成年公鸡红细胞制备红细胞悬浮液。

第二节 研究的基本结果

一、各种因素影响家禽H7N9抗体产生的情况

1. 各种因素影响免疫小番鸭产生H7N9 HI抗体的情况

（1）免疫剂量影响小番鸭产生H7N9HI抗体的情况

研究表明，DF1组在2周龄肌注0.3mL禽流感油乳剂灭活疫苗，DF2组在2周龄肌注0.5mL禽流感油乳剂灭活疫苗。在免疫后第2周，DF1组的抗体效价与DF2组的相近，均达到$4\log_2$。但DF1组在免疫后4～8周抗体效价仅维持在$5\log_2$～$6\log_2$之间，一直未能达到$6\log_2$以上。而DF2组在免疫后第3周抗体效价已能达到$6.2\log_2$，免疫后第8周抗体效价能达到$8.3\log_2$的峰值。

（2）免疫次数影响小番鸭产生HI抗体的情况

研究表明，DF1组（14日龄首免0.3mL/只）、DF3组（14日龄首免0.3mL/只，21日龄二次免疫0.6mL/只）在免疫后第2周抗体效价均能达到$4\log_2$。但在免疫后第3周，DF3组的抗体效价已达到$7\log_2$，免疫后第4～8周，抗体水平均维持在$7\log_2$左右；而DF1抗体水平则变化平缓，一直停留在$5\log_2$～$6\log_2$之间。

2．各种因素影响免疫小鸡产生 HI 抗体的情况

（1）免疫剂量影响小鸡产生 HI 抗体的情况

试验表明，接种了 0.3mL/只的 14 日龄鸡在免疫后第 3 周抗体水平达到了 $4.64\log_2$，至免疫后 7 周抗体水平都维持在 $4\log_2$ 以上，第 6 周达到峰值 $4.82\log_2$，第 8 周抗体水平下降到 $3.2\log_2$。而接种了剂量为 0.5mL/只的试验组在免疫后的第 3 周便达到峰值 $5.55\log_2$，在免疫后 7 周抗体水平仍维持在 $4\log_2$ 以上，在免疫后第 8 周抗体水平下降到 $3.91\log_2$。提示：剂量为 0.5mL/只比剂量为 0.3mL/只对 14 日龄鸡作免疫更合适。

（2）免疫次数影响小鸡产生 HI 抗体的情况

试验表明，在 14 日龄和 21 日龄分别进行剂量为 0.3mL/只和 0.6mL/只接种的 C3 组，在首免 1 周内抗体水平没有变化。经二次免疫的 C3 组在首免以后的第 2 周抗体水平便达到 $4\log_2$，至免疫后第 9 周抗体水平仍维持在 $4\log_2$ 以上，且在首免后的第 3 ～ 7 周抗体水平维持在 $5\log_2$ 以上。对比发现，经二次免疫的 C3 组各周抗体水平明显高于只进行一次免疫的 C1 组。提示：对 14 日龄和 21 日龄分别进行剂量为 0.3mL/只和 0.6mL/只的二次免疫试验组比用剂量为 0.3mL/只对 14 日龄鸡作一次免疫的试验组免疫效果更好。

（3）首免时间影响小鸡产生 HI 抗体的情况

试验表明，C5 组小鸡在 1 周龄（7 日龄）进行剂量为 0.5mL/只接种，在免疫接种 2 周后抗体水平达到 $6.43\log_2$，以后逐步上升，在接种后 6 周达到峰值 $8.29\log_2$，接种后 8 周依然保持 $5.14\log_2$；C6 组小鸡在 2 周龄进行剂量为 0.5mL/只接种，接种后 1 周抗体水平便达到 $2.43\log_2$，接种后 4 周达到峰值 $8.43\log_2$，至免疫后第 7 周抗体水平仍维持在 $6.14\log_2$；C7 组小鸡在 3 周龄进行剂量为 0.5mL/只接种，接种后 1 周抗体水平便达到 $2.00\log_2$，接种后 3 周达到峰值 $8.83\log_2$，至免疫后第 7 周抗体水平仍维持在 $6.50\log_2$。

3．各种因素影响免疫小白鸭产生 HI 抗体的情况

（1）免疫剂量影响小白鸭产生 HI 抗体的情况

试验表明，小白鸭与于第 2 周龄作一次免疫的 A 组和 B 组比较，B 组（14 日龄一免、0.5mL/只）可以获得较为理想的抗体水平，而 A 组（14 日龄一免、0.3mL/只）虽达到了理论保护作用的抗体水平，但抗体水平尚较低且不稳定。两种免疫剂量诱导产生的抗体水平均值相差 $1.27\log_2$ ～ $1.90\log_2$，第 4 周龄以后效果相差更明显。

（2）免疫次数影响小白鸭产生 HI 抗体的情况

试验表明，小白鸭在接种 H7N9 禽流感油乳灭活苗时，免疫次数不同的 C 组（14 日龄一免、0.3mL/只；21 日龄二免、0.6mL/只）可以获得较为高效且稳定的抗体水平，而 A 组（14 日龄一免、0.3mL/只）抗体水平基本达到理论的保护水平，但除了峰值阶段外，其他检测点均勉强处于有效保护的临界状态。

4．各种因素影响免疫小麻鸭产生 HI 抗体的情况

（1）免疫剂量影响小麻鸭产生 HI 抗体的情况

研究可见，1 组小麻鸭于 14 日龄接种灭活疫苗 0.3mL/只，免后抗体水平上升较快，2 组小麻鸭于 14 日龄接种灭活疫苗 0.5mL/只，免后抗体水平也有上升，但始终比 1 组的慢；且 1 组的抗体水平无论是峰值还是其他 7 周的各个检测点都比 2 组的高约 $1\log_2$。1 组在免疫后第 3 周抗体水平就已经达到 $7\log_2$ 以上，而 2 组在免疫后第 6 周出现的峰值也只有 $6.8\log_2$ 左右。这说明在麻鸭首免日龄相同的情况下，接种禽流感灭活疫苗的剂量为 0.3mL/只的免疫效果比接种剂量为 0.5mL/只的免疫效果要好。一般认为，接种剂量在一定范围内，其数值越大，诱导免疫反应越强，这一规律在本次研究的其他禽类（包括鸡、番鸭、水鸭、鹅）中都得到印证和肯定，但在麻鸭却出现异常，原因为何，值得进一步研究。

（2）免疫次数影响小麻鸭产生 HI 抗体的效果与规律

研究可见，1 组小麻鸭于 14 日龄接种灭活疫苗 0.3mL/只，免后抗体水平上升较快，抗体水平超过 $4\log_2$，理论上已具备保护效果。但第 3 组小麻鸭于 14 日龄第一次接种 0.3mL/只，21 日龄第二次接种 0.6mL/只后，抗体水平的上升速度明显高于只进行一次免疫的第 1 组，虽然两组都在首次免疫的第 6 周出现峰值，但第 3 组的各个检查点的抗体水平均高于第 1 组约 $1\log_2$，且第 3 组的抗体水平在峰值后的 1 周相对于第 1 试验组有较为明显的回升。

5. 各种因素影响免疫小水鸭产生 HI 抗体的情况

（1）免疫剂量影响小水鸭产生 HI 抗体的情况

研究可见，小水鸭 DS1 组（一免 0.3mL/只）和 DS2 组（一免 0.5mL/只）在开始免疫时，抗体水平快速上升，免疫后第 2 周达到 $5\log_2$ 以上，免疫后第 4 周达到峰值。进一步分析可见，DS1 组在免疫后第 4 周达到最高值 $6.27\log_2$，而 DS2 组在免疫后第 2 周即可达 $6.27\log_2$，并在免后第 4 周达到最高值 $8\log_2$，$7\log_2$ ～ $8\log_2$ 水平维持到免疫后 8 周。两组抗体水平达到最高值之后都能维持在一个略低于最高值的范围内。实验提示，对小水鸭作 H7N9 禽流感免疫，剂量以 0.5mL/只免疫效果比 0.3mL/只更好。

（2）免疫次数影响小水鸭产生 HI 抗体的情况

研究可见，DS1 组（14 日龄 0.3mL/只，一次免疫）和 DS3 组（14 日龄 0.3mL/只，首免；21 日龄 0.6mL/只，二免）在免疫后第 1 周抗体水平快速上升，免后第 2 周均达到 $5\log_2$ 以上，其中 DS3 组在免疫后第 3 周一直处于 $7\log_2$ 以上，且维持至第 8 周，DS1 组免疫后第 4 周才到达最高 $6.27\log_2$。DS3 组在免疫后第 1 周至免疫后第 8 周各检测点抗体水平均高于 DS1 组。对比发现，在水鸭生产中，无论免疫次数为一次还是两次，水鸭群都能产生良好免疫应答，但免疫效果不同，14 日龄 0.3mL/只首免，21 日龄 0.6mL/只二免两次免疫组比用剂量为 0.3mL/只对 14 日龄水鸭作一次免疫的试验组免疫效果更好。

6. 各种因素影响免疫小鹅产生 HI 抗体的情况

（1）免疫剂量影响小鹅产生 HI 抗体的情况

研究可见，对小鹅同时于 2 周龄作一次免疫的 G1 组和 G2 组比较，G2 组（14 日龄一免、0.5mL/只）可以获得较为理想的抗体水平，而 G1 组（14 日龄一免、0.3mL/只）虽可获得理论保护作用的抗体水平，但达到理想抗体水平较缓慢且峰值不高。两种免疫剂量诱导小鹅在同一阶段的抗体水平均值相差 0.59$\log_2$ ～ 1.19$\log_2$。

（2）免疫次数影响小鹅产生 HI 抗体的情况

研究可见，小鹅接种 H7N9 禽流感油乳剂灭活疫苗，首免剂量相同但免疫次数不同的免疫效果比较，小鹅 G3 组（14 日龄一免、0.3mL/只；21 日龄二免、0.6mL/只）的免疫程序可以获得较为高效而稳定的抗体水平，而 G1 组（14 日龄一免、0.3mL/只）的免疫程序可以诱导抗体水平缓慢平稳上升，免疫后第 4 周抗体水平才处于有效保护的临界状态。

第三节 讨论与结论

一、关于首免时间对雏禽产生 HI 抗体的影响

对比发现，首免时间不同，小鸡对免疫接种应答的速度会表现出一定的差异：1 周龄首免，1 周后抗体依然为 0；而 2 周龄或 3 周龄首免，则 1 周后即可检出 2$\log_2$ 以上的抗体。另外，1 周龄首免，需要经过 6 周时间，抗体才达到峰值 8.29$\log_2$；2 周龄首免，只需经过 4 周时间，抗体就达到峰值 8.43$\log_2$；3 周龄首免，仅需经过 2 周时间，抗体就达到峰值 8.83$\log_2$。由此表明首免周龄越大，小鸡对 H7N9 油苗的免疫应答反应能力就越强。但值得注意的是，1 周龄首免，小鸡在 3 周龄时已具备 6$\log_2$ 水平的抗体；而 2 周龄首免，小鸡需到 4 周龄时抗体才具备 5.86$\log_2$ 水平；3 周龄首免，则小鸡更要迟到 5 周龄时抗体才达到 7.17$\log_2$（第 4 周龄为 2$\log_2$）。

二、关于免疫剂量对雏禽产生 HI 抗体的影响

在 5 种小水禽和小鸡中作 H7N9 禽流感油乳剂灭活疫苗接种剂量（0.3mL/只或 0.5mL/只）的比较，结果可见，无论何种水禽，采用 0.3 或 0.5mL/只接种都可在接种后 2 至 3 周产生 4$\log_2$ ～ 5$\log_2$ 的抗体水平，但就有效抗体水平维持高度及维持时间长短而言，则以 0.5mL/只的接种剂量更佳。因此，如果是采取一次性免疫接种，建议采用 0.5mL/只的接种剂量为好。

三、关于免疫次数对雏禽产生 HI 抗体的影响

在 5 种小水禽和小鸡中，作 H7N9 禽流感灭活油乳剂疫苗作免疫接种次数（一次或二次接种）比较，结果可见，无论何种水禽，采用一次性或二次性接种，在接种后 2 至 3 周，抗体水平都可达到 4$\log_2$ ～ 5$\log_2$，但是，一次性免疫接种，诱导抗体产生速度较慢，维持水平较低，高水平抗体滴度维持时间较短，二次性免疫接种情况正好相反，此现象与免疫次数增多时，其免疫回忆反应更快更强的基本理论相一致。

四、关于 H7N9 对家禽的免疫程序建议

（1）各种家禽可参考下列程序进行 N7N9 亚型禽流感油乳剂灭活疫苗的免疫接种。50 ～ 60 日龄出栏的肉禽：10 ～ 14 日龄，首免，皮下注射 H7N9 亚型禽流感灭活疫苗，0. 3 ～ 0. 5mL/只；18 ～ 22 日龄，二免，皮下注射 H7N9 禽流感灭活疫苗，0. 6 ～ 0. 8mL/只；

（2）90 ～ 120 日龄出栏的肉禽，建议在 50 ～ 60 日龄作三免，肌肉注射 H7N9 亚型禽流感灭活疫苗，0. 6 ～ 0. 8mL/只；

（3）对于后备种禽，其前期接种方法可参考 90 ～ 120 日龄出栏肉禽的接种方法，其后，应于开产前 20 天左右，肌注 H7N9 亚型禽流感灭活疫苗 0. 8 ～ 1. 0mL/只，以后每年在中秋与初春各补注一次，肌注 1. 0 ～ 1. 5mL/只。

第六章
H5 与 H9 亚型禽流感及家禽其他传染病联免

在家禽群中发生不同血清亚型禽流感混合感染，或禽流感与家禽其他传染病如禽Ⅰ型副黏病毒病、大肠杆菌病、沙门氏杆菌病、鸭疫里氏杆菌病等疫病混合感染的情况时有出现，且日渐严重。本章陈述了 H5 亚型与 H9 亚型禽流感油乳剂灭活疫苗联合免疫番鸭；H5 亚型禽流感与 PMV－Ⅰ油乳剂灭活疫苗联合免疫番鸭；H9 亚型禽流感与 PMV－Ⅰ油乳剂灭活疫苗联合免疫番鸭；H5、H9 亚型禽流感与 PMV－Ⅰ油乳剂灭活疫苗联合免疫番鸭；H5 亚型禽流感与 PMV－Ⅰ油乳剂灭活疫苗联合免疫白鸭；大肠杆菌－沙门氏杆菌－鸭疫里氏杆菌油乳剂灭活疫苗联合免疫白鸭；H5 亚型禽流感－PMV－Ⅰ－大肠杆菌－沙门氏杆菌－鸭疫里氏杆菌油乳剂灭活疫苗联合免疫白鸭等联合免疫实验的方法与结果，期使读者具体了解其理论与技术，为家禽相关疫病联合免疫接种程序的制订提供参考依据。

第一节　H5/H9 亚型禽流感油乳剂灭活疫苗联合免疫番鸭

一、材料与方法

1. 实验动物

1 日龄雏番鸭，购自佛山市三水某种番鸭场，隔离饲养至 14 日龄待试。

2. 主要试剂

禽流感 H5、H9 亚型 HI 标准抗原与血清，购自中国农业科学院哈尔滨兽医研究所；1% 番鸭红细胞悬液，采取 3 只隔离饲养非免疫公番鸭血液，参照常规制备。

3. H5N1、H9N2 亚型禽流感二价灭活油乳剂疫苗

将国家指定厂家生产的 H5N1 亚型、H9N2 亚型禽流感油乳灭活苗，经无菌操作，等量充分混合备用。

4. 动物分组与处理

取 14 日龄雏番鸭 24 只，随机平分为 3 组，第 1 组于 14 日龄注射 H5＋H9 双价苗 0.5mL/只，第 2 组 14 日龄接种 0.5mL/只、21 日龄接种 1mL/只，第 3 组不作接种。

5. 血清样品的采集与 HI 抗体检测

各组试验鸭免疫前及免疫后每周（间隔 7 天）采血，分离血清，按 GB/T 18936—

2003 中的试验方法，采用1% 番鸭红细胞悬液，进行 HI 抗体检测。

二、结果与分析

1. H5 + H9 双价苗免疫雏番鸭后的 HI 抗体检测结果

经 H5 + H9 双价苗对 14 日龄雏番鸭做一次免疫（1 组）；经 14 日龄、21 日龄做二次免疫（2 组），试验鸭 HI 抗体检测结果见表 6 – 1 和图 6 – 1、图 6 – 2。

表 6 – 1　H5 + H9 双价苗一次与二次免疫鸭后 HI 抗体测结果（$\log_2$，平均值 ± 标准误，$n = 8$）

组别	HI 抗体	周龄										
		1W	2W	3W	4W	5W	6W	7W	8W	9W	10W	11W
1	H5	4.63 ± 1.69	2.63 ± 1.47	0.75 ± 1.16	1.88 ± 2.17	1.38 ± 2.20	3.50 ± 2.45	2.38 ± 2.50	2.38 ± 2.00	1.25 ± 2.12	3.00 ± 1.77	1.25 ± 1.91
	H9	0.00 ± 0.00	0.00 ± 0.00	1.13 ± 1.73	5.00 ± 1.20	5.38 ± 1.30	5.63 ± 0.92	6.50 ± 1.20	6.13 ± 0.64	5.75 ± 0.71	5.88 ± 0.64	5.43 ± 0.98
2	H5	4.63 ± 1.69	2.63 ± 1.47	1.13 ± 1.64	2.25 ± 1.98	5.25 ± 1.39	5.75 ± 1.28	5.50 ± 1.69	5.25 ± 1.58	4.88 ± 1.81	4.88 ± 1.55	3.29 ± 2.29
	H9	0.00 ± 0.00	0.00 ± 0.00	1.75 ± 1.75	7.00 ± 0.76	8.00 ± 0.76	7.50 ± 1.07	8.75 ± 1.07	8.00 ± 0.71	8.63 ± 0.92	8.00 ± 0.76	7.43 ± 1.51
对照组	H5	4.63 ± 1.69	2.63 ± 1.47	0.00 ± 0.00	0.00 ± 0.00	0.00 ± 0.00	0.00 ± 0.00	0.00 ± 0.00	0.00 ± 0.00	0.00 ± 0.00	0.00 ± 0.00	0.00 ± 0.00
	H9	0.00 ± 0.00	0.00 ± 0.00	0.00 ± 0.00	0.00 ± 0.00	0.00 ± 0.00	0.00 ± 0.00	0.00 ± 0.00	0.00 ± 0.00	0.00 ± 0.00	0.00 ± 0.00	0.00 ± 0.00

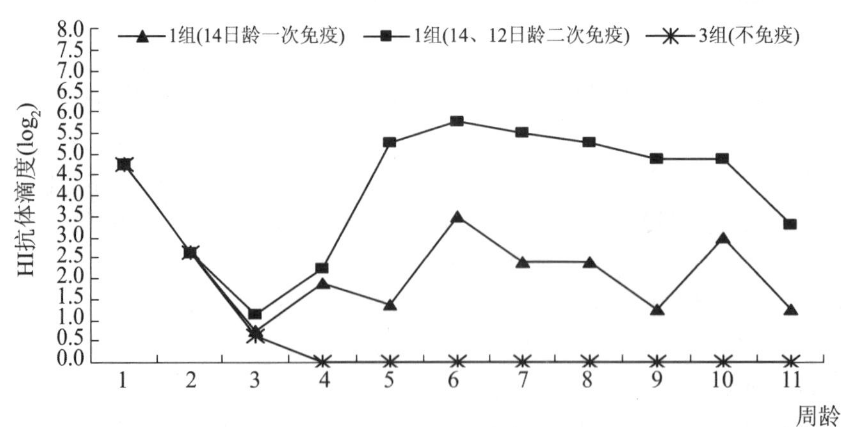

图 6 – 1　雏番鸭一次或二次接种 H5 + H9 双价苗后 H5 HI 抗体变化情况

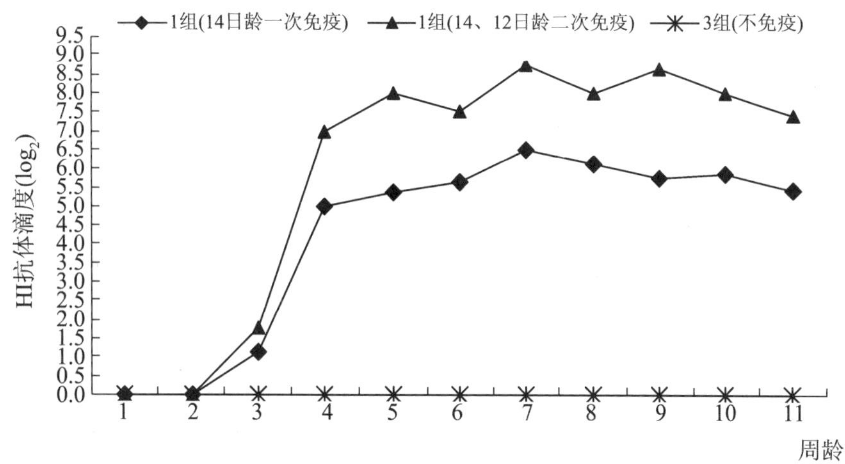

图 6－2　雏番鸭一次或二次接种 H5＋H9 双价苗后 H9 HI 抗体变化情况

从表 6－1 和图 6－1、图 6－2 的结果可见，一次与二次免疫组均在首免后 2 周 H5 抗体开始产生。二次免疫组在首免后 3 周加快上升，4 周达到峰值 5. 75log_2，首免后 3 ～6 周维持在 5. 25log_2 ～ 5. 50log_2，整个曲线平滑。一次免疫组抗体在免疫后 3 周出现回落，4 周再升至峰值 3. 5log_2，然后再次下降，至免疫后 8 周再出现抗体的第二次峰值 3. 0log_2，抗体曲线波动大，抗体水平低，每周均存在未能检测到抗体的鸭只。同时，1 组与 2 组在首免后 H9 HI 抗体即开始上升，至首免后 2 周（二次免疫组二免后 1 周）快速上升，首免后周至 10 周均维持在 5log_2 以上，首免后 5 周达峰值，且首免后 2 周各个体抗体均在 4log_2 以上。

三、讨论与小结

1. 关于 H5＋H9N2 二价苗免疫雏番鸭的 H5 亚型 AI 免疫效果

试验结果表明无母鸭抗体的雏番鸭，在 14 日龄经 H5/H9 亚型禽流感二价苗做一次免疫，其 H5 亚型禽流感 HI 抗体未能达到 4log_2；而 14、21 日龄二次免疫则可产生良好的免疫应答，H5 亚型禽流感 HI 抗体水平可达到抗感染的临界滴度（4log_2）以上。

2. 关于 H5＋H9N2 二价苗免疫雏番鸭的 H9 亚型 AI 免疫效果

试验结果表明无母源抗体的雏番鸭，在 14 日龄经 H5/H9 亚型禽流感二价苗做一次免疫，或 14、21 日龄二次免疫均具有良好的免疫应答，H9 亚型禽流感 HI 抗体水平均可达到抗感染的临界滴度（4log_2）以上。

第二节　禽流感与 PMV－Ⅰ油乳剂灭活疫苗联合免疫番鸭

一、材料与方法

1. 疫苗

H5N1 亚型 AI 油乳剂灭活疫苗（简称“H5 油苗”）、H9N2 亚型 AI 油乳剂灭活疫苗（简称“H9 油苗”）和 PMV 油乳剂灭活疫苗（简称“PMV 油苗”），按常规方法制备。

H5N1 AI + PMV 二联油乳剂灭活疫苗（简称“H5 + PMV 二联苗”），将经 1/2 浓缩的 H5N1 与 PMV 灭活抗原乳化成单价疫苗，再按等体积匀浆混合均匀，即为 H5 + PMV 二联苗。

H9N2 AI + PMV 二联油乳剂灭活疫苗（简称“H9 + PMV 二联苗”），将经 1/2 浓缩的 H9N2 与 PMV 灭活抗原乳化成单价疫苗，再按等体积匀浆混合均匀即为 H9 + PMV 二联苗。

H5N1 AI + H9N2 AI + PMV 双价二联油乳剂灭活疫苗（简称“H5 + H9 + PMV 双价二联苗”），分别将浓缩至原体积 1/3 的 H5N1、H9N2 和 PMV 灭活抗原乳化成单价疫苗，再将三种单价疫苗按等体积混合，经匀浆机混合均匀即为 H5 + H9 + PMV 双价二联苗。

2. 实验动物

雏番鸭，购自佛山市三水某种番鸭场，试验前不做任何免疫。

3. 主要试剂

禽流感 H5、H9 亚型 HI 标准抗原与血清，购自中国农业科学院哈尔滨兽医研究所；1% 番鸭红细胞悬液，采取 3 只隔离饲养非免疫公番鸭血液，按“GB/T 18936—2003”方法配制。

4. 试验鸭血清样品的采集时间与 HI 检测

将全部试验鸭分别于 1、2 周龄试验分组前随机抽取 30 只及试验分组后在各组试验鸭免疫前及免疫后每周（间隔 7 天）采血，分离血清，按 GB/T 18936—2003 中的试验方法，采用 1% 番鸭红细胞悬液作反应指示剂，进行 HI 检测。

5. AI、PMV 单价苗和联苗一次或二次接种雏番鸭的免疫效果比较试验

取雏番鸭 104 只，随机平分为 13 组，第 1 至 6 组分别于 14 日龄经胸部皮下注射进行免疫接种，第 1 组接种 H5 油苗 0.5mL/只，第 2 组接种 H9 油苗 0.5mL/只，第 3 组接种 PMV 油苗 0.5mL/只，第 4 组接种 H5 + PMV 二联苗 0.5mL/只，第 5 组接种 H9 + PMV 二联苗 0.5mL/只，第 6 组接种 H5 + H9 + PMV 双价二联苗 0.5mL/只。第 7 至 12 组分别于 14 日龄经胸部皮下注射进行免疫接种，接种剂量 0.5mL/只，至 21 日龄各组再次接种，剂量为 1mL/只，各组接种的疫苗分别为第 7 组接种 H5 油苗、第 8 组接种 H9 油苗、第 9 组接种 PMV 油苗、第 10 组接种 H5 + PMV 二联苗、第 11 组接种 H9 + PMV 二联苗、第 12 组接种 H5 + H9 + PMV 双价二联苗、第 13 组不免疫。按以上第 4 条提供的方法采血与检测 HI 抗体。

二、结果与分析

1. H5 油苗与多价、多联苗一次或二次接种雏番鸭后的 H5HI 抗体的检测结果

分别用 H5 油苗、H5 + PMV 二联苗、H5 + H9 + PMV 双价二联苗对 14 日龄番鸭一次接种 0.5mL/只，或对 14 日龄番鸭首次接种 0.5mL/只、21 日龄二次接种 1mL/只后，各组试验鸭 H5 亚型禽流感 HI 抗体效价动态变化见表 6－2 和图 6－3。

表 6-2　H5 油苗与二联苗、双价二联苗一次或二次接种雏番鸭后的 H5HI 抗体检测结果

组别	接种物次数	各组试验鸭免疫后各周龄的 HI 抗体效价（$\log_2$，平均值 ± 标准误，$n=8$）										
		1W	2W	3W	4W	5W	6W	7W	8W	9W	10W	11W
1	H5 油苗一次	4.63 ± 1.69	2.63 ± 1.47	1.25 ± 1.91	1.38 ± 1.77	2.13 ± 2.36	2.75 ± 2.38	3.25 ± 2.82	3.50 ± 3.12	2.25 ± 2.55	2.00 ± 1.77	1.38 ± 2.07
7	H5 油苗二次	4.75 ± 1.58	2.63 ± 1.47	1.88 ± 2.03	3.00 ± 2.07	6.63 ± 1.51	6.88 ± 1.36	7.25 ± 1.67	7.13 ± 2.03	6.63 ± 1.81	6.13 ± 1.81	5.38 ± 1.92
4	H5 + P 一次	4.63 ± 1.69	2.63 ± 1.47	1.88 ± 1.64	0.50 ± 0.76	1.88 ± 2.42	2.50 ± 2.93	2.75 ± 3，15	3.75 ± 2.82	3.50 ± 1.85	1.88 ± 2.10	0.75 ± 1.16
10	H5 + P 二次	4.63 ± 1.69	2.63 ± 1.47	1.25 ± 1.75	2.25 ± 2.19	4.75 ± 2.49	5.38 ± 2.45	5.50 ± 2.67	6.00 ± 2.83	5.13 ± 2.42	4.75 ± 2.55	3.00 ± 2.51
5	H5 + H9 + P 一次	4.63 ± 1.69	2.63 ± 1.47	3.00 ± 0.91	1.25 ± 1.49	1.75 ± 2.19	3.25 ± 3.15	3.13 ± 2.75	2.25 ± 2.25	2.88 ± 2.64	2.50 ± 1.27	1.41 ± 1.86
11	H5 + H9 + P 二次	4.63 ± 1.69	2.63 ± 1.47	0.75 ± 1.16	1.25 ± 1.39	3.88 ± 0.99	6.38 ± 1.06	6.13 ± 1.73	6.13 ± 1.64	6.38 ± 1.85	5.75 ± 1.91	3.63 ± 2.07
13	不接种	4.63 ± 1.69	2.63 ± 1.47	0.63 ± 1.06	0.00 ± 0.00	0.00 ± 0.00	0.00 ± 0.00	0.00 ± 0.00	0.00 ± 0.00	0.00 ± 0.00	0.00 ± 0.00	0.00 ± 0.00

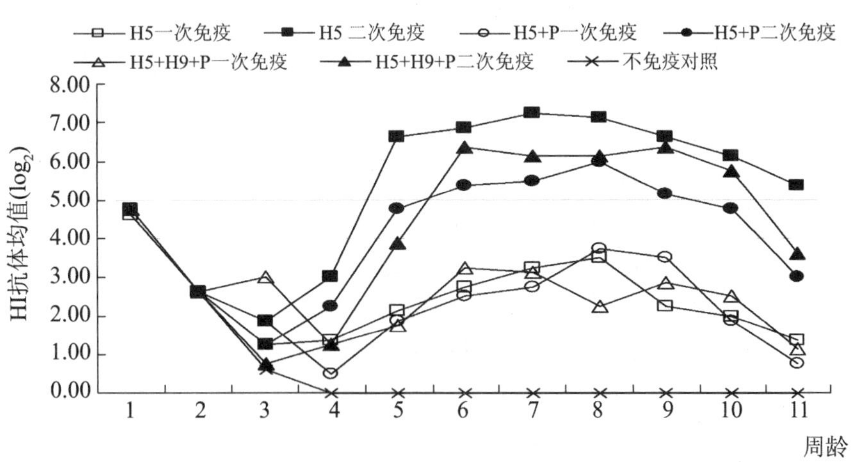

图 6-3　H5 油苗与二联苗、双价二联苗一次或二次接种雏番鸭后的 H5HI 抗体变化情况比较

从表 6-2 和图 6-3 可见，用 H5 苗、H5 + PMV 二联苗或 H5 + H9 + PMV 双价二联苗对 14 日龄番鸭接种一次后，H5 亚型禽流感 HI 抗体水平均明显低于 14 日龄首免、21

日龄二次免疫的各组试验鸭的抗体水平。各作一次免疫组的抗体峰值均低于 $4\log_2$，各二次免疫组的抗体峰值均达到 $4\log_2$ 以上。作一次免疫的各组 AIH5 HI 抗体水平无明显差异，但 H5 + H9 + PMV 双价二联苗一次免疫组的抗体变化曲线波动较大。进行二次免疫的各组试验鸭抗体在首免后 3 ～ 8 周基本维持在 $4\log_2$ 以上（个别在 $3.88\log_2$），尤以 H5 油苗二次免疫组的抗体上升速度快、峰值高、变化曲线平稳，首免后 3 ～ 8 周维持在 $6\log_2$ 以上。

2. H9 油苗与多价、多联苗一次或二次接种雏番鸭后的 H9HI 抗体的检测结果

分别用 H9 油苗、H9 + PMV 二联苗、H5 + H9 + PMV 双价二联苗对 14 日龄番鸭一次接种 0.5mL/只，或对 14 日龄番鸭首次接种 0.5mL/只、21 日龄二次接种 1mL/只后，各组试验鸭 H9 亚型禽流感 HI 抗体效价动态变化见表 6 - 3 和图 6 - 4。

表 6 - 3 H9 油苗与二联苗、双价二联苗一次或二次接种雏番鸭后的 H9HI 抗体检测结果

组别	接种物免疫次数	各组试验鸭免疫后各周龄的 HI 抗体效价（$\log_2$，平均值 ± 标准误，$n=8$）										
		1W	2W	3W	4W	5W	6W	7W	8W	9W	10W	11W
2	H9 油苗一次免疫	0 ± 0	0 ± 0	1.13 ± 1.64	5.38 ± 0.74	5.63 ± 0.92	6.13 ± 0.83	6.63 ± 1.06	5.75 ± 0.71	5.63 ± 1.06	5.63 ± 0.74	4.25 ± 1.39
8	H9 油苗二次免疫	0 ± 0	0 ± 0	1.25 ± 1.58	7.25 ± 0.71	8.88 ± 1.13	9.13 ± 1.25	9.38 ± 0.92	8.75 ± 1.39	8.75 ± 0.71	8.50 ± 0.76	7.88 ± 0.83
5	H9 + PMV 二次免疫	0 ± 0	0 ± 0	1.13 ± 1.36	5.38 ± 1.41	6.50 ± 1.41	6.50 ± 1.69	6.00 ± 1.77	6.38 ± 1.69	5.75 ± 2.12	5.38 ± 2.33	4.13 ± 2.53
11	H9 + PMV 二次免疫	0 ± 0	0 ± 0	1.13 ± 1.36	6.63 ± 0.92	7.50 ± 0.93	7.25 ± 0.46	7.88 ± 1.13	7.63 ± 0.52	8.50 ± 0.93	7.50 ± 0.53	7.88 ± 0.83
6	H5 + H9 + P 一次免疫	0 ± 0	0 ± 0	1.13 ± 1.55	5.38 ± 0.74	6.25 ± 0.89	6.25 ± 1.04	6.38 ± 0.92	6.63 ± 0.74	6.38 ± 1.30	5.50 ± 1.31	5.13 ± 0.99
12	H5 + H9 + P 二次免疫	0 ± 0	0 ± 0	0.88 ± 1.25	6.50 ± 1.41	7.25 ± 0.89	7.38 ± 0.74	8.13 ± 1.25	7.63 ± 0.92	6.88 ± 1.25	6.38 ± 1.60	5.55 ± 1.20
13	—	0 ± 0	0 ± 0	0 ± 0	0 ± 0	0 ± 0	0 ± 0	0 ± 0	0 ± 0	0 ± 0	0 ± 0	0 ± 0

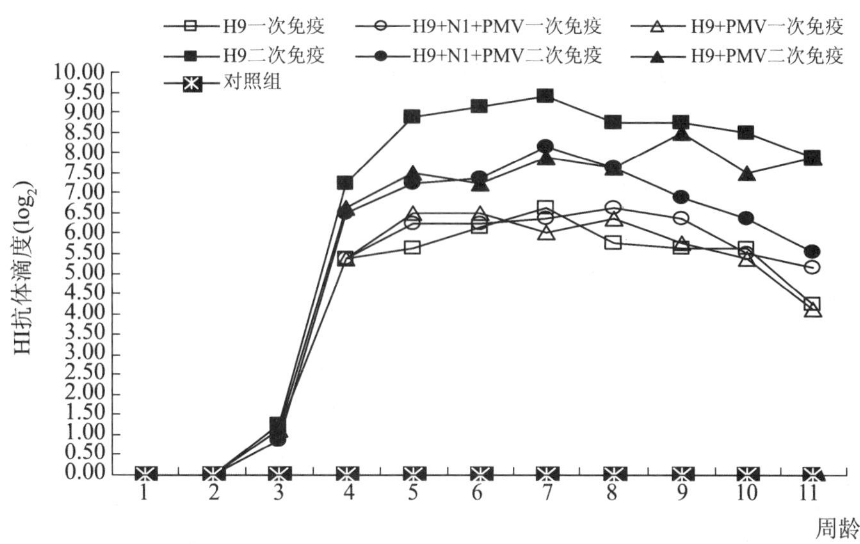

图6-4　H9油苗与二联苗、双价二联苗一次或二次接种雏番鸭后的H9HI抗体变化情况比较

从表6-3和图6-4可见，用H9油苗、H9+PMV二联苗或H5+H9+PMV双价二联苗一次或二次接种番鸭后，试验鸭对H9亚型禽流感抗原均能产生良好的免疫应答，首免后1周抗体开始上升。做一次免疫的各试验组免疫后2～9周抗体水平较接近，维持在$5log_2$～$6log_2$之间。做二次免疫的各试验组的抗体水平高于一次免疫组，首免后2～9周抗体水平维持在$6-7log_2$以上，其中又以H9油苗二次免疫组的抗体水平高于其他组，抗体峰值达$9.38log_2$，抗体变化曲线平稳。H9+PMV二联苗二次免疫组在高抗体水平上出现较为明显的波动。H5+H9+PMV双价二联苗二次免疫组在首免后6周达到峰值$8.13log_2$后出现较快的下降，至首免后9周抗体降至$5.5log_2$。

以上结果说明，采用联苗对番鸭进行免疫接种，机体对H9抗原仍可以产生良好的免疫应答，但与应用H9单价油苗免疫相比较，联苗对H9抗原刺激免疫应答产生了一定的影响，其影响的结果是H9抗体出现波动或后期下降较快。

3. PMV油苗与多联苗一次或二次接种雏番鸭后的PMV HI抗体的检测结果

分别用PMV油苗、H5+PMV二联苗、H9+PMV二联苗或H5+H9+PMV双价二联苗对14日龄番鸭接种0.5mL/只，或对14日龄番鸭首次接种0.5mL/只、21日龄二次接种1mL/只后，各组试验鸭PMV HI抗体效价动态变化见表6-4和图6-5。

表6-4　PMV油苗与二联苗、双价二联苗一次或二次接种雏番鸭后的PMV HI抗体检测

组别	接种物	各组试验鸭免疫后各周龄的HI抗体效价（log_2，平均值±标准误，$n=8$）										
		1W	2W	3W	4W	5W	6W	7W	8W	9W	10W	11W
3	PMV油苗	0±0	0±0	3.38±0.74	5.38±0.92	5.13±0.83	5.13±0.99	5.63±1.30	5.00±1.41	4.88±1.36	4.35±1.49	3.38±1.77
9	PMV油苗二次免疫	0±0	0±0	3.38±1.55	6.75±1.55	7.75±0.46	7.13±0.64	7.75±0.71	7.50±1.07	6.50±1.07	7.13±1.25	6.38±1.41

续上表

组别	接种物	各组试验鸭免疫后各周龄的HI抗体效价（log_2，平均值±标准误，$n=8$）										
		1W	2W	3W	4W	5W	6W	7W	8W	9W	10W	11W
4	H5 + PMV 一次免疫	0±0	0±0	2.88±0.99	5.13±0.83	5.25±0.46	5.75±0.71	5.50±0.93	5.88±1.13	4.13±0.83	3.63±1.06	2.88±1.89
10	H5 + PMV 二次免疫	0±0	0±0	2.63±1.30	6.25±1.04	6.56±1.41	7.38±1.06	7.63±0.52	7.00±1.60	6.50±2.00	6.38±2.00	5.63±1.69
5	H9 + PMV 一次免疫	0±0	0±0	2.38±1.19	5.75±0.71	6.25±1.28	5.75±0.71	4.75±1.04	6.25±1.04	5.13±0.99	5.63±1.19	4.38±0.99
11	H9 + PMV 二次免疫	0±0	0±0	3.38±1.51	6.38±1.30	7.00±0.93	6.88±0.64	7.50±0.53	6.88±2.80	7.88±1.36	7.88±0.83	7.25±1.16
6	H5 + H9 + PMV 一次免疫	0±0	0±0	2.63±1.41	5.38±1.9	5.38±1.51	5.57±2.37	4.75±3.06	4.63±2.83	4.25±2.92	4.13±2.80	3.88±2.85
12	H5 + H9 + PMV 二次免疫	0±0	0±0	2.00±1.51	6.00±1.31	7.63±0.52	7.75±0.46	7.38±1.06	7.13±1.13	6.38±1.06	6.75±1.39	5.50±1.41
13		0±0	0±0	0±0	0±0	0±0	0±0	0±0	0±0	0±0	0±0	0±0

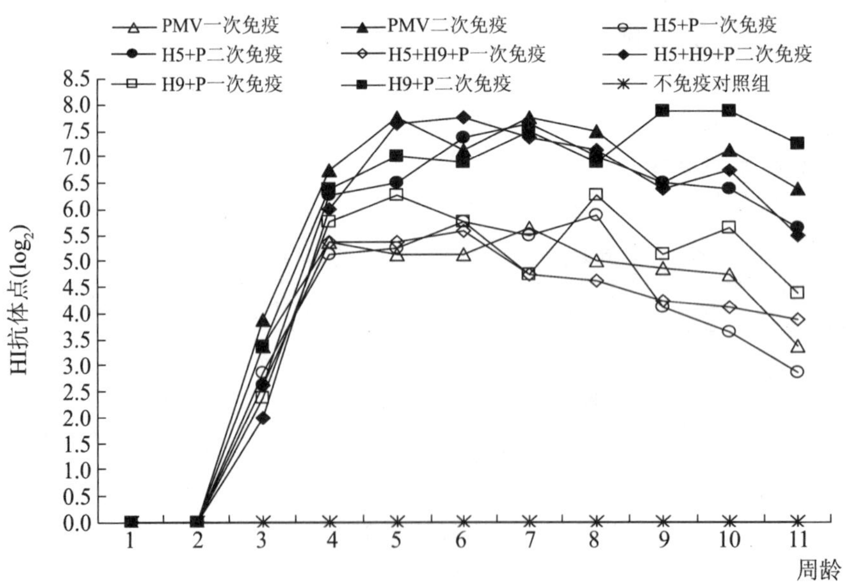

图6－5　PMV油苗与多联苗免疫雏番鸭后PMV HI抗体比较

从图6-5可见，用PMV油苗或多联苗一次或二次接种番鸭后，小鸭均能对PMV抗原产生良好的免疫应答，抗体快速上升，在首免后2周PMV HI抗体均达到$5\log_2$以上。作一次免疫的各试验组，免疫后2～8周绝大多数维持在$4\log_2$～$6\log_2$之间，除H9+PMV二联苗一次免疫组抗体水平出现较大波动外，其他一次免疫的抗体水平与曲线变化基本相似。作二次免疫的各试验组抗体水平高于一次免疫组，首免后2～8周抗体水平维持在$6\log_2$以上，各试验组在高抗体水平上均有小幅波动，H9+PMV二联苗二次免疫组在首免后7周出现第二次上升，达到二次峰值$7.88\log_2$，并维持2周，其抗体水平明显高于其他免疫组。

三、小结与讨论

1. 联合免疫中H5亚型的AI HI抗体水平

试验结果显示，从免疫次数看，H5单价苗、二联苗以及双价二联苗的一次免疫或二次免疫，其H5亚型AI HI抗体均在首免后1～2周开始上升，H5+PMV联合免疫组在免后6周达到峰值$16.0\log_2$，其他免疫组在免疫后4～6周达到峰值。一次免疫的峰值在$3\log_2$～$4\log_2$之间，抗体曲线起伏较大，而且各试验组均出现部分检测不到有效抗体的鸭只。二次免疫的峰值在$6.00\log_2$～$7.25\log_2$之间，抗体曲线平滑，维持峰值抗体水平的时间长。在联合免疫中二次免疫H5抗体均值比一次免疫高约3个滴度。但在二次免疫中仍有个别鸭只抗体处于$4\log_2$以下，甚至检测不到有效抗体。从单一免疫与联合免疫效果上看，做一次或二次免疫，H5N1油苗各周的抗体均值都高于其他联合免疫组，H5N1油苗免疫组动态曲线平滑，联苗免疫组抗体变化曲线起伏较大。

以上说明，不论单苗还是联苗免疫鸭的H5抗体水平，二次免疫组优于一次免疫组，在一次免疫中，单苗免疫组各周抗体变化的均衡度好于联合免疫组。在二次免疫中，单苗免疫组各周抗体均值和变化均衡度均高于联合免疫组，单一免疫效果优于联合免疫，显示在联合免疫时各种抗原可能存在一定的干扰作用，对于H5亚型禽流感，生产上应在强化单一疫苗免疫的基础上再做联合免疫较为妥当。

2. 联合免疫中H9亚型AI HI抗体水平

从试验结果可见，采用H9单价疫苗或联苗对雏番鸭进行一次免疫或是二次免疫组，机体在接种疫苗后即对H9抗原产生免疫应答，抗体快速上升。首免后2周达$5\log_2$以上，并维持至首免后第8周，峰值可出现于首免后3-7周。二次免疫组各周抗体均值略高于一次免疫组。这表明番鸭对H9N2亚型流感疫苗具有良好的免疫应答性，单免或联合免疫均可产生较高的抗体水平，又以二次免疫优于一次免疫。但H9+PMV二联苗二次免疫组在高抗体水平上出现较为明显的波动，H5+H9+PMV双价二联苗二次免疫组在首免后5周达到峰值$8.13\log_2$后出现快速的下降过程，说明联合免疫时会一定程度上造成机体对H9抗原免疫应答的干扰，其影响的结果是H9抗体出现波动或后期下跌较快。

3. 联合免疫中PMV的HI抗体水平

试验结果可见，用PMV油苗或多联苗一次或二次接种番鸭后，小鸭均能对PMV抗原产生良好的免疫应答，PMV HI 抗体随即快速上升，到达峰值时间快，维持时间长，表明番鸭对 PMV 抗原具有良好的免疫应答能力，不论单苗或联苗、一次或二次免疫均产生良好的免疫效果，又以二次免疫优于一次免疫。但各试验组在高抗体水平上均有小幅波动的情况，H9 + PMV 二联苗的一次或二次免疫组在首免后 5 ～ 6 周均出现第二次抗体升高过程。

4. 小结

综上所述，H5 + PMV 二联苗、H9 + PMV 二联苗或 H5 + H9 + PMV 双价二联苗对番鸭进行联合免疫后，虽然相互之间存在一定的干扰作用，但番鸭机体对三种抗原均能产生免疫应答，二次免疫的抗体水平高于一次免疫，机体对 H9N2 抗原和 PMV 抗原的免疫应答强于 H5N1 抗原。故在生产上，强化 AIH5 的免疫的前提下，对于肉番鸭群实施 AIH5 与 PMV 的联合免疫，对于种鸭群可以实施 AIH5、AIH9 与 PMV 的联合免疫。具体的免疫程序可参考“14 日龄首次免疫 0.5mL/只，21 日龄再次接种 1mL/只”。在此基础上种用番鸭群在 80 ～ 90 日龄可进行加强免疫，然后在开产前 15 ～ 30 天再做二次加强免疫。

第三节　白鸭几种主要传染病联合免疫研究

一、材料

1. 实验动物与禽胚

1 日龄雏鸭，8 ～ 10 日龄鸭胚，购自佛山科学技术学院科研禽场；8 ～ 10 日龄鸡胚，购自佛山某种鸡场。

2. 种毒

禽流感病毒（简称 AIV）、禽Ⅰ型副黏病毒（简称 PMV－Ⅰ）、禽大肠杆菌病（简称 E. coli）、沙门氏杆菌病（简称 SM）、鸭疫里氏杆菌（简称 RA）等标准毒株，由相关课题组提供。

3. 疫苗

AIH5 + PMV－Ⅰ联苗（简称“APL 苗”）、E. coli + RA + SM 联苗（简称“ERSL 苗”）及其浓缩联苗，由相关课题组提供。

4. 血清

AIH5、PMV－Ⅰ标准抗原与血清，购自哈尔滨兽医研究所；SM 标准抗原与血清，购自中国兽药监察所。

5. 细菌培养基与生化试剂

其购自广州梓兴化玻有限公司。

6. HA、HI 检测器材

其由佛山科学技术学院畜牧兽医研究所提供。

7. 隔离、饲养，防护、消毒等用材

其由佛山科学技术学院畜牧兽医研究所提供。

二、动物分组与处理

1. AI + PMV – Ⅰ联苗免疫试验

（1）1 周龄一次免疫试验

小鸭 1 周龄，16 只，接种 APL 苗（2 倍浓缩苗），0.3mL/只，均分二组，8 只/组，于免疫前和免疫后每周采血分离血清检测 AIH5 HI 抗体（命名为 1 组）及 PMV – I HI 抗体（命名为 2 组），直至第 7 周龄。

（2）1、2 周龄二次免疫试验

小鸭 1 周龄，16 只，于 1、2 周龄二次接种 APL 苗（2 倍浓缩苗），剂量依次为 0.3mL/只、0.6mL/只，均分二组，8 只/组，于免疫前和免疫后每周抽血检测 AIH5 HI 抗体（命名为 3 组）与 PMV – Ⅰ HI 抗体（命名为 4 组），直至第 7 周龄。

2. E. coli + RA + SM 联苗免疫试验

（1）1 周龄一次免疫试验

小鸭 1 周龄，24 只，接种 ERSL 苗（3 倍浓缩苗），0.3mL/只，均分三组（依次命名 5 组、6 组、7 组），8 只/组，5 组为 RA 攻毒组，于 3 周龄用 RA 强毒肌注攻毒，0.5mL/只；6 组为 E. coli 攻毒组，于 3 周龄用 E. coli 肌注攻毒，0.5mL/只；5 组、6 组分别于攻毒前和攻毒后 1、5、10 天从病死鸭或扑杀小鸭（1 只/天）采集肝脏复分离病原菌，同时观察记录攻毒后发病死亡情况。7 组为 SM 抗体检测组，于免疫前及免疫后各周采血检测 SM 抗体，直至第 7 周龄。

（2）1、2 周龄二次免疫试验

小鸭 1 周龄，24 只，于 1、2 周龄二次接种 ERSL 苗（3 倍浓缩苗），剂量依次为 0.3mL/只、0.6mL/只，均分三组（依次命名 8 组、9 组、10 组），8 只/组，8 组为 RA 攻毒组，于 3 周龄用 RA 强毒肌注攻毒，0.5mL/只；9 组为 E. coli 攻毒组，于 3 周龄用 E. coli 肌注攻毒，0.5mL/只；8 组、9 组分别于攻毒前和攻毒后 1、5、10 天从病死鸭或扑杀小鸭（1 只/天）采集肝脏复分离病原菌，同时观察记录攻毒后发病死亡情况。10 组为 SM 抗体检测组，于免疫前及免疫后各周采血检测 SM 抗体，直至第 7 周龄。

3. 鸭 AI + PMV – Ⅰ联苗和 E. coli + SM + AP 联苗联合免疫试验

（1）1 周龄一次免疫试验

小鸭 1 周龄，40 只，联合接种 APL 苗（2 倍浓缩苗），0.3mL/只，和 ERSL 联苗（3 倍浓缩苗），0.3mL/只，均分为五组（依次命名 11 组、12 组、13 组、14 组、15 组）。11 组为 AIHI 抗体检测组，于免疫前及免疫后各周采血检测 AIH5 抗体，直至第 7 周龄；12 组为 PMV 抗体检测组，于免疫前及免疫后各周采血检测 PMV – Ⅰ HI 抗体，直至第 7 周龄；13 组为 RA 攻毒组，于 3 周龄用 RA 强毒肌注攻毒，0.5mL/只；14 组为 E. coli 攻毒组，于 3 周龄用 E. coli 肌注攻毒，0.5mL/只；13 组、14 组分别于攻毒前和攻毒后 1、5、10 天从病死鸭或扑杀小鸭（1 只/天）采集肝脏复分离病原菌，同时观察记录攻毒后发病死亡情况。15 组为 SM 抗体检测组，于免疫前及免疫后各周采血检测

SM 抗体，直至第 7 周龄。

（2）1、2 周龄二次免疫试验

小鸭 1 周龄，40 只，于 1 周龄联合接种 APL 苗（2 倍浓缩苗）和 ERSL 苗（3 倍浓缩苗），剂量分别依次为 0.3mL/只、0.6mL/只，均分为五组（依次命名 16 组、17 组、18 组、19 组、20 组），8 只/组。16 组为 AIH5 HI 抗体检测组，于免疫前及免疫后各周采血检测 AIH5 HI 抗体，直至第 7 周龄；17 组为 PMV 抗体检测组，于免疫前及免疫后各周采血检测 PMV－Ⅰ HI 抗体，直至第 7 周龄；18 组为 RA 攻毒组，于 3 周龄用 RA 强毒肌注攻毒，0.5mL/只，；19 组为 E. coli 攻毒组，于 3 周龄用 E. coli 肌注攻毒，0.5mL/只；18、19 组分别于攻毒前和攻毒后 1、5、10 天从病死鸭或扑杀小鸭（1 只/天）采集肝脏复分离病原菌（E. coli 或 RA），同时观察记录攻毒后发病死亡情况。20 组为 SM 抗体检测组，于免疫前及免疫后各周采血检测 SM 抗体，直至第 7 周龄。

4. 试验对照组

（1）APL 苗非免疫小鸭对照组，16 只，均分二组（依次命名 21 组、22 组），8 只/组，21 组依照上述各含 APL 免疫的试验组同步做 AI 抗体检测；22 组依照上述各含 PMV－I 免疫的试验组同步做 PMV 抗体检测。

（2）ERSL 苗非免疫小鸭攻毒对照组，24 只，平分为三组（依次命名 23 组、24 组、25 组），8 只/组，分别依照上述含 E. coli 或 RA 或 SM 疫苗免疫的试验组同步做 E. coli 攻毒或 RA 攻毒或 SM 抗体检测。

（3）健康小鸭对照组（命名为 26 组），8 只，不免疫，不攻毒，作健康情况观察。

三、结果

1. AIH5 HI 抗体检测结果

经 APL 苗免疫或 APL 苗＋ERSL 苗联合免疫试验各组小鸭 AIH5 HI 抗体检测结果见表 6－5。

表 6－5　AIH5 HI 抗体检测结果

组号	各试验组小鸭 1 ～ 7 周 AIH5 HI 抗体均值						
	1W	2W	3W	4W	5W	6W	7W
1	1:5.70	1:2.60	1:1.00	—	1:0.40	0	1:5.82
3	1:5.70	1:2.80	1:2.00	1:2.83	1:3.27	1:2.50	1:20.0
11	1:5.70	1:1.80	1:1.25	1:0.86	1:0.48	1:0.13	1:4.77
16	1:5.70	1:1.60	1:5.47	1:8.17	1:6.72	1:3.70	1:8.62
21	1:5.70	1:0.80	1:0.90	0	0	0	1:1.85

2. PMV－Ⅰ HI 抗体检测结果

经 APL 苗免疫或 APL 苗＋ERSL 苗联合免疫试验各组小鸭 PMV－Ⅰ HI 抗体检测结果见表 6－6。

表 6－6 PMV－Ⅰ HI 抗体检测结果

组号	各试验组小鸭 1～7 周 PMV－Ⅰ HI 抗体均值						
	1W	2W	3W	4W	5W	6W	7W
2	1:9.8	1:3.8	1:4.17	—	1:19.73	1:3.57	1:12.22
4	1:9.8	1:2.6	1:9.0	1:25.00	1:10.91	1:11.67	1:57.69
12	1:9.8	1:5.1	1:5.18	1:9.0	1:7.31	1:2.88	1:10.00
17	1:9.8	1:4.8	1:12.95	1:31.67	1:11.68	1:8.0	1:23.85
22	1:9.8	1:2.0	1:4.0	1:4.8	1:3.73	1:6.0	1:5.0

3．ERSL 苗或 APL 苗＋ERSL 苗联合免疫各组小鸭沙门菌病抗体的测定情况

经 ERSL 苗免疫或 APL 苗＋ERSL 苗联合免疫各组小鸭沙门菌病抗体的测定情况见表 6－7。

表 6－7 ERSL 苗免疫或 APL 苗＋ERSL 苗联合免疫各组小鸭沙门菌病抗体测定情况

组号	凝集强度	1W		2W		3W		4W		5W		6W		7W	
		只数	检测参数	只数	检测参数	只数	检测参数	只数	检测参数	只数	检测参数	只数	检测参数	只数	检测参数
7	＋＋＋[1]	0[2]		0	1:2[3]	0	1:2	1	1:16－32	1	1:4－8	1	1:4－8	0	1:4
	＋＋	0		1	5/8[4]	2	6/8	3	6/8	1	7/8	2	6/8	2	5/8
	＋	0		4	62.5%[5]	4	75%	2	75%	5	87.5%	3	75%	3	62.5%
	－	8		3		2		2		1		2		3	
10	＋＋＋	0		0	1:4	2	1:4	2	1:16－32	1	1:4－8	1	1:4－8	2	1:4－8
	＋＋	0		4	7/8	3	7/8	4	7/8	3	8/8	2	6/8	2	75%
	＋	0		3	87.5%	2	87.5%	1	87.5%	4	100%	3	75%	2	
	－	8		1		1		1		0		2		2	
15	＋＋＋	0		0	1:2	1	1:2－4	1	1:16－32	0	1:4	0	1:2	1	1:4－8
	＋＋	0		0	6/8	1	4/8	2	6/8	1	7/8	2	8/8	0	3/8
	＋	0		6	75%	2	50%	3	75%	6	87.5%	6	100%	2	37.5%
	－	8		2		4		2		1		0		5	
20	＋＋＋	0		1	1:4	1	1:4－8	2	1:16－32	2	1:4－8	2	1:4－8	2	1:4－8
	＋＋	0		1	4/8	2	6/8	2	8/8	3	8/8	2	8/8	1	6/8
	＋	0		2	50%	3	75%	4	100%	3	100%	4	100%	3	75%
	－	8		4		2		0		0		0		2	

续上表

组号	凝集强度	1W		2W		3W		4W		5W		6W		7W	
		只数	检测参数	只数	检测参数	只数	检测参数	只数	检测参数	只数	检测参数	只数	检测参数	只数	检测参数
25	+ + +	0		0	原液	0	原液	0	原液	0	原液	0	原液	0	原液
	+ +	0		0		0		0		0		0		0	
	+	0		0		0		0		0		0		0	
	–	8		8		8		8		8		8		8	

注：①“+”“+ +”“+ + +”表示凝集强度逐步增加；②第一周随机抽取小鸭 8 只（免疫前）全部为“–”；③表示检测效价；④表示阳性比例；⑤表示阳性百分率。

4. ERSL 苗或 APL 苗 + ERSL 苗联合免疫各组小鸭攻击 E. cpli 或 RA 发病死亡比例

经 ERSL 苗或 APL 苗 + ERSL 苗联合免疫各组小鸭攻击 E. cpli 或 RA 发病死亡比例见表 6 – 8。

表 6 – 8 ERSL 苗或 APL 苗 + ERSL 苗联合免疫各组小鸭攻击 E. cpli 或 RA 发病死亡比例

组号	免疫种类	试验鸭数	攻毒种类、发病死亡比例与保护指数			
			大肠杆菌		鸭疫里氏菌	
			死亡比例	保护指数	死亡比例	保护指数
4	ERS 1 周龄一次免疫	8 × 2	4/8	25.0%	4/8	50.0%
5	ERS 1、2 周龄二次免	8 × 2	1/8	52.5%	1/8	87.5%
7	AP – ERS 1 周龄免一次免疫	8 × 2	3/8	37.5%	2/8	75.0%
8	AP – ERS 1、2 周龄二次免疫	8 × 2	1/8	52.5%	2/8	75.0%
6	ERS 非免攻毒对照	8 × 2	6/8	–	8/8	–

5. 攻击 E. coli 发病死亡小鸭及攻毒后追杀小鸭复分离大肠杆菌情况

ERSL 苗免疫各组或 APL 苗 + ERSL 苗联合免疫各组小鸭攻击大肠杆菌发病死亡小鸭及攻击大肠杆菌后 1、3、5、7、14 日追杀（1 只/日）复分离大肠杆菌情况见表 6 – 9。

表 6 – 9 ERSL 或 APL 苗 + ERSL 联合免疫小鸭攻毒发病死亡及追杀复分离大肠杆菌情况

免疫种类			ER 非免攻毒对照	ER1 1 周龄一次免疫	ER1 2 周龄二次免疫	P – ER 1 周龄一次免疫	P – ER1 2 周龄二次免疫	空白对照
1 日	发病	心	# # # #	#		+ + +		–
		肝	# # # #	#		#		–
		脑	# # # #	#		#		–
	追杀	心	#		–	–	1	–
		肝	#		16	6	8	–
		脑	#		–	–	4	–

续上表

免疫种类			ER 非免攻毒对照	ER11 周龄一次免疫	ER1 2 周龄二次免疫	P－ER 1 周龄一次免疫	P－ER1 2 周龄二次免疫	空白对照
3 日	发病 2 日	心	##	+++ ++	++	++ +++	－	
		肝	##	+++ +++	++	++ ++	16	
		脑	##	+++ +++	#	+++ +++	+++	
	追杀	心		8	2	－	－	－
		肝		1	－	1	－	－
		脑		#	－	－	－	－
5 日	发病	心						
		肝						
		脑						
	追杀	心		1	7	3	－	－
		肝		2	7	－	－	－
		脑		－	2	－	－	－
7 日	发病	心						
		肝						
		脑						
	追杀	心		－	24	3	－	－
		肝		－	－	－	－	－
		脑		－	－	－	－	－
14 日	发病	心						
		肝						
		脑						
	追杀	心			3		－	－
		肝			1		－	－
		脑			1		－	－

注："空白"表示未作细菌分离；"－"表示无细菌生长；"数字"表示菌落数；"+""++""+++""#"表示菌落数不可数，逐渐增加；1 个数字（或"－""+"等）表示 1 个小鸭的细菌的分离情况（下同）。

6. 攻击 RA 发病死亡小鸭及攻毒后追杀小鸭复分离鸭疫里氏杆菌情况

ERSL 苗免疫各组或 APL 苗＋ERSL 苗联合免疫各组小鸭攻击鸭疫里氏杆菌发病死亡及攻击鸭疫里氏杆菌后 1、3、5、7、14 日追杀（1 只/日）复分离鸭疫里氏杆菌情况见表 6－10。

表 6 - 10　ERSL 苗或 APL + ERSL 苗联合免疫小鸭攻毒发病死亡及追杀复分离 RA 情况

免疫种类			ER 非免攻毒对照	ER11 周龄一次免疫	ER1 2 周龄二次免疫	P - ER 1 周龄一次免疫	P - ER 1、2 周龄二次免疫	空白对照
1 日	发病	心	# #		+ +			
		肝	# #		11			
		脑	# #		3			
	追杀	心		+ +		+ + +	+ +	–
		肝		18		+ + +	+ +	–
		脑		+		+ + +	+ + +	–
3 日	发病 2 日	心	######	## + + +		##	–	
		肝	######	## #		##	–	
		脑	######	## + + +		##	+ + +	
	追杀	心		–	+ +	4	+ + +	–
		肝		–	–	3	+ +	–
		脑		#	#	#	#	–
5 日	发病 4 日	心		#			+ +	
		肝		–			+ +	
		脑		#			+ +	
	追杀	心		+ + +	+ +	+ + +		–
		肝		+ + +	+ +	+ + +		–
		脑		+ + +	+ +	+ + +		–
7 日	发病	心						
		肝						
		脑						
	追杀	心		+	–	–	2	–
		肝		–	–	–	20	–
		脑		1	–	–	2	–
14 日	发病	心						
		肝						
		脑						
	追杀	心			10		14	–
		肝			14		1	–
		脑			20		1	–

四、小结与讨论

（1）禽流感、禽Ⅰ型副黏病毒病、大肠杆菌病、鸭疫里氏杆菌病和沙门菌病等是危害肉鸭生产的严重传染病，在公共卫生上也具有极为重要的意义。有效预防控制这些疫病，对国民经济及公共卫生安全均具有重要意义。本项目通过探讨肉鸭上述各种传染病二联、三联或多联免疫及其鸭群免疫后相关抗体变化情况或人工感染相应病原后发病、带菌的情况，望为肉鸭生产过程控制相关传染病、提高肉鸭产品卫生质量提供技术依据。

（2）从表6－5可见，APL二联苗经1、2周龄二次免疫小鸭，可于第7周龄获得1∶20的AIH5 HI抗体均值。而1周龄一次免疫，至7周龄时，AIH5 HI抗体均值仍处于1∶5.82的低水平。将该APL二联苗与ERS三联苗联合免疫，经1、2周龄二次免疫小鸭，于第7周龄获得1∶58.62的AIH5 HI抗体均值，而经1周龄一次免疫小鸭，至第7周龄时AIH5 HI抗体均值仍处于1∶4.77的低水平。由此可见，在AP联苗免疫或APL＋ERSL联合免疫中，影响AI免疫应答水平的重要因素之一是免疫次数，而联合接种疫苗种类增多未见削弱的影响。

（3）从表6－6可见，APL联苗，经1、2周龄二次免疫小鸭，可于第7周龄获得1∶57.69的PMV HI抗体均值。而1周龄一次免疫小鸭，至7周龄时，PMV HI抗体均值仍处于1∶12.22的低水平。将该APL二联苗与ERSL三联苗联合经1、2周龄免疫小鸭，于第7周龄获得1∶23.85的PMV抗体均值，而经1周龄一次免疫小鸭，至第7周龄时PMV抗体均值仍处于1∶10的低水平。由此可见，在AP联苗免疫或AP二联苗与ERS三联苗联合免疫中，影响PMV免疫应答水平的主要因素，除了免疫次数，联合因子的多寡也有一定削弱的影响。

（4）从表6－7可见，ERSL三联苗1周龄一次免疫及1、2周龄二次免疫小鸭均可在1周龄免疫后1周（2周龄）开始产生SM凝聚抗体，第4周（5周龄）达到阳性反应峰值（87.5%，100%），其后开始下降。考察一次或二次免疫两组小鸭从1周龄免疫后各周检测点SM抗体水平，可见二次免疫比一次免疫抗体水平（阳性反应率与效价）稍高。考察APL＋ERSL联合免疫组结果亦与ERSL苗免疫情况近似，但比较ERSL二次免疫与APL＋ERSL联合二次免疫，后者抗体阳性率在免疫最初两周稍低于前者。提示APL＋ERSL联合免疫可能由于联合因子过多，对刺激机体免疫应答速度会有一定影响，但对达到抗体峰值大小影响较小。另外，比较ERS苗免疫与APL＋ERSL联合免疫两种免疫的一次免疫显示，后者一次免疫抗体在峰值后下降速度较快，而二次免疫抗体下降速度较缓慢，提示联合免疫造成的不良影响可以通过增加免疫次数获得适当补偿。

（5）从表6－8可见，ERSL 1周龄一次免疫小鸭作大肠杆菌攻毒，保护指数为25%，1、2周龄二次免疫攻毒保护指数为52%，后者效果比前者提高一倍。与APL＋ERSL联合免疫比较，免疫保护情况在相应免疫次数组之间无大差异，说明ERS免疫与APL＋ERSL联合免疫，多种疫苗的组合对免疫反应未造成过多影响。

（6）从表6－8可见，ERSL周龄一次免疫小鸭做鸭疫里氏杆菌攻毒，其保护指数为50%，1、2周龄二次免疫攻毒保护指数为87.5%，后者比前者效果明显提高。将ERSL免疫与APL＋ERSL联合免疫比较，后者免疫保护指数稍有降低，但后者在免疫次数不同组（一次免疫与二次免疫组）之间比较，效果相同。

（7）由表6－9可见，经ERSL或APL＋ERSL联合免疫的小鸭，采取大肠杆菌攻毒后，无论是非免疫攻毒后1～3天发病小鸭或免疫攻毒后1～3天发病小鸭，复分离细菌数量都是巨大的，而免疫攻毒非发病鸭迫杀所复分离的细菌数量均很少（1～16个菌落）。比较免疫次数与联合免疫与否，则难于发现明显的区别。另外，当免疫攻毒后5～14日扑杀时，所复分离的细菌则逐次减少，至14日时几乎不能复分离到细菌。

（8）由表6－9可见，经ERSL或APL＋ERSL联合免疫的小鸭，采取鸭疫里氏杆菌攻毒后，无论是非免疫攻毒后1～3天发病鸭或免疫攻毒发病鸭，复分离细菌数量都是巨大的（＋＋＋～＋＋＋＋，不可数），而免疫攻毒非发病鸭迫杀所复分离的细菌数量均很少（3～18个菌落）。比较免疫次数与联合免疫与否各组，则难于发现明显的区别。另外，当免疫攻毒后5～14日扑杀时，所复分离的细菌则逐次减少，至14日时几乎不能复分离到细菌，上述情况与大肠杆菌攻毒结果十分相似。

综上所述，采用APL或APL＋ERSL对雏鸭进行免疫可以使雏鸭获得对相应的病原的有效抵抗力，为了进一步提高免疫效果，可以适当推迟首免日龄，如7日龄改为10～14日龄。另外，还可在有关疫苗的制备工艺上作进一步研究。

第四节　新城疫－禽流感重组二联活疫苗免疫白鸭

一、材料与方法

1. 疫苗标准抗原及阳性血清

新城疫－禽流感重组二联活疫苗（rL－H5株，批号为200602）、重组禽流感病毒灭活疫苗（H5N1亚型，Re－1株，批号为2006015）、禽流感H5亚型HI抗原（批号为20060212）、禽流感H5 HI血清（批号为040522）均为中国农业科学院哈尔滨兽医研究所生产。

2. 实验动物及分组方法

（1）实验雏鸡的分组与命名

62只1日龄健康雏鸡购自佛山市某禽场，集中饲养至15日龄后，随机分为10组（1、7、8、10组各5只，其余各组均为7只）。其中1组为健康对照组（简称“C组”）；2组为接种AIH5灭活疫苗（简称“灭活疫苗”）对照组（简称“V组”，接种时间分别为15和36日龄，接种剂量分别为0.4mL/只和0.8mL/只，下同）；3组为灭活疫苗与二联活疫苗同时使用组（简称“VMA组”，接种方法同2组，但在接种灭活疫苗的同时，依次经皮下接种二联活疫苗2头份和4头份）；4组为灭活疫苗与二联活疫苗同时使用组（简称“VEA组”，接种方法同3组，但在接种灭活疫苗的同时，经眼和鼻接种二联活疫苗 2 头份和 4 头份）；5 组为单独接种二联活疫苗组（简称“MA1 组”，在 15 和 36 日龄分别经肌肉接种二联活疫苗 2 头份和 4 头份）；6 组为单独接种二联活疫苗组（简称“EA1 组”，接种时间同 5 组，但接种方式为滴鼻 + 点眼）；7 组为单独接种二联疫苗组（简称“MA2 组”，在 15 和 22 日龄分别经肌肉接种二联活疫苗 2 头份和 4 头份）；8 组为单独接种二联活疫苗组（简称“EA2 组”，接种时间同 MA2 组，但接种方式为滴鼻 + 点眼）；9 组为单独接种二联疫苗组（简称“MA3 组”，在 15 和 29 日龄分别经肌肉接种二联活疫苗 2 头份和 4 头份）；10 组为单独接种二联疫苗组（简称“EA3 组”，接种时间同 MA3 组，但接种方式为滴鼻 + 点眼）。每组实验鸡在首免及首免后每隔 1 周经静脉采血，直至首免后第 8 周，分离血清，－20℃保存，备检。

（2）实验雏鸭的分组与命名

56 只 1 日龄健康雏鸭，购自佛山市某禽场，集中饲养至 14 日龄后，随机分为 8 组。其中 1 组为健康对照组（简称“C 组”）；2 组为接种灭活疫苗对照组（简称“V 组”，接种时间分别为 15 和 22 日龄，接种剂量分别为 0. 4mL/只和 0. 8mL/只，下同）；9 组为灭活疫苗与二联活疫苗同时使用组（简称“VMA 组”，接种方法同 2 组，但在接种灭活疫苗的同时，经皮下接种二联活疫苗 2 头份和 4 头份）；10 组为灭活疫苗与二联活疫苗同时使用组（简称“VEA 组”，接种方法同 3 组，但在接种灭活疫苗的同时，经眼和鼻接种二联活疫苗 2 头份和 4 头份）；11 组为单独接种二联组（简称“MA1 组”，在 15 和 22 日龄分别经皮下接种二联活疫苗 2 头份和 4 头份）；12 组为单独接种二联疫苗组（简称“EA1 组”，接种时间同 5 组，但接种方式为滴鼻 + 点眼）；13 组为单独接种二联疫苗组（简称“MA2 组”，在 15 和 29 日龄分别经皮下接种二联活疫苗 2 头份和 4 头份）；14 组为单独接种二联疫苗组（简称“EA2 组”，接种时间同 MA2 组，但接种方式为滴鼻 + 点眼）；每组实验鸭在首免及首免后每隔 1 周经静脉采血，直至首免后第 7 周，分离血清，－20℃保存，备用。

3. 其他试剂与器材

PBS（pH7. 2）、96 孔微量反应板、一次性注射器、多道微量移液器、无菌吸头、1% 鸭红细胞悬液均由佛山科学技术学院畜牧兽医研究所提供。

4. 微量血凝（HA）及血凝抑制（HI）试验

对各组实验鸡或鸭分离血清采用同一时间、同一批试剂以 HI 试验测定其抗体效价，并按 t 检验方法进行统计分析。HA 及 HI 试验方法按照《高致病性禽流感疫情处置技术规范（试行）》（2004），并参照本试验改良方法，采用与被检血清的同源家禽 1% 红细胞悬液作试验指示红细胞悬液。

二、结果与分析

1. 试验鸡血清中 H5 亚型禽流感及新城疫抗体效价的比较结果

用 HI 方法对不同时间间隔采集的各组试验鸡血清内 H5 亚型禽流感及新城疫抗体效价进行检测的结果见表 6－11、表 6－12 和图 6－6、图 6－7。

（1）试验鸡血清中 H5 亚型禽流感抗体效价的比较

对接种二联疫苗后各组试验鸡针对 H5 亚型禽流感抗体效价的比较结果见表 6－11

和图6-6。

表6-11　经HI试验测得各组鸡血清H5亚型禽流感抗体效价结果（log_2）*

组别	首免后的不同时间（周，wpi）							
	1	2	3	4	5	6	7	8
2（V）	0	3.1±1.9	5.9±2.0	6.6±1.1	7.9±1.2	6.7±1.4	6.7±1.8	4.6±1.9
阳性比例	0/7	7/7	7/7	7/7	7/7	7/7	7/7	7/7
3（VMA）	0	3.4±1.9	5.9±1.6	6.9±0.9	7.1±1.3	7.0±0.9	6.3±1.0	5.1±0.9
阳性比例	0/7	7/7	7/7	7/7	7/7	7/7	7/7	7/7
4（VEA）	0	3.1±1.9	5.9±2.1	6.2±1.3	7.8±0.8	8.0±1.3	6.2±1.3	4.5±1.3
阳性比例	0/7	7/7	7/7	7/7	7/7	7/7	7/7	7/7
5（MA1）	0.1±0.4	0.3±0.8	0.9±1.6	2.3±1.9	2.4±2.2	1.9±1.7	1.1±1.6	0.7±1.1
阳性比例	1/7	1/7	2/7	5/7	5/7	5/7	3/7	3/7
6（EA1）	0	0	0	0.3±0.8	0.7±1.1	0.4±0.8	0	0
阳性比例	0/7	0/7	0/7	1/7	3/7	2/7	0/7	0/7
7（MA2）	0	0.4±0.9	0.6±0.9	0.2±0.4	0.2±0.4	0	0	0
阳性比例	0/5	1/5	2/5	1/5	1/5	0/5	0/5	0/5
8（EA2）	0	0	0.2±0.4	0.4±0.9	0.4±0.9	0.4±0.9	0.2±0.4	0.2±0.4
阳性比例	0/5	0/5	1/5	1/5	1/5	1/5	1/5	1/5
9（MA3）	0.4±0.8	0.4±0.8	3.6±2.0	2.3±1.7	1.7±1.5	0.9±0.9	0.9±1.2	0.1±0.4
阳性比例	2/7	2/7	6/7	5/7	5/7	4/7	3/7	1/7
10（EA3）	0	0	0.2±0.4	0.2±0.4	0.2±0.4	0	0	0
阳性比例	0/5	0/5	1/5	1/5	1/5	0/5	0/5	0/5

*：首免前随机采集21份血清样品中有6份H5亚型抗体效价为log_2（6/21），其余均为0。

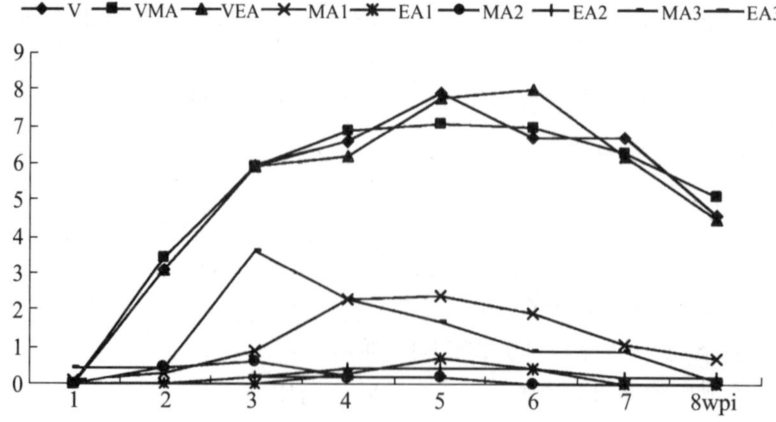

图6-6　经HI试验测得各组鸡血清H5亚型禽流感抗体效价的动态变化（log_2）

从表6－11和图6－6中接种二联活疫苗各组产生针对H5禽流感亚型抗体的结果可以看出，二联活疫苗可以刺激机体产生H5亚型禽流感特异性抗体；对单独接种二联活疫苗的各组结果比较，提示MA和MA3组产生的抗体水平比其他二联疫苗单独接种组略高，且除首免后3周外，其余时相的平均抗体滴度均在$3\log_2$以下，并不能达到国家对H5亚型禽流感免疫的要求；对V、VMA和VEA组的结果比较可看出，二联活疫苗同H5亚型禽流感灭活疫苗免疫联合免疫鸡，并未对机体针对H5亚型禽流感的免疫应答呈现明显的刺激作用。

（2）试验鸡血清中新城疫抗体效价的比较

对接种二联疫苗后各组试验鸡针对新城疫抗体效价的比较结果见表6－12和图6－7。

表6－12　经HI试验测得各组鸡血清新城疫抗体效价结果（$\log_2$）

组别	首免后的不同时间（周，wpi）							
	1	2	3	4	5	6	7	8
3（VMA）	0.7±1.1	0.3±0.8	0	0.7±1.1	0.4±1.1	0.1±0.4	0.1±0.4	0.1±0.4
阳性比例	3/7	1/7	0/7	3/7	1/7	1/7	1/7	1/7
4（VEA）	0.1±0.4	0.1±0.4	0.9±1.2	0.9±1.2	0.6±1.1	0.4±0.8	0.1±0.4	0.1±0.4
阳性比例	1/7	1/7	3/7	3/7	2/7	2/7	1/7	1/7
5（MA1）	0	0.3±0.8	0.3±0.8	1.7±1.4	1.0±0.8	2.1±1.8	1.3±1.4	0.6±1.0
阳性比例	0/7	1/7	1/7	5/7	5/7	5/7	4/7	2/7
6（EA1）	0	0.1±0.4	0.1±0.4	0	0	0	0	0
阳性比例	0/7	1/7	1/7	0/7	0/7	0/7	0/7	0/7
7（MA2）	0	2.2±1.8	1.0±1.2	0.4±0.9	0.4±0.9	0.4±0.9	0.2±0.4	0.2±0.4
阳性比例	0/5	4/5	3/5	1/5	1/5	1/5	1/5	1/5
8（EA2）	0	0.8±1.1	0.2±0.4	0.2±0.4	0	0	0	0
阳性比例	0/7	2/5	1/5	1/5	0/5	0/5	0/5	0/5
9（MA3）	0.1±0.4	0.1±0.4	2.9±1.5	1.6±1.5	0.7±0.8	0.4±0.5	0	0
阳性比例	1/7	1/7	6/7	4/7	4/7	3/7	0/7	0/7
10（EA3）	0.4±0.9	0	0	0	0	0	0	0
阳性比例	1/5	0/5	0/5	0/5	0/5	0/5	0/5	0/5

*：对首免前随机采取21份血清样品测定ND抗体效价，其中效价为$3\log_2$和$2\log_2$的各有2份（2/21），8份效价为？$\log_2$（8/21），9份效价为0（9/21）。

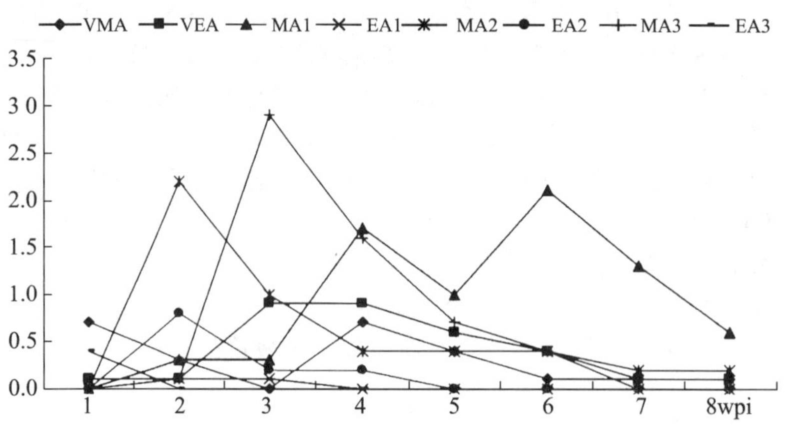

图 6－7 经 HI 试验测得各组鸡血清新城疫抗体效价的动态变化（log_2）

从表 6－12 和图 6－7 结果可以看出，二联活疫苗接种试验鸡后可以诱导机体产生对新城疫特异性抗体，但平均抗体效价均低于 3log_2，且波动较大；对单独接种二联活疫苗的各组结果比较可看出，无论在平均抗体效价水平上还是接种后血清阳转比例上，经肌肉注射后机体对新城疫的免疫应答效果明显优于经鼻和眼接种水平；比较同样采取肌肉注射途径接种二联活疫苗的 VMA 组同在同样时间间隔单独接种二联活疫苗的 MA2 组间结果比较显示，H5 亚型禽流感灭活疫苗与二联疫苗同时接种可抑制机体产生对新城疫的免疫应答，但具体机制尚待进一步研究阐明。

2. 试验鸭血清中 H5 亚型禽流感及新城疫抗体效价的检测情况

（1）试验鸭血清中 H5 亚型禽流感抗体效价的比较

对接种二联疫苗后各组试验鸭针对 H5 亚型禽流感抗体效价的比较结果见表 6－13 和图 6－8。

表 6－13 经 HI 试验测得各组鸭血清 H5 亚型禽流感抗体效价结果（log_2）*

组别	首免后的不同时间（周，wpi）					
	2	3	4	5	6	7
2（V）	5.0 ±0.8	5.8 ±2.1	5.8 ±1.5	4.8 ±1.7	4.8 ±1.3	4.3 ±0.8
阳性比例	7/7	7/7	7/7	7/7	7/7	7/7
9（VMA）**	6.2 ±1.6	6.4 ±1.5	5.8 ±2.0	5.8 ±1.9	4.6 ±1.5	3.4 ±1.7
阳性比例	7/7	7/7	7/7	7/7	7/7	7/7
10（VEA）	4.3 ±1.6	6.0 ±1.5	5.8 ±1.3	5.3 ±2.0	4.3 ±1.6	3.5 ±1.5
阳性比例	7/7	7/7	7/7	7/7	7/7	7/7
11（MA1）	0.3 ±0.8	0.4 ±0.8	0.4 ±0.8	0.6 ±1.0	0.3 ±0.8	0.1 ±0.4
阳性比例	1/7	2/7	2/7	2/7	1/7	1/7

续上表

组别	首免后的不同时间（周，wpi）					
	2	3	4	5	6	7
12（EA1）	0	0	0.4 ±0.8	0.3 ±0.8	0.3 ±0.8	0.1 ±0.4
阳性比例	0/7	0/7	2/7	1/7	1/7	1/7
13（MA2）	0.1 ±0.4	3.6 ±2.4	2.1 ±1.6	1.6 ±1.5	1.0 ±1.5	0.6 ±0.8
阳性比例	1/7	6/7	6/7	5/7	3/7	3/7
14（EA2）	0	0	0	1.0 ±1.3	0.9 ±1.6	0.1 ±0.4
阳性比例	0/7	0/7	0/7	1/7	2/7	0/7

*：对首免前随机采取的21份血清样品及首免后1周的血清样品检测H5亚型抗体效价均为0；**：3～8组为接种灭活苗时使用不同免疫调节剂组，未与本试验做比较。

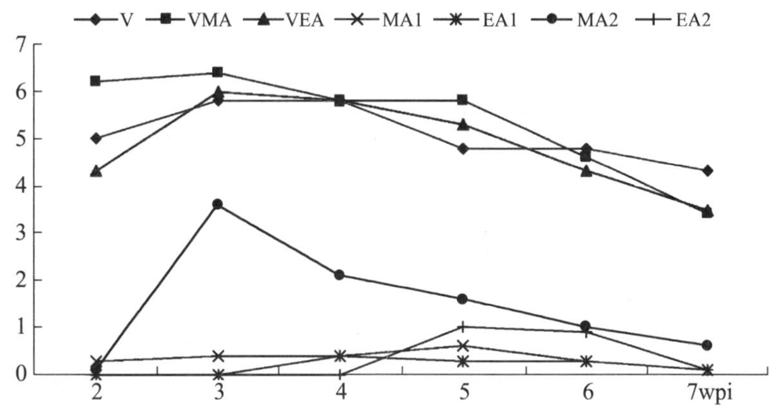

图6－8　经HI试验测得各组鸭血清H5亚型禽流感抗体效价的动态变化（log_2）

从表6－13和图6－8结果中接种二联活疫苗各组产生针对H5亚型禽流感抗体的情况可看出，二联活疫苗可以诱导机体产生针对H5亚型禽流感的特异性的免疫应答；对单独接种二联活疫苗的各组间抗体产生情况进行比较结果提示，经肌肉接种方法的免疫效果优于经鼻和眼接种组，但除首免后第3周外，其余时间抗体水平均低于$3log_2$，并未达到国家对H5亚型禽流感的免疫要求；对V、VMA和VEA组的结果进行比较可以看出，二联活疫苗与H5亚型禽流感灭活疫苗联合应用可在一定程度上促进机体对H5亚型禽流感的免疫应答水平，尤以肌肉接种二联疫苗的促进作用更为明显。

（2）试验鸭血清中新城疫抗体效价的比较

对接种二联疫苗后各组试验鸭针对新城疫抗体效价的比较结果见表6－14和图6－9。

表 6－14 经 HI 试验测得各组鸭血清新城疫抗体效价结果（log_2）*

组别	首免后的不同时间（周，wpi）					
	2	3	4	5	6	7
9（VMA）	0	0	0.1±0.4	0.1±0.4	0.3±0.5	0
阳性比例	0/7	0/7	1/7	1/7	2/7	0/7
10（VEA）	0	0	0	0	0.1±0.4	0
阳性比例	0/7	0/7	0/7	0/7	1/7	0/7
11（MA1）	0	1.1±1.7	0.6±1.0	0.6±1.0	0.4±0.8	0.1±0.4
阳性比例	0/7	3/7	2/7	2/7	2/7	1/7
12（EA1）	0	0	0	0	0.3±0.5	0
阳性比例	0/7	0/7	0/7	0/7	2/7	0/7
13（MA2）	0	5.4±1.0	2.9±1.1	2.3±1.0	2.0±0.8	0.9±0.7
阳性比例	0/7	7/7	7/7	7/7	7/7	5/7
14（EA2）	0	0	0	0.3±0.8	0.4±0.5	0
阳性比例	0/7	0/7	0/7	1/7	3/7	0/7

*：对首免前随机采取的 21 份血清样品及首免后 1 周的血清样品检测 ND 抗体效价均为 0。

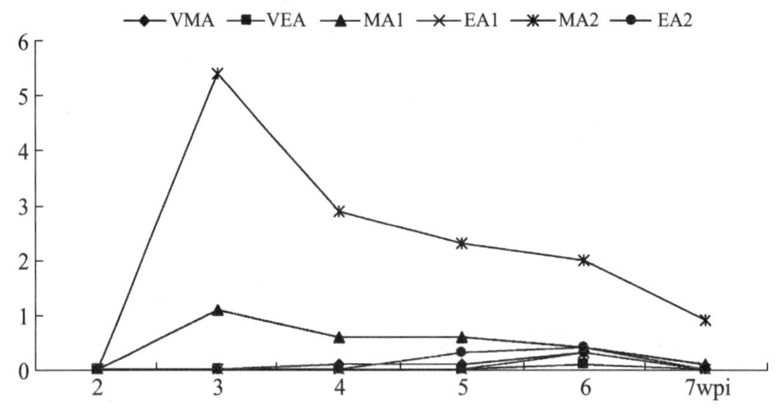

图 6－9 经 HI 试验测得各组鸭血清新城疫抗体效价的动态变化 log_2）

*：健康对照组（C 组）在整个试验过程中抗体检测均为阴性；其他各组在首免及首免后 1 周抗体检测均为阴性。

从表 6－14 和图 6－9 结果可以看出，二联活疫苗接种试验鸭后可以诱导机体产生对新城疫特异性抗体，但波动较大；对单独接种二联活疫苗的各组结果比较可看出，无论在平均抗体效价水平上还是接种后血清阳转比例上，经肌肉注射后机体对新城疫的免疫应答效果明显优于经鼻和眼接种水平；从 MA1 和 MA2 组的结果可以看出，MA2 组产生的针对新城疫的抗体效价均值明显高于 MA1 组，造成该结果是否由于试验过程中有新城疫病毒野毒感染所造成尚待进一步研究证实。

三、讨论

（1）由于弱毒疫苗是经接种细胞或鸡胚收集尿囊液冻干后制备，具有增殖能力，成本低，可以通过饮水、气雾或喷雾等多种方法进行接种，接触黏膜后可以刺激机体产生局部免疫（黏膜表面）和全身免疫，以及接种后产生应答的潜伏期短等优点。但活疫苗使用中也存在易受母源抗体干扰，有一定的疫苗接种反应及免疫后群体抗体水平不均一和稳定性差等缺点。与活疫苗相比灭活疫苗具有可制备多联苗，比较稳定，保存简单及诱导产生的抗体水平均一等优点。但其存在接种后产生应答的潜伏期相对较长，成本偏高等不足（Y. M. Saif，苏敬良译，2012；杨汉春，2003；邱艳红，2006）。在本研究中，无论是试验鸡或鸭单独接种 H5 亚型禽流感灭活疫苗组均较单独接种二联活疫苗产生较高水平且均一的抗体，也进一步验证了灭活疫苗和活疫苗的各自特性。

（2）根据本次试验的结果，建议二联活疫苗可以与 H5 亚型禽流感灭活疫苗联合使用，以增强机体对禽流感的免疫应答强度；但二联活疫苗单独接种并不能代替Ⅳ系新城疫活疫苗，因此在使用二联活疫苗做新城疫的基础免疫时最好同时结合灭活疫苗接种，以保证确切的免疫效果。本研究结果中接种二联活疫苗后鸡体抗 ND 抗体水平略低于邱艳红等人采用 rL－H5 株二联活疫苗免疫不同日龄鸡的研究结果，但在二联活疫苗诱导机体产生针对 H5 亚型 AI 抗体水平上的结果基本一致（邱艳红，2006）。

（3）试验中雏鸡或雏鸭单独接种二联活疫苗后，机体产生的针对 AI 抗体水平均处在较低水平，甚至部分家禽检测不到抗体，国内学者在以鸡痘病毒为载体表达 AIV H5 亚型 HA 基因的重组疫苗接种 SPF 试验结果也有类似情形，但仍然可使机体产生对强毒攻击的抵抗力（王振国，2006；贾立军，2006）。限于实验室条件，未能开展强毒攻击保护试验，但推测造成这一情况的原因可能与载体的性质、试验禽只免疫器官的发育状况及机体特异性细胞免疫功能的诱导等因素有关，其具体原因尚有待进一步研究证实。

第七章
禽流感油乳剂灭活疫苗效价的快速检测方法

禽流感于世界范围内流行，在给养禽业以严重打击的同时，对公共卫生事业也构成重大威胁。防控禽流感的综合措施包括免疫、消毒、检疫、扑杀等，其中免疫接种是最经济、有效的方法，尤其适合我国国情。目前，国内绝大多数禽场使用的是禽流感油乳剂灭活疫苗，其质量的优劣，将直接关系禽群的免疫效果，从而影响我国禽流感综合防控的水平。油乳剂灭活疫苗质量的控制，传统上只限于生产厂家在生产环节中的把握，进入使用渠道后，仅可作实验室条件下的小群家禽免疫监测，不便在禽流感油乳剂灭活苗使用前确定其质量，造成劣质疫苗进入流通后，不能被有效识别，引起免疫失败，达不到预期防控效果。禽流感油乳剂灭活疫苗的成品效价快速检测，一直为人们所关注。2007 年司兴奎等研究报道了一种禽流感油乳剂灭活疫苗质量快速检测方法。本章对该技术的研究过程与结果给予扼要陈述讨论，以便读者更好地了解相关技术的原理与结果，以资应用和改进。

第一节　研究的材料与方法

一、主要材料

1. *种毒*

H9N2，由相关实验室提供，试验前以 9 日龄鸡胚增殖复壮，作无菌检测，取无菌胚液测定 HA 效价，冻结保存备用。

2. *主要试剂*

硬脂酸铝、吐温 -80、司本 -80、白油等油乳疫苗助剂材料，三氯甲烷，95% 乙醇等脱脂材料，由浙江省温州市化学用料厂等生产。

3. *主要仪器*

高速捣碎机及其他仪器，由佛山科技学院畜牧兽医研究所提供。

4. *待检疫苗的准备*

经 HA 效价检测的 AIV H9N2 无菌胚液（简称“H9 胚液”）平分为 A、B 2 份，A 样品按 0.3% 的比例加入甲醛溶液，于 37℃ 恒温箱中灭活处理 24h，B 样品不做灭活处理。

将A及B样品作HA试验，调整HA效价为1∶640。再将A样品分为a1、a2两样品，B样品分为b1、b2两样品。各样品以PBS作倍比稀释，依次得稀释效价为1∶640、1∶320、1∶160的a1、b1、a2、b2系列稀释样品。

将a1、b1各系列稀释样品按常规加入2倍油佐剂制备成油佐剂疫苗；将a2、b2各系列稀释样品按油佐剂比例加入2倍PBS，充分摇匀，使所含疫苗抗原量与相应的油苗相当，所有样品处理后，a1、b1各疫苗样品放入4℃保存，a2、b2各样品于－20℃冻结保存，待检。每份样品平行做3份，使试验重复2次。

二、主要方法

1. 油佐剂疫苗的破乳方法探讨

（1）低温冻融破乳：将油乳剂灭活疫苗和油乳活疫苗适量，置－20℃冰冻处理5h以上，待样品冻结后，取出于室温中融解，并观察水相析出情况。

（2）研磨破乳：将油乳剂灭活疫苗和油乳活疫苗适量，分别加入乳钵中，以陶杵连续研磨20min，置室温中，静置，观察水相析出情况。

（3）稀释高速捣碎破乳：在捣碎机杯中加入PBS 9份，启动捣碎机，逐滴加入油乳剂灭活疫苗或油乳活疫苗1份，10 000rpm捣碎处理3次，1min/次，置室温静置，观察水相析出情况。

（4）95%乙醇破乳：将95%乙醇等量加入油乳剂灭活疫苗或油乳活疫苗中，在振荡器连续震荡3次，5min/次，室温静置，观察水相析出情况。

（5）三氯甲烷破乳：取a1、b1疫苗样品各5mL，分别加入等量分析纯三氯甲烷，振荡，分别振荡2、4、6、8、10、12、14、16或18min后，以8000rpm离心5min，观察水相析出情况，抽取上清水相置4℃保存，待检。

非乳化样品同样经上述5种方法处理。

2. 对破乳的油乳疫苗作抗原有效成分的测定

油乳疫苗样品经破乳后析出的水相，以微量法检测其AIV H9的HA效价，同法检测设置的非乳化样品对照，了解破乳处理对油乳佐剂疫苗抗原实际含量的影响及HA试验对疫苗抗原含量检测的客观表达能力与关系。

第二节　研究的结果

一、待检疫苗准备情况

待检疫苗样品准备的种类、名称、稀释效价、最终效价如表7－1所示。

表 7－1 待检疫苗样品准备的种类、名称、稀释效价于最终效价

疫苗种类	疫苗样品名称		稀释效价	最终效价
AIV H9 乳化苗	灭活苗	$a1^{-640}$	1:640	1:213.3
		$a1^{-320}$	1:320	1:106.7
		$a1^{-160}$	1:160	1:53.3
	活苗	$b1^{-640}$	1:640	1:213.3
		$b1^{-320}$	1:320	1:106.7
		$b1^{-160}$	1:160	1:53.3
AIV H9 非乳苗	灭活苗	$a2^{-640}$	1:640	1:213.3
		$a2^{-320}$	1:320	1:106.7
		$a2^{-160}$	1:160	1:53.3
	活苗	$b2^{-640}$	1:640	1:213.3
		$b2^{-320}$	1:320	1:106.7
		$b2^{-160}$	1:160	1:53.3

二、油乳剂灭活疫苗的破乳方法筛选结果

（1）低温冻融破乳结果：油乳剂灭活疫苗或油乳活疫苗经－20℃超过 5h（96h）时间冷冻处理，无法完全冻结，取出室温解冻后，静置未见有水相。

（2）研磨破乳结果：将油乳剂灭活疫苗或油乳活疫苗于陶质乳钵研磨 20min，室温静置 24h，未见水相析出。

（3）稀释高速捣碎破乳结果：在捣碎机杯中加入 PBS 9 份，启动捣碎机，逐滴加入油乳剂灭活疫苗或油乳活疫苗 1 份，10 000rpm 捣碎处理 3 次，1min/次，置室温静置，未见水相析出。

（4）95% 乙醇破乳结果：将 95% 乙醇等量加入油乳剂灭活疫苗或油乳活疫苗中，在振荡器连续震荡 3 次，5min/次，室温静置，未见水相析出。

（5）三氯甲烷破乳结果：取 a1、b1 各稀释度油乳化样品各 5mL，分别加入等量分析纯三氯甲烷，于振荡器处理，处理时间分为 2、4、6、8、10、12、14、16 或 18min，震荡完毕，即在 8000rpm 离心 5min，各时间处理样品均有水相析出。

非乳化样品经上述 5 种方法同步处理，都可见水相析出。

上述结果表明，在所使用的几种破乳方法中，只有等量三氯甲烷震荡处理与离心，可以使乳化疫苗油水相相分离。按照此条件，对表 7－1 中 12 个样品分别以 2、4、6、8、10、12、14、16 或 18min 三氯甲烷等量震荡处理 8000rpm 离心，共制备出水相样品 108 个，4℃放置，随即进行 AI H9 HA 试验测定其有效 HA 效价，试验重复 2 次。各种疫苗样品经 HA 检测效价结果见表 7－2。

从表 7－2 可见，在等量三氯甲烷室温处理 6min 以内，各样品对应的 HA 效价基本

是较氯仿处理前降低约 1 ～ 2 个滴度，可以有规律地反映先前制备所用疫苗时水相中抗原的含量；但随着氯仿处理时间的进一步延长，这种规律消失，且波动较大。

表 7－2　经氯仿处理各种疫苗样品经 HA 检测效价结果

三氯甲烷处理时间（min）	样品经氯仿处理后的 HA 效价 log_2											
	$a1^{-640}$	$a2^{-640}$	$b1^{-640}$	$b2^{-640}$	$a1^{-320}$	$a2^{-320}$	$b1^{-320}$	$b2^{-320}$	$a1^{-160}$	$a2^{-160}$	$b1^{-160}$	$b2^{-160}$
2	5.4	5.7	5.0	4.3	4.2	4.5	4.3	4.8	3.8	3.5	3.2	3.5
4	5.7	6.1	5.7	5.9	4.9	5.3	4.9	5.5	3.3	3.1	2.8	3.0
6	5.5	5.8	5.7	5.8	4.8	5.5	4.7	5.5	2.6	2.2	2.7	2.6
8	4.8	4.2	4.2	4.3	3.2	2.9	3.5	3.0	2.0	1.7	2.2	1.6
10	4.1	4.5	3.8	3.1	3.1	2.7	3.3	2.7	3.5	1.2	1.6	1.2
12	4.1	3.1	1.8	3.0	3.1	2.3	3.1	2.8	1.1	0.8	1.2	0.6
14	3.9	4.2	2.7	1.9	3.0	1.4	3.0	2.1	1.0	0.5	1.0	0.5
16	3.7	2.8	2.5	1.4	2.7	1.9	2.5	1.5	1.0	0	1.0	0
18	3.2	2.0	3.0	2.1	3.0	2.1	2.8	2.0	1.4	0	1.0	0.2

注：X^{-640} 系列样品经氯仿处理前的效价为 1∶213.3≈7.7log_2，X^{-320} 系列经氯仿处理前的效价为 1∶106.7≈6.7log_2，X^{-160} 系列经氯仿处理前的效价为 1∶53.3≈5.7log_2。

第三节　分析与讨论

（1）关于破乳的方法。从本次试验结果来看，在所采用的低温冻融法、研磨法、稀释高速捣碎法、乙醇处理法及三氯甲烷法中，只有三氯甲烷处理法能有效破乳，但应该严格掌握作用的时间。

（2）关于破乳的最适时间。三氯甲烷处理法破乳的时间最好控制在 6min 以内，此时测定的 HA 价与疫苗原抗原效价约相差 2 个滴度，若超过 6min，这种规律将不明显，效价差波动较大，很难通过测定的 HA 价反映原抗原中 HA 价的真实情况。

（3）快检方法的可行性。油乳剂灭活苗可以提供坚强的保护力，相对于活苗来讲，它诱导的抗体会更高且各个体间更均衡。因为一般都是采用颈部皮下注射，对机体的副作用也表现较少，所以油乳剂灭活苗广泛用于禽流感的防治，但油乳剂灭活苗的质量检测如果只限于临床免疫质检，即对试验家禽进行疫苗接种，于免疫接种后不同时期采血，进行 HI 效价检测。这种检测方法耗时长，至少需 3 ～ 4 周，且步骤繁琐，已经失却时效性。本试验建立的快速检测方法，对油乳苗进行三氯甲烷短时间内（6min 内）破乳处理，然后进行 HA 效价检测，尽管由于脱乳抽提水相过程抗原有所损耗，但该损耗数值关系稳定，能很好地反映油乳苗中原有的抗原成分的效价，且耗时少、简单，一般在有常规条件的地方疫苗供应站或具一定规模的养殖场都完全有可能实施本法，可资推广。

（4）从上述研究和解决问题的思路出发，近期有提出采用肉豆蔻酸异丙酯作为禽流感油乳剂疫苗脱乳剂的做法。肉豆蔻酸异丙酯更安全环保，对疫苗抗原蛋白无明显损害等，有更多优点，可以积极尝试。

第四节　H5N1 亚型不同抗原效价油乳剂疫苗与免疫 HI 抗体的相关性

一、材料与方法

1. *材料*

（1）疫苗

H5 亚型禽流感油乳剂灭活疫苗为国家指定禽流感 H5 亚型灭活疫苗，生产某厂家的不同批次 AIH5 油乳灭活苗共 20 瓶，由本地兽医防疫检疫部门提供，4 ～ 8℃冰箱保存备检。

（2）AIH5 标准抗原与血清

禽流感 H5 亚型 HI 标准抗原及阳性血清，购自中国农业科学院哈尔滨兽医研究所。

（3）其他试剂与仪器

三氯甲烷、95% 乙醇等化学药品由佛山科学技术学院兽医研究所提供；PBS 生理盐水，1% 鸭红细胞悬浮液，按常规配备。高速离心机、漩涡振荡器、移液器、96 孔反应板、注射器等，由佛山科学技术学院兽医研究所提供。

（4）实验动物

1 日龄健康仙湖雏鸭共 50 只，购自佛山科学技术学院科研禽场，混养至 14 日龄，分组免疫接种试验。

2. *方法*

（1）AIH5N1 油乳灭活苗的破乳处理

从 20 瓶待测疫苗中各取 5mL，分别与等量破乳剂混合，于振荡器振荡 2min，8000r/min 离心 5min，抽取上清水相待作疫苗 HA 效价检测。

（2）不同 HA 效价疫苗免疫鸭分组与 HI 抗体检测

从 20 瓶中抽取经检测抗原 HA 效价分别为 $0\log_2$、$2\log_2$、$3\log_2$、$4\log_2$ 的疫苗各 1 瓶，置 4 ～ 8℃冰箱保存备用。将 14 日龄小鸭 50 只均分为 5 组，依次命名为：1、2、3、4、5 组。依次以 $0\log_2$、$2\log_2$、$3\log_2$、$4\log_2$ 疫苗作免疫接种，2 周龄首免 0.2mL/只，3 周龄二免 0.4mL/只，4 周龄三免 0.6mL/只。于 1、2、3、4、5、6 周龄对各组小鸭采血，0.5 ～ 1.5mL/只，分离血清，冻结备作 AIH5HI 抗体检测（其中，1、2 周龄是从混养小鸭中随机抽取 10 只做采血，血清样品代表各组小鸭样品）。

二、结果

1. AIH5N1 油乳灭活苗抗原 HA 效价的检测结果

20 瓶待检禽流感油乳灭活苗 HA 效价检测结果见表 7－3。

表 7－3　20 瓶待检禽流感油乳灭活苗 HA 效价检测结果（单位：log_2

疫苗序号	1	2	3	4	5	6	7	8	9	10	11	12	13	14	15	16	17	18	19	20
HA 效价 log_2	4	0	2	4	3	3	4	0	2	4	3	0	3	3	3	4	4	4	2	2

从表 7－3 结果可见，采用破乳剂提取 20 瓶禽流感油乳剂灭活疫苗上清做 HA 效价检测，其中 HA 效价最高为 $4log_2$，最低为 $0log_2$。

2. 不同 HA 效价 AIH5 油乳剂灭活疫苗免疫接种小鸭 HI 抗体检测结果

不同效价 AIH5 油乳灭活苗诱导小鸭 HI 抗体检测结果见表 7－4，抗体变化情况见图 7－1。

表 7－4　不同效价 AIH5 油乳灭活苗诱导小鸭 HI 抗体检测结果（单位：log_2）

组序	疫苗效价	免疫小鸭各周龄 AIH5HI 效价均值					
		1 周龄	2 周龄	3 周龄	4 周龄	5 周龄	6 周龄
1	$0log_2$	3.36*	4.1*	1.18	1.82	3.36	3.73
2	$2log_2$	3.36*	4.1*	1.36	3.45	3.73	4.82
3	$3log_2$	3.36*	4.1*	1.36	3.73	4.82	6.45
4	$4log_2$	3.36*	4.1*	0.55	3.82	5.18	6.7
5	非免疫组	3.36*	4.1*	1	0	0.1	0

注：* 为母源抗体，小鸭 2 周龄免疫前为混养，第 1 周、第 2 周龄各随机抽取 10 只小鸭采血作 H5HI 抗体检测，所得结果作为各组抗体检测结果。

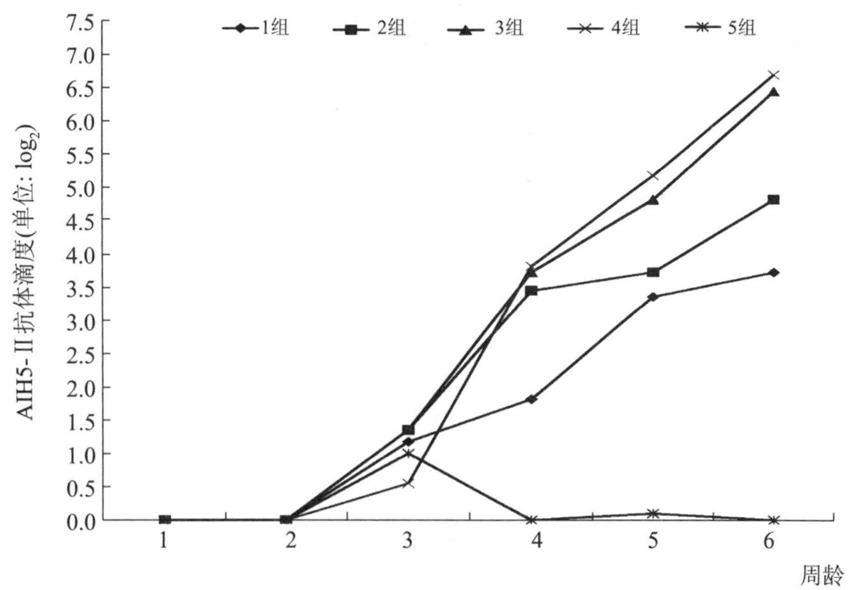

图 7－1　不同效价 AIH5 油乳灭活苗诱导小鸭各周 HI 抗体变化情况

由表 7 -4 和图 7 -1 可见，5 组（非免疫组）母源抗体依次为 3.36$\log_2$ 和 4.1$\log_2$，第 3 周龄以后降至 1$\log_2$ 以下，而 1、2、3、4 免疫组随着周龄的增加，各组抗体滴度均逐步增加，说明无论是 0$\log_2$ 效价疫苗或 4$\log_2$ 滴度疫苗均可诱导小鸭产生一定水平的 AIH5 HI 抗体。但应当特别注意的是，比较 0 ～ 4$\log_2$ 效价各组疫苗免疫小鸭抗体水平可见，每周各组小鸭抗体高低顺序均与接种疫苗效价高低顺序基本成正相关关系，且免疫后周数越大，各组抗体差值越显著。

三、小结与讨论

（1）关于疫苗不同抗原效价与免疫鸭 HI 抗体效价的相关性。从不同效价 AIH5 油乳灭活苗诱导小鸭 HI 抗体检测结果可见，5 组（非免疫组）母源抗体依次为 3.36$\log_2$ 和 4.1$\log_2$，第 3 周龄以后降至 1$\log_2$ 以下，而 1 ～ 4 组免疫组随着周龄的增加，各组抗体滴度均逐步增加，说明无论是 0$\log_2$ 效价疫苗或 4$\log_2$ 滴度疫苗均可诱导小鸭产生一定水平的 AIH5 HI 抗体。但应当特别注意的是，比较 0 ～ 4$\log_2$ 效价各组疫苗免疫小鸭抗体水平可见，每周各组小鸭抗体高低顺序均与接种疫苗效价高低顺序基本成正相关关系，且免疫后周数越大，各组抗体差值越显著。提示，通过“三氯甲烷破乳法”检测的效价不同的 AIH5 油乳灭活苗免疫小鸭，所诱导的 AIH5 HI 抗体水平具有明显的差异，其抗体水平高低与免疫用疫苗效价高低情况成正相关关系。但试验中 0$\log_2$ 疫苗免疫小鸭仍然能够诱导小鸭产生明显应答，其原因可能是 AIH5 油苗在破乳抽提过程中会一定程度损害疫苗中的病毒血凝素，导致原本病毒抗原含量较低的油乳苗在破乳检测时，表现效价为 0$\log_2$ 的现象。

（2）本次供试的 AI 油乳剂灭活疫苗是国家指定禽流感 H5 亚型灭活疫苗生产的某厂家的产品，通过检测，居然有效价参差不齐且部分效价较低的情况，提示禽流感疫苗在生产、运输、保存过程由于把关不严而造成质量下降的情况是客观存在的，进一步表明加快 AI 油乳剂灭活疫苗效价快速检测技术研究及推广是十分迫切的。对于该技术过程的一些关键因素，可以再作进一步筛选。

第八章

水禽禽流感免疫监测方法改良试验与结果

HI 试验因其敏感性高、特异性强且不需要特殊的检测设备，被广泛应用于新城疫、禽流感和减蛋综合征等病原具有血凝性的家禽疫病血清学诊断与免疫监测中。2003 年以来在东南亚大面积出现禽流感疫情后，我国于 2004 年颁发了《高致病性禽流感疫情处置技术规范（试行）》。规范中要求采用鸡红细胞作为血凝与血凝抑制反应的指示细胞，这对于禽流感 H5N1 亚型免疫鸡血清中相应抗体水平的监测十分有效，但在对鸭、鹅及其他免疫禽类抗体水平监测中发现，常在应出现血凝抑制的血清低倍稀释孔内出现“天然血凝现象”，即水禽血清中存在凝集鸡红细胞的“天然凝集素”，对试验结果的判定影响较大。本章通过陈述研究过程与结果的方式，阐明鸡红细胞与水禽血清之间天然血凝现象存在的情况、程度（或者阐明水禽血清中存在鸡红细胞天然凝集素的情况、程度）及在水禽 H5N1 亚型禽流感免疫监测试验中排除天然凝集现象的方法，从而建立水禽 H5N1 亚型禽流感免疫监测改良法。

第一节　研究的材料与方法

（1）水禽源禽流感免疫血清。经禽流感 H5N1 亚型灭活疫苗免疫后的白鸭高免血清共 39 份，经禽流感 H5N1 亚型灭活疫苗免疫的鹅血清 47 份，均为应用市售 H5N1 亚型禽流感油乳剂灭活疫苗分别免疫接种白鸭、鹅所制备。

（2）1% 及 20% 鸡红细胞悬液（以下简称 1% cr、20% cr）、1% 及 20% 白鸭红细胞悬液（以下简称 1% dr、20% dr）、1% 及 20% 鹅红细胞悬液（以下简称 1% er、20% er），分别采集成年公鸡、白鸭、鹅全血抗凝，按常规以 PBS 生理盐水洗涤离心制备。

（3）禽流感 H5N1 亚型标准抗原，标准阳性血清，购自哈尔滨兽医研究所。

（4）微量血凝（HA）及血凝抑制试验（HI），主要程序参照《高致病性禽流感疫情处置技术规范（试行）》（2004）操作，具体方法如下。

①血凝（HA）试验（微量法）：在微量反应板的 1 ～ 12 孔加入 0.025mL PBS 生理盐水；吸取 0.025mL 禽流感 H5N1 亚型标准抗原加入第 1 孔，混匀后，吸取 0.025mL 加入第 2 孔，混匀后吸取 0.025mL 加入第 3 孔，如此对倍稀释至第 11 孔，从第 11 孔吸取 0.025mL 弃之；每孔再加入 0.025mL PBS 生理盐水；每孔均加入 0.025mL 1%（V/V）白鸭（或鸡、鹅）红细胞悬液，振荡混匀，室温静置 10 ～ 20min 后观察结果。当

红细胞对照孔在静止状态下呈明显的圆点状沉到孔底时，将反应板倾斜，对照孔红细胞应呈现泪滴状流淌，完全凝集抗原孔应不流淌，红细胞完全凝集的抗原最高稀释倍数代表一个血凝单位（HAU）。

表 8－1　血凝（HA）试验（微量法）操作术式

孔号		1	2	3	4	5	6	7	8	9	10	11	12
抗原稀释倍数		2	4	8	16	32	64	128	256	512	1024	2048	对照
PBS		25	25	25	25	25	25	25	25	25	25	25	25
4UI抗原		25	25	25	25	25	25	25	25	25	25	25	弃25
PBS		25	25	25	25	25	25	25	25	25	25	25	25
1%红细胞		25	25	25	25	25	25	25	25	25	25	25	25
感作温度及时间		20～30℃　10～15min											
结果举例	图像												
	记录	#	#	#	#	#	#	#	#	+++	+	—	—

②HAU 的病毒抗原配制方法：以完全血凝的病毒最高稀释倍数作为终点，终点稀释倍数除以 4 即为含 4HAU 抗原的稀释倍数，如表 8－1 中样品图像则该抗原样品的 HA 效价为 1∶256（8$\log_2$），配置 4HAU 时用该抗原液作 64 倍稀释（1mL 抗原加入 63mL PBS）。对配制的 4HAU 抗原进行 2 倍系列稀释滴定，根据滴定结果调整 4HAU。

③血凝抑制（HI）试验（微量法）：在微量反应板的 1 ～ 11 孔加入 0.025mL PBS 生理盐水，第 12 孔加入 0.05mL PBS；吸取 0.025mL 血清加入第 1 孔内，充分混匀后吸 0.025mL 于第 2 孔，依次对倍稀释血清至第 10 孔，从第 10 孔吸取 0.025mL 弃去；1 ～ 11 孔均加入配制好的 4HAU 抗原液 0.025mL，室温静置 10 ～ 25min；每孔加入 0.025mL 1%（V/V）的白鸭（或鹅、鸡）红细胞悬液，静置 10 ～ 25min 后观察结果。当对照孔红细胞呈圆点状沉于孔底，阴性对照血清滴度不大于 21og2，阳性对照孔血清误差不超过 1 个滴度，试验结果方有效。以完全抑制 4 个 HAU 抗原的血清最高稀释倍数作为 HI 滴度。

（5）白鸭、鹅血清天然血凝素吸附消除方法。

自 39 份白鸭血清分别吸取 1mL，各加入 20% cr 或 20% dr 1.25mL，室温感作 40min 后，3000 r/min，10min，吸取上清备用；47 份鹅血清采用 20% cr 或 20% er 液进行吸附，方法同白鸭血清的吸附处理方法。

（6）血清效价测定分组方法。

将未经任何处理的白鸭血清分别以 1% cr、1% dr 直接测定其 AIH5 HI 效价，并依次标记为 DC、DD 组；将经 20% cr 吸附处理后的白鸭血清，再分别以 1% cr 或 1% dr 测定其 AIH5 HI 效价，依次标记为 DCC、DCD 组；将经 20% dr 吸附处理后的白鸭血清，再分别以 1% cr 或 1% dr 测定效价，依次标记为 DDC、DDD 组。在记录血清效价的同时，标记相应白鸭血清样品出现非特异性凝集现象的孔数。试验结果重复2次，取均值进行分析。对于相应处理的鹅血清分别命名为EC、EE、ECC、ECE、EEC和EEE组。

表8－2　血凝抑制（HI）试验（微量法）操作术式

孔号		1	2	3	4	5	6	7	8	9	10	11	12
稀释度		2	4	8	16	32	64	128	256	512	1024	—	+
生理盐水		25	25	25	25	25	25	25	25	25	25	25	50
待检血清		25	25	25	25	25	25	25	25	25	25	弃25	
4单位抗原		25	25	25	25	25	25	25	25	25	25	25	
1%鸡红细胞悬液		25	25	25	25	25	25	25	25	25	25	25	25
感作		15～20min后，每5min观察一次，直到60min											
结果举例	孔底图像												
	记录			—	—	—	—	—	+	++	+++	#	—

（7）鹅及白鸭血清对1%鸡或白 鸭红细胞的凝集作用。

将36份白鸭血清作为抗原与1% cr或1% dr直接混合，检测该血清对两种红细胞的凝集作用。按照同样方法测定47份鹅血清对1% cr或1% dr或1% er的凝集作用。

第二节　结果与分析

一、白鸭、鹅AIH5亚型禽流感免疫血清不同处理样品的HI效价测定结果

同一4HAU AIH5N1亚型抗原，分别用1% cr或1% dr对未经吸附处理的39份白鸭AIH5亚型免疫血清及经过20% cr或20% dr吸附处理后的相应血清样品，测定其HI效价，结果见表8－3。同样按上述方法，测定未经吸附处理的47份鹅AIH5亚型免疫血清，及经20% cr或20% er吸附处理的相应血清样品的HI效价，结果见表8－4。

表8－3　相同抗原对白鸭AIH5亚型免疫血清不同处理样品的HI效价测定结果（单位：$\log_2$）

样品	血清处理方法分组					
	DD组	DC组＊	DDC组＊	DDD组	DCC组	DCD组
1	8.0	7.0　1	6.5　0	7.0	7.0	8.0
2	7.0	6.0　2	5.5　0	6.0	6.0	7.0
3	6.5	5.5　2	4.5　0	5.5	5.5	6.5
4	3.0	1.0　1	0　0	2.0	2.5	3.0

续上表

样品	血清处理方法分组							
	DD 组	DC 组 *		DDC 组 *		DDD 组	DCC 组	DCD 组
5	7.0	6.0	3	5.5	2	6.5	6.0	7.0
6	8.0	8.0	2	7.5	0	7.5	8.0	9.0
7	4.0	4.0	0	4.0	0	5.0	4.0	5.0
8	7.0	7.0	1	7.0	0	7.0	7.0	7.5
9	7.0	6.0	1	5.5	0	6.0	6.0	7.5
10	4.0	3.0	2	2.0	0	2.0	2.5	4.5
11	7.0	6.0	1	6.0	0	6.0	5.5	8.0
12	5.0	5.0	1	4.0	0	4.5	4.5	6.5
13	8.0	7.0	0	6.0	0	6.0	6.5	8.5
14	6.0	5.0	2	4.5	2	5.0	4.5	6.5
15	7.0	6.5	3	6.0	2	6.0	6.5	7.5
16	7.0	6.0	1	6.0	0	7.0	6.0	6.0
17	8.0	8.0	2	8.0	2	8.0	8.0	8.0
18	6.0	5.0	0	5.0	0	6.0	5.0	5.0
19	5.0	4.0	2	4.0	0	5.0	3.0	4.0
20	7.0	6.0	1	6.0	2	7.0	6.0	6.0
21	6.0	4.5	2	4.0	2	5.0	5.0	5.0
22	7.0	6.0	3	5.0	3	6.0	6.0	6.0
23	8.0	7.0	2	6.0	3	8.0	7.0	7.0
24	7.0	6.0	0	7.0	0	7.0	6.0	7.0
25	7.5	7.0	3	7.0	4	8.0	7.0	8.0
26	4.0	4.0	1	3.0	2	4.0	4.0	4.0
27	6.0	5.0	2	4.0	2	5.0	4.0	6.0
28	4.0	3.0	2	3.0	2	4.0	4.0	4.0
29	5.0	4.0	2	4.0	2	4.0	4.0	5.0
30	7.0	7.0	2	6.0	0	7.0	6.0	7.0
31	7.5	7.5	1	7.0	0	8.0	7.0	8.0
32	7.0	6.5	3	6.0	2	7.0	6.0	6.0
33	7.0	6.5	3	6.0	2	7.0	6.0	6.0
34	6.0	5.5	2	5.0	0	6.0	5.0	6.0

续上表

样品	血清处理方法分组							
	DD 组	DC 组 *		DDC 组 *		DDD 组	DCC 组	DCD 组
35	8.0	7.5	3	7.0	2	8.0	7.0	8.0
36	5.0	4.0	2	3.0	2	5.0	4.0	4.0
37	5.0	4.0	1	3.0	0	5.0	4.0	4.0
38	8.0	7.5	5	6.0	4	8.0	7.0	7.0
39	6.0	5.5	2	4.0	0	6.0	5.0	5.0

注：“ * ”左侧数据表示测定白鸭血清的效价，右侧数据表示前面出现凝集 1% 鸡红细胞悬液的孔数。

表 8-4　相同抗原对鹅 AIH5 亚型免疫血清不同处理样品的 HI 效价测定结果（单位：$\log_2$）

样品	血清处理方法分组							
	EE 组	EC 组 *		EEC 组 *		EEE 组	ECC 组	ECE 组
1	6	3	0	3	0	3	3	3
2	8	5	0	3	0	4	4	5
3	8	6	0	6	0	5	4	5
4	4	2	0	2	0	1	1	2
5	6	4	0	4	0	5	3	5
6	5	3	1	4	0	5	4	5
7	8	3	1	7	0	7	6	7
8	5	4	0	3	0	4	3	4
9	7	6	1	5	0	6	5	6
10	7	5	0	4	0	6	5	6
11	5	4	0	3	0	4	3	4
12	6	5	1	4	0	5	4	6
13	6	5	0	4	0	5	4	5
14	5	3	0	2	0	4	3	4
15	5	0	0	3	1	4	3	4
16	4	3	1	2	0	3	2	3
17	4	3	0	3	0	4	3	3
18	7	6	1	6	0	6	5	7
19	4	2	1	2	0	3	0	2
20	6	4	0	4	0	4	4	4

续上表

样品	血清处理方法分组							
	EE 组	EC 组 *		EEC 组 *		EEE 组	ECC 组	ECE 组
21	6	5	0	4	0	5	4	4
22	4	2	1	1	0	3	2	3
23	6	5	0	3	0	4	4	4
24	6	6	0	4	0	4	4	5
25	8	7	4	5	2	5	6	6
26	4	0	0	0	0	3	3	3
27	6	5	2	4	1	4	4	5
28	4	3	0	2	0	2	2	2
29	7	0	0	0	0	6	5	5
30	6	6	2	5	0	5	5	5
31	4	4	2	3	0	4	3	3
32	5	5	3	4	0	4	4	4
33	5	0	0	3	0	4	3	4
34	6	9	2	8	0	8	8	8
35	6	6	1	5	0	5	4	5
36	6	5	0	4	0	5	5	5
37	7	7	3	5	2	5	6	6
38	6	5	2	4	1	4	4	5
39	6	5	1	4	0	4	4	5
40	6	4	2	4	1	4	3	4
41	4	2	1	2	0	3	2	3
42	5	5	0	4	0	5	4	3
43	6	5	0	4	0	5	4	4
44	4	2	1	2	0	3	2	3
45	5	5	0	4	0	5	4	5
46	5	5	0	4	0	5	4	5
47	4	3	1	2	0	3	2	3

注："*"左侧数据表示测定鹅血清的效价，右侧数据表示前面出现凝集 1% 鸡红细胞悬液的孔数。

1. DC 组和 DD 组及 EC 组和 EE 组测定 AI HI 抗体效价结果比较

从表 8－3 可以看出，DD 组鸭血清 AIH5 HI 抗体效价均等于或显著高于 DC 组（*P*

<0.05)，具体情况为：二者间仅有20%（8/39）的拟合度；80%（31/39）白鸭血清经1% dr测定的AIH5N1亚型HI效价高于以1% cr测定结果，其中26%血清（8/31）高于0.5个滴度，68%白鸭血清（21/31）高于1个滴度，6%血清（2/31）高于1.5或2个滴度。1% cr测定过程中有92%（35/39）的样品出现非病毒性凝集，其中3%的血清（1/39）凝集价达1∶32，20%的血清（8/39）凝集价在1∶8以上，而80%的血清（31/39）凝集价不高于1∶4。同比下1% dr测定结果未见有这种凝集情况出现。

从表8－4的结果可以看出，EE组鹅血清经1% er测定的AIH5亚型HI效价，其结果同以1% cr测定EC组结果相比，EE组血清效价极显著高于EC组（$P<0.01$）。其具体情况是：除1份血清以鹅红细胞测定结果低于鸡红细胞测定结果外，二者测得的HI抗体效价仅有15%（7/47）的拟合度；83%（39/47）高于鸡红细胞测定结果，其中51%（20/39）的血清高于1个滴度，31%（12/39）的血清高于2个滴度，18%（7/39）的血清等于或高于3个滴度。1% cr测定过程中有47%（22/47）的样品出现非病毒性凝集，其中11%的血清（3/22）凝集价等于或高于1∶8，27%的血清（6/22）凝集价为1∶4，59%的血清（13/22）凝集价为1∶2。而1% er测定结果未见有这种凝集情况出现。

2. DC组、DCC组和DDC组及EC组、ECC组和EEC组间测定HI抗体效价比较

从表8－3的结果可以看出，白鸭血清经20% cr室温吸附40min后，以1% cr测定其HI抗体效价（DCC组）与未经处理的白鸭血清直接以1% cr测定HI抗体效价结果（DC组）相比，二者差异不显著（$P>0.05$），这表明20% cr吸附可以消除低倍稀释白鸭血清对1% cr的凝集作用，二者测得的HI抗体效价有54%的拟合度（21/39），另有31%血清（12/39）经吸附后效价下降0.5个滴度。但试验中发现有约8%的血清（3/39）经吸附后效价反而呈现升高的趋势，具体原因有待进一步研究。DC组测定HI抗体效价结果与经20% dr室温吸附40min后以1% cr测定结果（DDC组）相比，二者差异不显著（$P>0.05$），具体情况为：白鸭红细胞吸附后二者效价的拟合度有28%（11/39），有69%（27/39）血清效价降低，其中有33%的样品效价降低至少1个滴度，仍有51%的样品（18/35）出现非病毒性凝集情况。将DCC组与DDC组测定HI抗体效价结果相比，二者差异不显著（$P>0.05$），具体情况为：DCC组测定结果更接近与DC组测定值，DDC组测定HI抗体效价多数偏低，有1/3偏低至少1个滴度。

表8－4数据提示，鹅血清经20% cr室温吸附40min后，以1% cr测定其HI抗体效价（ECC组）与未经处理的鹅血清直接以1% cr测定HI抗体效价结果（EC组）相比，表明：①20% cr吸附可以消除低倍稀释鹅血清对1% cr的凝集作用；②二者效价差异不显著（$P>0.05$）。其具体情况是：二者测得的HI抗体效价有19%的拟合度（9/47）；68%的血清（32/47）经吸附后效价下降1～2个滴度，其中88%（28/32）的血清效价降低1个滴度，12%（4/32）的血清效价降低2个滴度。有13%血清（6/47）经吸附后反而升高1～5个滴度（其中3份血清升高3个滴度），具体原因尚有待进一步研究。EC组测定HI抗体效价结果与经20% er室温吸附40min后以1%鸡红细胞测定结果（EEC组）相比，二者差异不显著（$P>0.05$），结果表明，鹅红细胞吸附后二者效价的拟合度接近28%（13/47）；64%（30/47）血清效价降低1～2滴度，其中83%

（25/30）的血清效价降低1个滴度，有17%（5/30）的样品效价降低2个滴度；但约有近1%（4/47）经鹅红细胞吸附后的血清效价反而升高1～4个滴度（其中2份血清升高3个滴度），其原因有待进一步研究阐明；鹅红细胞吸附可以降低1～2个滴度的非病毒性凝集现象，故经处理后的血清仅有23%的样品（5/22）出现非病毒性凝集情况。ECC组与EEC组测定HI抗体效价结果相比，二者差异不显著（$P>0.05$），二者测定结果有62%（29/47）的拟合度，但综合吸附后降低非病毒性凝集的效果、拟合度及效价下降的情况，ECC组的测定结果更接近与EC组测定值，而略优于EEC组。

3. DD组、DCD组和DDD组及EE组、ECE组和EEE组测定HI抗体效价比较

从表8-3的结果可以看出，白鸭血清经20% cr吸附40min后，以1% dr测定其HI抗体效价（DCD组）与未经处理的白鸭血清直接以1% dr测定HI抗体效价结果（DD组）相比，二者差异不显著（$P>0.05$），具体情况为：二者有36%的拟合度（14/39），DCD组中33%样品（13/39）测定效价偏低，31%样品（12/39）测定结果偏高，说明鸡红细胞吸附后可造成试验结果有较大波动。将DD组测定HI抗体效价结果与经20% dr室温吸附40min后，以1% dr测定其HI抗体效价（DDD组）相比较，二者差异不显著（$P>0.05$），具体结果为：二者的拟合度为49%（19/39），DDD组中有44%（17/39）样品效价偏低，8%的样品（3/39）测定效价偏高。将DCD组与DDD组测定结果比较，二者差异不显著（$P>0.05$），其结果显示同种红细胞吸附白鸭血清对其效价测定有一定影响，但这种影响较异种家禽红细胞吸附后测定结果低13%，因而DDD组测定HI抗体效价结果更接近于DD组所测定值。

据表8-4数据可见，鹅血清经20% cr吸附40min后，以1% er测定其HI抗体效价（ECE组）与未经处理的鹅血清直接以1% er测定HI抗体效价结果（EE组）相比，ECE组测定抗体效价极显著低于EE组（$P<0.01$），具体情况为：二者有11%的拟合度（5/47）；在ECE组中除1份血清（1/47，2%）测定的效价偏低外，87%样品（41/47）测定效价偏低，其中66%的血清样品（27/41）下降1个滴度，34%的样品（14/41）低于2～3个滴度（3个样品低于3个滴度），说明鸡红细胞吸附后可导致试验结果偏低。将EE组测定HI抗体效价结果与经20% er室温吸附40min后，以1% er测定其HI抗体效价（EEE组）相比较，EEE组测定抗体效价极显著低于EE组（$P<0.01$），具体结果为：二者的拟合度为13%（6/47）；EEE组中除1份样品（1/47，2%）效价升高2个滴度外，有85%（40/47）样品效价偏低，其中，65%的样品（26/40）测定效价降低1个滴度，35%的样品（14/40）测定效价低于2～4个滴度（1份血清降低4个滴度，4份血清降低3个滴度）。将ECE组与EEE组测定结果比较，二者差异不显著（$P>0.05$），发现同种或异种禽类红细胞吸附鹅血清均可使其效价降低，且EEE组测定HI抗体效价结果更接近于EE组所测定值。

二、白鸭、鹅血清对红细胞凝集作用的测定结果

将36份白鸭血清与1% cr或1% dr室温感作25min后，判定对相应红细胞的凝集作用，结果如表8-5所示。从结果可见，在未加入4HAU抗原的情况下，97%白鸭血清（35/36）呈现出对鸡红细胞的凝集作用，其中有2/3（24/36）样品的凝集价≤1:4，

1/3（11/36）样品的凝集价等于≥1∶8；另有略高于1/3的白鸭血清（14/36）对白鸭红细胞表现不同程度的凝集作用，其中近1/7（5/36）样品凝集价>1∶4，说明白鸭血清中的确存在天然的凝集红细胞（尤其是异源红细胞）因子。造成这种凝集的原因是否为红细胞抗体与相应红细胞间交联形成的凝集情况有待进一步研究证实。

表8-5　白鸭血清对红细胞凝集作用的统计结果（单位：份）

类　别	无凝集现象	凝集价为1∶2	凝集价为1∶4	凝集价为1∶8	凝集价为1∶16
1%鸡红细胞	1	11	13	9	2
1%白鸭红细胞	12	9	4	1	0

将44份鹅血清与1%cr室温感作25min后，判定对相应红细胞的凝集作用，结果无凝集现象的有14份、凝集价为1∶2的有23份、凝集价为1∶4的有4份、凝集价为1∶8的有2份、凝集价为1∶16的有1份。从结果可见，在未加入4HAU抗原的情况下，68%鹅血清（30/44）呈现出对鸡红细胞的凝集作用，其中有90%（27/30）样品的凝集价≤1∶4，有10%（3/30）样品的凝集价≥1∶8，说明鹅血清中的确存在天然的凝集异源红细胞的因子。造成这种凝集的原因是否为红细胞抗体与相应红细胞间交联形成的凝集情况尚有待进一步研究证实。试验同时将44份鹅血清与1%er或1%dr于室温感作25min后，判断对相应红细胞的凝集作用，结果鹅血清均未表现凝集的情况。

第三节　讨论与结论

（1）从本次试验结果来看，尽管白鸭血清未经任何处理即以1%鸡红细胞悬液进行效价检测，会在前几孔出现高达1∶32的凝集情况，但80%血清样品的凝集价均在1∶4以下。而采用1%白鸭红细胞悬液进行效价测定，效价高于鸡红细胞测定结果1个$\log_2$，且无天然凝集现象出现。根据本次试验结果，推荐采用白鸭红细胞进行白鸭血清效价测定，并可将此结果降低1个$\log_2$后作为采用鸡红细胞的测定结果。本试验结果与叶玮等及吴峻华等采用1%鸭红细胞悬液测定鸭血清HI效价的研究结果基本一致。尽管鹅血清未经任何处理即以1%鸡红细胞悬液进行效价检测，会在前几孔出现凝集情况，但91%（43/47）血清样品的凝集价均不高于1∶4。而采用1%鹅红细胞悬液进行效价测定，效价高于鸡红细胞测定结果1～2个滴度，且无凝集情况出现。根据本次试验结果，推荐采用鹅红细胞进行鹅血清效价测定，并可将此结果降低约1.5个滴度后作为采用鸡红细胞的测定结果。

（2）水禽血清往往含有一种与红细胞表面受体相似的黏蛋白物质即非特异性血凝抑制因子（抑制素），能与红细胞表面受体竞争性的被病毒表面的血凝素吸附。同时，水禽血清中也可能含有非特异性凝集因子。因此，在利用血凝抑制试验进行血清抗体检测之前，有必要对血清中非特异性血凝抑制因子与非特异性凝集因子（非病毒性凝集因子）加以排除。热灭活是一种排除非特异性因子的有效方法，但对特异性抗体破坏较大，能降低抗体的效价，或者检测不出抗体，故此方法不常用。此外，血清预处理常采用高岭土吸附法、红细胞吸附法、过碘酸钾法、胰酶处理法、霍乱弧菌受体破坏酶（RED）法。以上方法均可采用，其中以红细胞吸附法最为常用。但由于红细胞吸附方法所需时间较长，步骤繁琐，且存在吸附不完全的现象，因此采用同源禽类红细胞悬液对相应禽类血清的 HI 效价进行测定，不但可以消除非病毒性凝集情况，提高判定 HI 抗体效价的准确性，还具有方便、快速、敏感、经济等特点，更适合基层推广使用。

（3）在 HA 和 HI 试验中，影响试验结果的因素是多方面的，但需要注意的主要因素包括以下方面：

①关于红细胞悬液的配制。建议采用成年公鸡、公鸭或公鹅的抗凝血液配制红细胞悬液，且应该注意每次采血所用抗凝剂的种类与剂量必须固定，洗涤红细胞及试验所用的 PBS 生理盐水（pH7.0）最好是同一批所配制，洗涤后的离心条件应始终保持一致，尤其是配制前的最后一次离心应该特别强调离心条件的统一，同时最好固定配制红细胞悬液的操作人员，以保证每批红细胞悬液基本一致。另外，一旦红细胞出现溶血或颜色变深应即刻停止使用，防止对试验结果的进一步影响。

②4HAU 标准抗原液的配制。在 HI 试验中的 4HAU 抗原液配制的准确与否对试验结果有较大影响，建议在有不同批号的标准抗原时，可考虑采用相互混合后测定其 HA 价，再根据 HA 价配制 4HAU 抗原液，随即进行抗原效价的滴定，并根据滴定结果调整所配制的 4HAU 抗原液，只有准确稳定的 4HAU 抗原液才能保证试验结果的可信度及可重复性。

③其他应注意的问题。如果条件允许，应固定进行 HA 和 HI 试验所用的多道移液器及每个步骤的操作人员，最低限度应该固定判定试验结果的判定人员，以尽量减少人为的误差。另外，吸头上沾有的液体对试验结果也有一定影响，因此应严格控制吸头插入液面以下的深度，以免影响试验的准确性。

综上所述，为了避免异种禽之间天然血凝素或天然血凝抑制素的干扰，又免于对血清吸收处理带来的技术繁琐性困扰，建议水禽禽流感免疫检测技术中的红细胞源改为同源，或者改为近源（番鸭源）。必要时，将所测 HI 效价读数降低 1 ～ 1.5 个 $\log_2$ 以与国标法鸡源红细胞作为指示细胞的 HI 反应结果相对应。

第九章
禽流感的免疫促进剂

目前，我国防控高致病性禽流感的主要方法是对健康禽群实施灭活疫苗的免疫接种，不断改善兽医卫生措施，对偶发疫情的疫点或疫区易感动物进行扑杀、隔离与强制免疫等。如何在短时间内提高机体对相应 AI 疫苗免疫接种的特异性抗体水平，延长该抗体峰值的维持时间，强化特异免疫效果，成为研究的热点之一。本章扼要陈述了几种免疫促进剂（包括干扰素、黄芪多糖、益生素、人参皂甙、赐力健及增免散等）对 H5 亚型禽流感油乳剂灭活疫苗免疫促进效果的研究过程和结果，同时讨论了其他多种营养物或药物对禽流感免疫促进的情况，以便读者更好地了解相关理论与技术，以资应用和发展。

第一节 研究的材料与方法

一、疫苗、标准抗原及阳性血清

重组禽流感病毒灭活疫苗（H5N1 亚型，Re－1 株，批号为 2006015）、禽流感 H5 亚型 HI 抗原（批号为 20060212）、禽流感 H5 HI 血清（批号为 040522）均为中国农业科学院哈尔滨兽医研究所生产。

二、免疫调节剂

重组人干扰素（α2a，商品名福康泰，300 万 IU/支，长春生物制品研究所生产，批号 20040912）；家禽基因工程干扰素（鸭专用，400 万 IU/支，大连三仪动物药品有限公司生产，批号 20050917）；黄芪多糖（信宜市丽株动物药业有限公司生产，批号 20050709）；益生素（北京伟嘉人生物技术有限公司生产，700 亿活菌/克，批号 20050926）；人参皂甙（贵阳市东方植物保健科技有限公司生产）；赐力健（惠州牧兴饲料有限公司提供）；增免散（自制中草药复方制剂，由黄芪、鱼腥草、柴胡、青蒿、党参、白术和甘草复方组成）。

三、其他试剂与器材

PBS（pH7.2），96 孔微量反应板，一次性注射器，多道微量移液器，无菌吸头，

1%鸭红细胞悬液，等等，由佛山科学技术学院畜牧兽医研究所提供。

四、实验动物及分组处理

63只1日龄健康雏鸭（白鸭），购自某实验禽场，集中饲养至15日龄后，随机分为9组。其中1组为不接种疫苗对照组（简称C组）；2组为接种疫苗对照组（简称V组，首次接种疫苗时间为15日龄，二次接种疫苗时间为22日龄，接种剂量依次为0.4mL/只和0.8mL/只。下述3～9组雏鸭免疫接种方法均与此组相同）；3组为人干扰素（α2a）调节组（简称为hIFNV组，在首次接种疫苗的同时肌注干扰素，3万IU/只/天，连用2天）；4组为家禽基因工程干扰素调节组（简称为aIFNV组，在接种疫苗的同时肌注干扰素，剂量为3万IU/只/天，连用2天）；5组为黄芪多糖调节组（简称HQV组，在首次接种疫苗的同时，口服黄芪多糖0.3mL/只/天，连用3天）；6组为益生素调节组（简称YSV组，在首次接种疫苗的同时，每天用益生素5g/只拌料，连用3天）；7组为人参皂甙调节组（简称RSV组，在首次接种疫苗的同时，每天用人参皂甙1g/只拌料，连用3天）；8组为增免散调节组（简称ZMV组，在首次接种疫苗的同时，每天采用自制增免散复方70g的水煎剂饮水，连用3天）；9组为赐力健调节组（简称CLV组，在首次接种疫苗的同时，用赐力健10g饮水，连用3天）。每组实验鸭在首免时及首免后每隔1周经静脉采血一次，直至首免后第7周，分离血清，-20℃保存，备作AI H5 HI抗体检测。

五、微量血凝（HA）及血凝抑制（HI）试验

对各组实验鸭分离的血清采用同一时间、同一批试剂以HI试验测定抗体效价，并按*t*检验方法进行统计分析。HA及HI试验方法参照《高致病性禽流感疫情处置技术规范（试行）》(2004)，采用鸭1%红细胞悬液作HI反应指示细胞悬液。

第二节　研究结果与分析

用HI方法对各组试验鸭血清H5亚型禽流感抗体效价进行检测的结果见表9-1和图9-1。从表9-1和图9-1可见，H5亚型禽流感疫苗免疫组（V组）在首免后2周（二免后1周）均可检测出特异性的抗体，但此时疫苗对照组抗体滴度均值高于免疫调节组1～3个滴度；在首免后3周RSV调节组抗体滴度均值高于V组，显示出较强的免疫调节作用；与V组及使用其他免疫调节剂组相比，aIFNV调节组在首免后5～7周抗体滴度较高，提示aIFN在免疫后期发挥的免疫调节作用较为明显；HQV组在免疫后第4周抗体也高出1.1$\log_2$。此外，在整个试验过程中，与疫苗对照组相比，hIFN、益生素、增免散（自制）及赐力健等通常认为可发挥免疫调节作用的药物均未显示出较明显的免疫促进作用，其中hIFN的免疫促进作用最弱。另外，从图9-1可以看出V组及其他使用免疫调节剂组的抗体升降规律基本一致（hIFN组出外），即在首免后3周（二免后2周）达峰值，而后逐渐下降，但下降趋势较为平缓。

表 9-1　各试验组鸭血清 H5 亚型禽流感 HI 抗体效价检测结果（$\log_2$）*

组别	首免后的不同时间（周，wpi）					
	2	3	4	5	6	7
疫苗对照组（V 组）	5.0±0.8	5.8±2.1	5.8±2.1	4.8±1.7	4.8±1.3	4.3±0.8
人干扰素调节组（hIFNV 组）	2.2±1.5	3.8±1.2	4.8±1.0	5.8±1.0	4.0±0.8	4.2±0.5
禽干扰素调节组（aIFNV 组）	2.5±2.3	5.2±2.3	5.3±1.4	6.3±2.0	6.2±1.3	4.7±1.0
黄芪多糖调节组（HQV 组）	3.8±1.5	4.2±1.3	6.7±1.2	5.0±0.8	4.5±0.6	4.2±1.0
益生素调节组（YSV 组）	3.8±1.5	5.2±1.1	5.8±1.3	5.2±0.4	5.0±0.7	3.8±1.3
人参皂甙调节组（RSV 组）	3.8±2.5	6.2±1.5	5.8±1.3	5.5±1.4	4.8±1.6	4.7±1.0
增免散调节组（ZMV 组）	3.3±0.5	5.6±0.9	5.8±1.2	4.2±1.3	4.6±0.9	4.0±1.2
赐力健调节组（CLV 组）	2.0±1.7	4.3±1.5	4.7±2.1	4.7±1.2	4.7±1.2	4.7±1.2

*：健康对照组（C 组）在整个试验过程中抗体检测均为阴性；其他各组在首免及首免后 1 周抗体检测均为阴性。

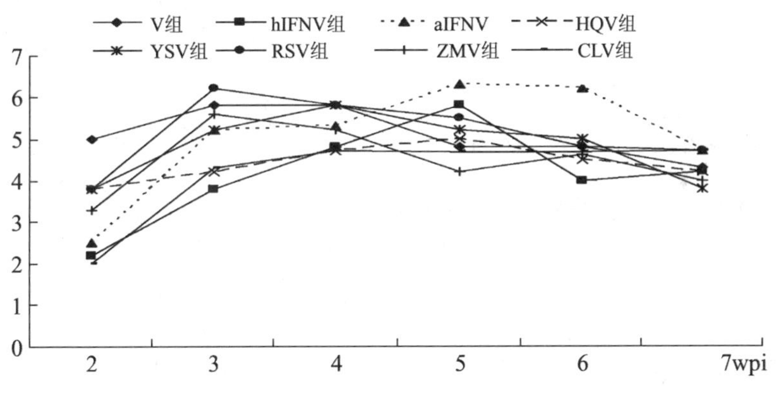

图 9-1　各试验组鸭血清 H5 亚型禽流感 HI 抗体效价的动态变化

第三节　讨论与结论

一、关于免疫调节剂

免疫调节剂是指通过直接或间接的方式调节机体的免疫系统，使其免疫水平维持在合理范围内的一类物质。在动物医学上，尤以对能增强机体免疫能力的免疫增强剂研究较为多见。其中常见的免疫调节剂包括：转移因子、干扰素、胸腺素、免疫核糖核酸、左旋咪唑、卡介苗、蜂胶、益生素及黄芪、党参等中草药单方或其提取物。它们通过直接作用于机体的免疫系统或通过神经内分泌途径对机体的免疫系统进行调节，在动物疫病防治上显示出广阔的应用前景。

二、本试验中 7 种免疫调节剂的效果评价

为有效防控禽流感，我国对所有饲养家禽均采用疫苗接种的方法，并且在鸡、鸽、鹅和鸭的部分品种（如麻鸭和番鸭等）上均收到良好的效果。快大白鸭是肉鸭的主要养殖品种之一，其对接种禽流感疫苗后的免疫应答能力较弱，因此探讨如何提高其对禽流感疫苗的应答水平具有重要的生产价值。本文作者采用干扰素（禽源和人源）、黄芪多糖、益生素、人参皂甙、赐力健及增免散（自备）共 7 种免疫调节剂，分别验证其对快大白鸭的免疫增强效果。

从本次试验结果来看，饲喂人参皂甙或注射禽源干扰素对接种禽流感疫苗的试验鸭有明显的促进作用，但二者的作用时间不同，前者在首免后 3 周发挥作用，而后者约在首免后 5 周表现出一定的促进作用，而其他 4 组的免疫促进效果均不明显。

对于人参皂甙对快大白鸭的免疫促进作用尚未见有公开报道，但据李振及牛建昭等对小鼠的试验结果证实人参皂苷具有促进机体 T、B 淋巴细胞在分裂原 ConA 刺激下的增殖能力，激活巨噬细胞活力并增加细胞表面受体数及与靶细胞的接触面积，促进抗体和补体的生成。试验中，鸭干扰素 α 显示出的免疫增强作用推测除与其抗病毒活性有关外，还与具有较强的诱导淋巴细胞释放肿瘤坏死因子等细胞因子及促进细胞毒性 T 细胞和 NK 细胞分化及提高巨噬细胞吞噬能力相关。建议就该种免疫调节剂以及黄芪多糖对鸭 AI 免疫促进作用再做深入研究。

三、其他免疫调节剂对禽流感免疫促进作用的评价

除上述提及的免疫调节剂或免疫促进剂以外，尚有大量其他相关制剂药物的报道。研究表明，VA、VB、VC、VE 和电解质等均能有效地缓解和降低各种应激反应，减少应激因素引起的机体免疫力下降，提高免疫效力。沙才华等试验表明，采用“多种维生素电解质”，在接种疫苗的同时，按 0.05% 加入饲料，连喂 5 天，对鸽禽流感油乳灭活苗免疫具有促进作用，可以明显提高免疫鸽群的 AI HI 抗体水平；邹永新等试验表明，采用蜂胶配合黄芪、扶芳藤、党参、灵芝提取物，研制成纯复合中药免疫增强剂，将其作为免疫佐剂，按一定比例与 PA/PMV－Ⅰ灭活抗原混合注射，可以较好地提高鸽群 PA/PMV－Ⅰ的免疫效果，而该制剂是否对禽流感油乳剂灭活疫苗免疫具有促进作用，可以进一步试探。

四、影响机体对疫苗免疫应答的其他不良因素

由于禽白血病、霉菌毒素、恶劣的饲养环境及兽医卫生措施不力、慢性中毒、强烈的应激反应或长期使用某些化学药物等因素的存在，常常使家禽对接种疫苗后的免疫应答能力下降，严重时甚至会造成免疫失败。同时应该指出，快大白鸭及其他快大品种，由于过快的生长速度与相对发育和成熟较慢的免疫系统间的矛盾也是其接种禽流感疫苗后免疫应答水平不够理想的因素之一。

第十章
依据科研成果制订禽流感的综合防控措施

防控禽流感，必须采取综合措施。本书前九章已就禽流感防控各项主要技术的研究与成果要点作了概述。本章将有机组合这些成果，具体罗列禽流感综合防控技术措施体系，以供临床防控工作参考。

第一节　免疫防控方面的措施

一、跟踪禽流感病毒野毒株变异动态，准确选择疫苗株

研究表明，禽流感野毒株变异频繁，疫苗株与流行毒株基因如果不保证具有高度的同源性，将难以获得良好的免疫保护效果。因此，为了确保禽流感临床免疫的效果，必须紧密跟踪禽流感病毒野毒株变异动态，特别是禽流感野毒 HA/NA 基因的变异动态，准确选择针对性的疫苗株。

二、采取科学有效的措施监控禽流感油乳剂灭活疫苗的效价

研究表明，市售禽流感油乳剂灭活疫苗，由于生产与运输保存过程诸多因素影响，其疫苗效价常有不达标的情况出现。目前已经筛选出三氯甲烷复方为油乳剂疫苗破乳剂，建立了“氯仿脱乳 - HA 快速检测禽流感油乳剂灭活苗效价方法”。该方法对 AI 油乳灭活苗的半成品（水相）及其成品提取上清，用 HA 试验测定 HA 价作比较，成品苗比半成品 HA 价下降 1 ～ 3 个滴度，测定数值关系稳定，表明本法可快速检测 AI 油乳灭活苗效价，禽流感临床免疫工作者可以采用相应技术监视禽流感灭活疫苗的 HA 效价，保证疫苗 HA 抗原的有效含量。

三、应用改良 AI 免疫监测技术检测水禽 AI 血清抗体，准确监控免疫效果

研究表明，AIH5 免疫鸭血清对鸡、鸭、鹅红细胞的非病毒凝集性由强至弱依次为鸡红细胞 > 鸭红细胞 > 鹅红细胞，其中对鸭、鹅红细胞的凝集价绝大多数在 1∶2 ～ 1∶4 以下；AIH5 免疫鹅血清只对鸡红细胞有凝集性，对鸭、鹅红细胞无凝集性。在此基础上，研究比较和筛选以鸭红细胞作为鸭血清 HI 反应指示细胞，以鹅红细胞作鹅血清的

HI 反应指示细胞建立了鸭和鹅 AI HI 试验模式，或者以番鸭红细胞作鹅和鸭血清的 HI 反应指示细胞，建立了鸭和鹅 AI HI 试验模式，并证明该模式可以基本消除水禽血清的非病毒性凝集现象，所测定的血清 AI HI 效价甚为确切。建议在水禽禽流感免疫监测中，应用改良 AI 免疫监测技术检测水禽源 AI 血清抗体，以准确监控免疫效果。

四、掌握免疫标准，要求特异 AI HI 抗体水平达到完全抵抗感染的水平

（1）研究表明，对于鸡，具有 $5\log_2$SN（5.13 $\log_2$HI）以上的 AI 抗体水平，对禽流感有较明确的抵抗力；具有 $8\log_2$SN（9.28 $\log_2$HI）以上的 AI 抗体水平能获得很强的保护力，在较大毒量攻击情况下可使小鸡获得保护并且不排毒。

（2）研究表明，对于番鸭，AI HI 抗体水平达到 $3.0\log_2 \sim 5.0\log_2$ 的免疫番鸭群已具有一定的抵抗力，可以延缓发病时间，降低发病程度，但番鸭群仍可感染 HPAIV，出现临床症状，表现不同程度的病理变化，并有排毒现象。当抗体水平达 $6.0\log_2$ 及以上时，番鸭对人工接种 HPAIV 具有完全抵抗能力，不排毒；同样，AIH5 免疫后，抗体水平在 $0 \sim 5\log_2$ 之间时，人工感染 AIV H5 可使 SOD 活性明显降低（$P<0.05$ 或 $P<0.01$），MDA 含量明显升高（$P<0.05$ 或 $P<0.01$），抗体水平在 $6\log_2 \sim 7\log_2$ 之间时，SOD 活性和 MDA 含量则接近正常的水平。

（3）研究表明，对于肉鹅，H5 亚型 AI 疫苗免疫后，抗体水平在 $0 \sim 5\log_2$ 之间时，人工感染 H5N1 亚型 HPAIV 后，SOD、POD 活性明显低于未感染的鹅（$P<0.05$ 或 $P<0.01$），MDA 的含量明显高于未感染的鹅（$P<0.05$ 或 $P<0.01$）；抗体水平在 $6\log_2 \sim 7\log_2$ 之间时，鹅的 SOD、POD 和 MDA 值则接近未感染的鹅。

据以上所述，在家禽的禽流感临床免疫实施过程中，应当要求免疫禽群的特异 AI HI 抗体水平尽可能达到 $6\log_2$ 或以上。

五、注意雏禽 AIH5 母源抗体消长规律及其对免疫接种的影响，提高雏禽的母抗水平，科学选定 AIH5 油乳苗首免时间

1. 雏鸭母源抗体消长规律

试验从不同母源抗体水平的 3 组雏鸭的 AI 母源抗体消长情况可知，至 3 日龄各组抗体下降约 2 个滴度，以后约每 3d 下降 1 个滴度。$2\log_2 \sim 4\log_2$ 组、$4\log_2 \sim 6\log_2$ 组、$7.0\log_2$ 及以上组分别至 9 日龄、12 日龄、18 日龄母源抗体均完全消失。

2. 乳鸽母源抗体与母鸽血清抗体水平的关系

试验表明当母鸽血清抗体处于上升和下降初期，子代乳鸽 1 日龄母源抗体与母鸽血清抗体水平差异较大；而当母鸽血清抗体进入相对稳定期时，两者的水平差异不大。

3. 乳鸽 AIV H5 HI 母源抗体消长规律

研究表明，当 1 日龄平均滴度在 $5.74\log_2$ 以上时，7 ～ 9 日龄已降至较低水平（$3.64\log_2 \sim 4.85\log_2$），然后逐渐回升，12 日龄达一个小峰值 $4.0\log_2 \sim 5.35\log_2$，以后迅速下降，至 15 ～ 17 日龄衰减至 $2.2\log_2 \sim 4.51\log_2$，至 30 日龄时已接近为 0；当 1 日龄平均滴度在 $5.08\log_2$ 以下时，其母源抗体呈缓慢下降的趋势，1 日龄平均滴度越

低，其母源抗体消失越快，且个体差异较大，有些个体 1 日龄平均滴度为 4.5$\log_2$ ～5.0$\log_2$，至 5 ～ 7 日龄时已降为 0，或至 9 ～ 12 日龄时降为 0。

4. 母源抗体对雏鸭免疫接种的干扰

试验结果表明，以 AI H5N1 油乳剂疫苗作雏鸭免疫时，会受到母源抗体干扰，母源抗体水平越高，影响越明显，接种疫苗后产生的免疫抗体水平越低。在母源抗体降至 3.0$\log_2$ 以下进行禽流感油乳剂灭活苗免疫接种，对免疫接种影响较少。另外，增加免疫接种次数可以较明显减少母源抗体干扰，二次免疫组抗体高于一次免疫组。

综上所述，建议加强母禽群的免疫接种，保证雏禽 1 日龄 AI 母源抗体在 7$\log_2$ ～ 8 $\log_2$，而雏鸭 AI 首免应放在 10 ～ 12 日龄，同时在 21 日龄期加强免疫接种一次。

六、适当使用禽流感免疫促进剂

研究表明，小鸭饲喂人参皂甙对其 AI H5 免疫，于首免后 3 周表现增强作用；注射禽源干扰素对 AI H5 免疫，首免后 5 周表现一定促进作用；另黄芪多糖亦显示了一定的免疫促进作用。

以蜂胶、黄芪、扶芳藤等按一定工艺研制成复合中药佐剂，并以其不同含量与鸽Ⅰ型副黏病毒病（PA/PMV－Ⅰ）灭活抗原制备成疫苗接种种鸽，定期检测血清 HI 效价和 SOD 活性含量，以观察种鸽对 PA/PMV－Ⅰ疫苗免疫效果。结果表明，复合中药佐剂组均能显著提高 PA/PMV－Ⅰ疫苗免疫的 HI 抗体效价及 SOD 活性的含量，其中以 12% 复合中药佐剂疫苗组的效果最佳，初步证明该复合中药免疫佐剂与 PA/PMV－Ⅰ灭活抗原同时使用能较好地提高免疫效果，具有免疫增强剂的功效，且能促进接种局部疫苗吸收，接种部位不会形成硬结，不影响胴体品质。

研究表明，应用多种维生素电质分别按 0.025%、0.05%、0.1%、0.2% 剂量添加到后备种鸽的日粮中，雏鸽 21 日龄时，按 0.5mL/只剂量肩部肌肉注射禽流感灭活油乳剂疫苗，于注射前一天起分别饲喂上述饲料，连续 5 天，于免疫后第 7、10、14、18、21、28、42 天分别采血样，检测禽流感 HI 抗体效价。实验结果表明，饲料中添加 0.05%、0.1%、0.2% 多维素可增强机体免疫功能，提高免疫效果，减少应激。

在对雏禽实施禽流感油乳剂灭活疫苗免疫接种、紧急免疫接种，或对某些免疫应答能力较为低下的家禽实施禽流感免疫接种时，除了应注意改善一般的条件外，还可参考上述研究结果，适当使用一些免疫促进药物，以期获得更好的免疫效果。

七、对各种家禽制订与实施科学可行的禽流感免疫程序

要使禽群建立良好的禽流感特异免疫抵抗力，除了要注意上述所提要点以外，尚应制订和落实相应的免疫程序。迄今，已经对影响鸡、鸭、番鸭、鹅、鸽及鸵鸟等品种家禽进行了禽流感 H5、H7、H9 亚型疫苗免疫的若干重要因素，包括首免时间、免疫次数、免疫剂量等，进行了大量筛选试验，获得一系列科学参数，并据此拟订了系列可参考的免疫程序，现谨罗列如下，以备借鉴。

1. 肉用鸡、鸭、番鸭、鹅 AIH5 参考免疫程序

首免，10 ～ 12 日龄，AIH5 油乳灭活苗，0.2 ～ 0.3mL/只；

二免，20 ～ 22 日龄，AIH5 油乳灭活苗，0.4 ～ 0.6mL/只；

35 日龄免疫监测；以 $5\log_2$ 及以上为合格。

（注释：首免时，尤其对于鸭，可适当使用一些免疫促进剂。生长期在 80 ～ 120 天的品种，如土鸡、番鸭和鹅，宜于 55 ～ 65 日龄加免 1 次，剂量为 0.4 ～ 0.6mL/只。）

2. 肉鸽 AI 免疫参考程序

首免，10 ～ 15 日龄，AIH5 油乳灭活苗，0.2 ～ 0.3mL/只；

二免，30 日龄，AIH5 油乳灭活苗，0.3 ～ 0.5mL/只；

三免，150 日龄，AIH5 油乳灭活苗，0.3 ～ 0.5mL/只。

免疫监测，首免后 2 周 HI 抗体一般可达到 $4\log_2$ ～ $5\log_2$；二免及三免后 2 周 HI 抗体可达到 $7\log_2$ ～ $85\log_2$。

（注释：首免时可适当使用一些免疫促进剂。流行严重的地区与季节，二免可提前到 25 日龄，另外在 60、90 日龄各补免一次，剂量参考三免。）

3. 肉用鸵鸟 AI 免疫参考程序

首免：21 日龄，AI ～ H5 灭活疫苗，0.5 ～ 1.0mL/只，肌注；

二免：55 ～ 60 日龄，AI ～ H5 灭活疫苗，1.5 ～ 2.0mL/只，肌注；

三免：100 日龄，AI ～ H5 灭活疫苗，3.0 ～ 5.0mL/只，肌注；

以后每 4 ～ 5 个月加强免疫接种一次，至出售。

免疫监测，于一免和二免后 40 天、三免后 60 天，平均抗体滴度通常依次可达 $4.5\log_2$、$6.3\log_2$ 和 $7.5\log_2$。

4. 各品种种禽 AI 免疫参考程序

鸡、鸭、番鸭、鹅、鸽及鸵鸟各品种种禽 AI 免疫程序，在雏禽至性成熟期可参考上述相应肉禽的程序。到开产前应加强免疫接种一次，开产后每年要保证接种 2 次（春秋季各一次，尽量避开产蛋高峰期）。接种剂量通常为 0.5 ～ 1mL/只，种鸵鸟应为 7.0 ～ 10.0mL/只，肌注。

八、妥善安排禽群禽流感与其他主要传染病联合免疫程序

目前威胁各种家禽主要传染病为禽流感。此外，尚有多种其他传染病可严重影响家禽健康，亦可降低禽流感的免疫效果。已有较多试验探讨了禽流感与其他数种主要传染病（禽Ⅰ型副黏病毒病、大肠杆菌病、鸭疫里氏杆菌病等）联合免疫的方法。以下是结合作者研究结果及一些常规理论技术提出的几套关于水禽和鸡的免疫程序，可供参考。

1. 肉水禽禽流感与禽Ⅰ型副黏病毒病（PMV）等联合免疫程序

肉水禽禽流感与禽Ⅰ型副黏病毒病（PMV）等联合免疫程序如表 10 - 1 所示。

表 10－1　肉水禽禽流感与禽Ⅰ型副黏病毒病（PMV）等联合免疫程序

种鸭日龄		疫苗种类	免疫途径	免疫剂量
一免	1～2	鸭肝炎高免卵黄液	颈部皮下注射	1mL/只
二免	5～6	大肠杆菌病＋鸭疫二联灭活苗	胸部皮下注射	0.4mL/只
三免	10～12	AIH5－PMV 灭活苗	胸部皮下注射	0.5mL/只
四免	16～18	大肠杆菌病＋鸭疫二联灭活苗	肌肉注射	1mL/只
五免	20～22	AIH5－PMV 灭活苗	肌肉注射	0.8mL/只
六免	30～35	鸭瘟疫苗	肌肉注射	1.5 羽份/只

注释：

（1）本程序针对白鸭设置，在非鸭瘟疫区可省略“六免”；

（2）对番鸭，“一免”应增加“三周病－白点病二联弱毒疫苗”皮下注射，1 头份/只；

（3）对小鹅，“一免”应改为“小鹅瘟高免血清”；“二免”“四免”在少发病区可省略；“三免”“五免”应添加 AIH9 油乳苗，皮下注射，剂量依次为 0.1mL/只、0.2mL/只。

2. 种水禽禽流感与禽Ⅰ型副黏病毒病（PMV）等联合免疫程序

种水禽禽流感与禽Ⅰ型副黏病毒病（PMV）等联合免疫程序如表 10－2 所示。

表 10－2　种水禽禽流感与禽Ⅰ型副黏病毒病（PMV）等联合免疫程序

<table>
<tr><th colspan="2">种鸭日龄</th><th>疫苗种类</th><th>免疫途径</th><th>免疫剂量</th></tr>
<tr><td rowspan="3">七免</td><td rowspan="3">开产前（每隔 1 周接种一种苗）</td><td>AIH5－PMV 灭活苗</td><td>肌肉注射</td><td>1.0mL/只</td></tr>
<tr><td>鸭瘟疫苗</td><td>肌肉注射</td><td>2.5 羽份/只</td></tr>
<tr><td>鸭肝炎弱毒疫苗</td><td>肌肉注射</td><td>4 羽份/只</td></tr>
</table>

注释：

（1）“一免”～“六免”，各品种的种禽按其肉禽的程序做免疫接种；

（2）对番鸭，“七免”应增加“三周病－白点病二联灭活苗”肌肉注射，1mL/只；

（3）对种鹅，“七免”应改“鸭肝炎弱毒疫苗”为小鹅瘟弱毒疫苗，肌注，4 头份/只；

（4）对各品种的种禽，“七免”均应增加“AIH9 灭活苗”肌肉注射，0.5mL/只。

3. 肉鸡禽流感与鸡新城疫等的联合免疫程序

肉鸡禽流感与鸡新城疫等的联合免疫程序如表 10－3 所示。

表 10－3　肉鸡禽流感与鸡新城疫等的联合免疫程序

日龄	项　目	用　法	用　量
2	新支二联	滴眼滴鼻	1 头份/羽
5	法氏囊中毒苗	饮水	1.5 头份/羽
7	新支二联苗	滴眼滴鼻	2 头份/羽
11	H5＋H9 油苗	颈皮下注射	0.3mL/羽
15	法氏囊中毒苗	饮水	2 头份/羽

续上表

日龄	项　目	用　法	用　量
20	H5 + H9 + ND 油苗	左胸部皮下注射	0.5mL/羽
25	ND Ⅰ系	肌注	1 头份/羽
30	新支 H52 弱毒苗	饮水	2 头份/羽
45	H5 + H9 + ND 油苗	右胸部皮下注射	0.5mL/羽
65	ND Ⅰ系	肌注	2 头份/羽
85	ND Ⅳ系	饮水	3 头份/羽

4. 种鸡禽流感与鸡新城疫等的联合免疫程序

种鸡禽流感与鸡新城疫等的联合免疫程序如表 10－4 所示。

表 10－4　种鸡禽流感与鸡新城疫等的联合免疫程序

日龄	疫　苗	用　法	用　量
0	马立克（CVI988）	皮下注射	1～2 头份/只
1	ND/IB 二联活苗	滴眼	2 头份/只
5	鸡痘活苗	刺种	2 头份/只
	法氏囊病中毒活苗	饮水	2 头份/只
6	ND/IB 二联活苗	滴眼	2 头份/只
8	H5 + H9 油乳剂灭活疫苗	肌注	0.5mL/只
12	新支减油乳剂灭活疫苗	肌注	0.5mL/只
14	H9 油乳剂灭活疫苗	肌注	0.5mL/只
16	法氏囊病中毒活苗	饮水	2 头份/只
17	H5 油乳剂灭活疫苗	肌注	0.5mL/只
21	ND Ⅰ系疫苗	肌注	2 头份/只
25	ND + H5 油乳剂灭活疫苗	肌注	0.5mL/只
30	传染性鼻炎灭活疫苗	肌注	0.5mL/只
35	喉气管炎弱毒疫苗	滴眼	2 头份/只
40	ND/IB（H52）二联苗	饮水	2 头份/只
47	ND Ⅰ系疫苗	肌注	2 头份/只
52	H5 + H9 油乳剂灭活疫苗	肌注	0.5mL/只
58	新支减油苗	肌注	0.5mL/只
80	ND/IB（H52）二联苗	饮水	2 头份/只
85	传染性鼻炎灭活疫苗	肌注	0.5mL/只

续上表

日龄	疫　苗	用　法	用　量
90	喉气管炎弱毒疫苗	滴眼	2头份/只
112	ND Ⅰ系疫苗	肌注	2头份/只
115	H9油乳剂灭活疫苗	肌注	0.5mL/只
120	法氏囊病油苗	肌注	0.5mL/只
130	新支减油苗	肌注	0.5mL/只
140	H5油乳剂灭活疫苗	肌注	0.5mL/只

第二节　适当使用预防禽流感的药物

在实施良好的禽流感免疫预防工作过程中，还可适当辅助应用一些预防药物。已经发现若干化学药物及众多中草药物都具有抑制流感病毒的功效，以下列出了几种抗流感病毒效应较为受到认同的中草药物的抗病毒试验情况，可以尝试使用。

（1）利用鸡胚试验发现，绵马贯众对禽流感H5N1亚型病毒具有显著抑制作用，其1∶1的50%乙醇溶液提取物在稀释512倍时仍能有效抑制病毒在鸡胚内繁殖。用石油醚、乙酸乙酯、正丁醇分别萃取绵马贯众醇提物，分别得到四种不同极性部位的粗分物。对不同极性部位进行鸡胚试验，结果正丁醇萃取物对H5N1有强烈抑制作用，其选择指数（SI值）分别为33，剩余水层物对H5N1也有一定程度抑制作用。

（2）应用MTT法探讨了中药复方口服液（由黄芩、大青叶、金银花、鱼腥草组成）的抗病毒效果。结果表明，药物浓度在3.90mg/mL时即显示抗病毒作用，随着药物浓度的增加，抗病毒活性增强，药物浓度达到62.5mg/mL时有90%以上的病毒抑制，呈现一定的量效关系。但试验同时表明药物对细胞有一定的毒性，如何去除中药复方口服液中有细胞毒性的成分，有待深入研究。

（3）采用鸡胚培养法和血凝抑制试验观察了两种中药复方（复方1号由连翘、大青叶等组成；复方2号由紫花地丁、蝉蜕等组成）对禽流感病毒H9N2的抑制作用。结果表明，两种中药复方对鸡胚无毒性作用，在中药与病毒以先后或后先顺序接种的情况下，均可抑制禽流感病毒H9N2株在鸡胚中的增殖。

（4）试验表明，由倒扣草、虎杖、板蓝根、龙胆草、青蒿等中药复方溶液对AIV在鸡胚中增殖过程具有抑制作用，经不同浓度的溶液感作的AIV接种鸡胚后，鸡胚的成活率明显升高，且病毒的增殖效价明显降低（EID_{50}降低$10^{-2.08}$/0.2mL～$10^{-3.93}$/0.2mL），而无药物作用病毒组鸡胚的损害较严重。

尚有许多其他清热、解毒、抑菌的中草药物被认为在预防禽流感过程中具有一定作用，可以通过检索参考应用。始终要牢记的是，目前所知，这些药物中仅有少数对流感病毒具有直接的抑制作用，多数需要通过调节机体免疫系统间接发挥作用，仅可提前用于辅助预防。

第三节　重视改善兽医卫生状况与饲养管理措施，不断提高机体的非特异抵抗力

不断改善兽医卫生状况，可以使禽群接触病原微生物的机会越来越少，排出的病原微生物扩散的概率越来越低；不断改良饲养环境条件，可以使空气质素、温度湿度等越来越恒定并接近禽群的生理需要，不良的刺激因素趋于可忽略水平；不断改善饲养管理措施，可以使禽群享受尽可能科学的密度、营养等，建立最为理想的非特异抵抗力，这对于防控禽流感和大多数疫病都是必不可少的。关于改善兽医卫生状况与饲养环境条件，目前已形成了许多科学合理、简易可行、效应良好、广受认可的体系。

对于封闭式集约笼养种鸡或肉鸡的兽医卫生与饲养环境条件控制，目前推介面广、综合效应较好的体系是水帘过滤、纵向通风、自动喷雾、粪床发酵体系。在自动送水、送料、适当密度、科学营养的前提下，建立上述体系，基本可以使鸡群获得优良的生产能力及免疫能力。应当注意的是，不断解决该体系出现的各种各样的问题，包括水帘面积不足，水帘堵塞、破损；栏舍漏风，通风量不足；喷雾水滴过大或过小，导致雾滴悬浮时间不足，消毒效果不良或舍内过度潮湿；粪便发酵床菌种不良、菌量不足、粪床搅拌频率不当，等等，这些都需要饲养管理人员保持警觉和责任心，随时发现与排除，以便维持该体系运转良好、效果最佳的状况。

对于非舍内笼具集约饲养模式的种用或肉用水禽群，其兽医卫生与饲养环境条件控制，目前推行面广、综合效应较好的体系是水上棚架饲养体系。该体系由水上棚架、棚架四周围栏和入水道斜板、棚架上部遮阳（雨）顶盖、喷雾消毒降温系统、洁净饮水系统、料槽、育雏洁净小水池、保温器等主件构成。该体系的优点有许多，包括：禽群可以与粪便污染的地面完全隔离；育雏期禽群可以与粪便污染的水域完全隔离，其他龄期可以与粪便污染水面部分隔离；禽群排泄粪便可以及时落塘由鱼类摄食消化，避免粪便腐败发酵二次产菌增加对水域污染；利于控制禽群活动空间，为其营造小气候环境和实施空间消毒，等等。水禽棚架饲养体系要注意做到雏水禽（1 ～ 8 日龄）、中水禽（约 9 ～ 18 日龄）、成年水禽（19 ～ 49 日龄）分开饲养。幼水禽棚架搭在岸上，地面硬化，棚高 50cm，棚面设流动浅水盆，棚下设保暖烟道，周边设风雨帘，其粪便污水应集中沉沙池，经过沉淀减污，然后排入鱼塘；中水禽棚架搭在水面，离岸约 100cm，距水面 50cm，1/3 露天；成年禽棚架搭在水面，离岸约 100cm，距水面约 50cm，全露天。各种日龄水禽棚架饲养，尚要特别注意密度适当：幼禽棚架，约 15 只/m^2；中禽棚架，约 12 只/m^2；成禽棚架，约 7 只/m^2。各种日龄棚架都应设有洁净饮水器和消毒降温的喷雾系统，中成禽应配给一定的水面活动区域，以适应其生长繁殖习性需要，但是，如此将不利于防止水禽经水源接触病原。随着水禽旱养品种的逐步驯化成功及水禽人工配种技术的逐步成熟，水禽将可能完全退出水养模式，进入旱地平养（棚）或舍内笼养时代。

附：

水禽Ⅰ型副黏病毒病（新城疫）的临床诊断技术指标

水禽Ⅰ型副黏病毒（APMV－Ⅰ）是引起禽副黏病毒病的主要病原，以鸡新城疫病毒为典型代表，可以引起鸡、鸽、火鸡、鸵鸟、鹌鹑等禽类发病，常常导致极高的死亡率，造成重大经济损失，是目前养禽业中重点防疫的疫病之一。野生水禽既往被认为是NDV的天然储藏库（辛朝安，1997；王永坤，1998），大量感染不同型弱毒力的NDV的野生水禽并不表现出任何的临床症状，如鹅和鸭等水禽曾经被认为对NDV具有较强的抵抗力（B. W. Calnek，1998；殷震，1997），感染后只携毒而不发病，从表观健康鸭的咽拭子和泄殖腔拭子分离NDV的比率很高。然而越来越多的研究报告显示，很多强毒毒株是由弱毒毒株起源的（H. Takakuwa，1998；R. R. Bock，2001）。我国南方地区水域资源丰富，水禽养殖历史悠久，具有依靠水域饲养的传统特点，这使得野生水禽和家养水禽与鸡等陆禽存在直接密切接触的机会，为病毒在不同种禽类间传播提供了基础，从而形成了一个天然的APMV－Ⅰ病毒循环链。病毒通过宿主选择的压力，依靠基因点突变的积累使毒力获得提升，APMV－Ⅰ感染并致病的宿主范围确实有扩大的趋势。自1997年在我国广东和江苏首次报道鹅群爆发疑似副黏病毒病（张训海，2001；李世江，2003）以来，其他省份也先后报道在鹅群中爆发副黏病毒病，随后陆续在不同品种鸭群发病（翟文栋，2007；黄瑜，2005；钱晨，2005），研究证实多是基因Ⅶ型NDV感染致病。提示水禽不再仅是APMV－Ⅰ的宿主和病毒贮存库，也已成为APMV－Ⅰ自然感染发病、死亡的易感禽类。

水禽发生Ⅰ型副黏病毒病（或称为水禽新城疫）的病例增多，逐渐引起从业者的关注。水禽发生该病时虽然会出现类似于新城疫的症状与病变，如摇头、转圈、消化道黏膜出血、溃疡等，但不明显、不典型，而肝脏肿大出血、胰腺变性坏死等败血症变化则较严重，与某些毒株引起的水禽禽流感病例有相似之处，易引起混淆。事实上，目前临床诊断易出现二种情况，一是对水禽副黏病毒病的临床诊断特征不明确，不利于早期诊断或出现误诊；二是由于缺少判断依据，导致模糊诊断，将其他急性传染病或不明原因疫病习惯性称之为"副黏病毒病"，过分夸大了该病的发生率与危害。为明确水禽副黏病毒病的发病特点与临床诊断指标，笔者进行了较大量的临床病例跟踪和不同品种水禽的人工致病试验，基于试验结果并参考相关文献，拟总结出水禽副黏病毒病（水禽新城疫）的临床诊断技术指标，以供参考。

一、水禽Ⅰ型副黏病毒病的流行特点

本病可发生于不同品种水禽，急性发病常见于鹅、番鸭群，其他品种鸭多见引发种禽产蛋量下降。潜伏期，人工感染24～48小时，自然感染3～5天，发病率、死亡率与品种、日龄、免疫状态、病毒毒力、混合感染因素等有密切关系。各水禽品种比较，其发病、死亡率大小大体为鹅 > 番鸭 > 麻鸭、水鸭 > 快大白鸭，日龄越小，发病率越高、死亡越多。人工感染 50 日龄内鹅和番鸭，发病率可达 100%；30 日龄内实验鸭、鹅死亡 100%；对快大白鸭攻毒，可致 2 周龄内雏鸭发病，发病率在 50% 以下。自然感染、急性败血性发病主要发生在 2 月龄以内的鹅和番鸭群，发病率为 30% ～ 60%，死亡率 5% ～ 50%，病程 5 ～ 7 天。成年家禽发病主要表现为产蛋量急剧下降，在 3 ～ 4 天内下降 50% ～ 60%，种鹅因其产蛋率不高，所以下降幅度和速度较为缓慢，3 ～ 4 天内下降 30% ～ 50%。

二、水禽Ⅰ型副黏病毒病的临床症状

发病初期见患禽精神不振，羽毛蓬松，食欲减少，行动缓慢或呆立一隅，排黄白相间或黄绿色稀粪；继而站立不稳，两腿无力，走路摇晃、迟缓，常常蹲伏、侧躺甚至瘫痪，部分病禽两脚强直，或呈前伸、后蹬姿势。部分病禽出现一定程度的张口呼吸，肿眼、流泪，流涎，时常甩头，头颈震颤、摇晃、扭颈，个别病禽出现转圈等神经症状。发病后期，禽群生长速度慢，整齐度低，部分禽只发育不良。人工感染的病例与自然感染的病例在临床症状及病理变化上基本一致。详见附图 1 ～ 附图 21。

附图 1　人工致病白鸭：病鸭精神沉郁，蹲伏

附图 2　人工致病白鸭：病鸭精神沉郁，呆立，歪脖子

附图 3　人工致病鹅：病鹅精神沉郁，不愿走动

附图 4　人工致病鹅：病鹅精神沉郁，软脚，蹲伏

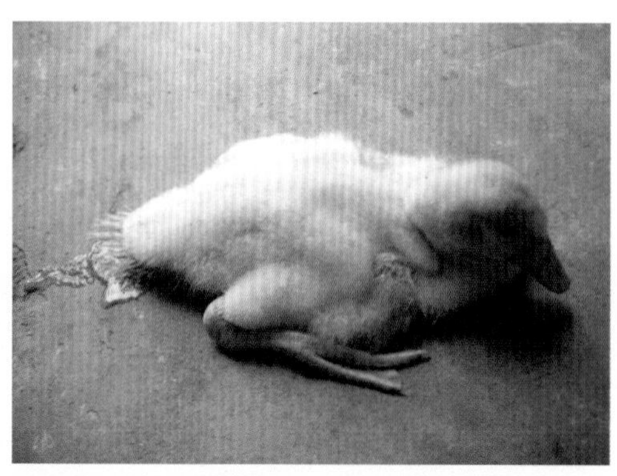

附图 5　人工致病番鸭：病鸭精神沉郁，蹲伏

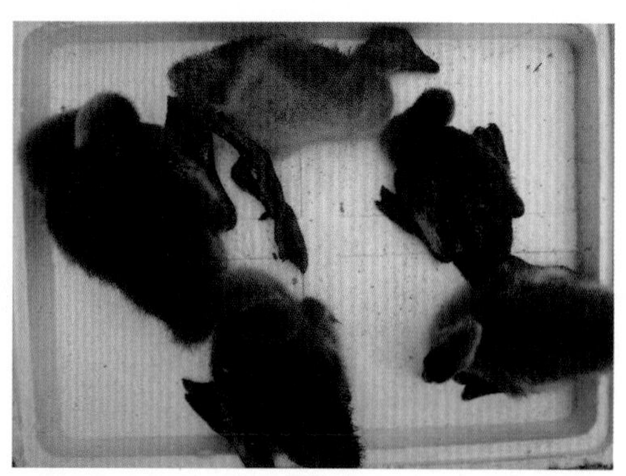

附图 6　自然病例：病鹅精神沉郁，蹲伏，侧翻

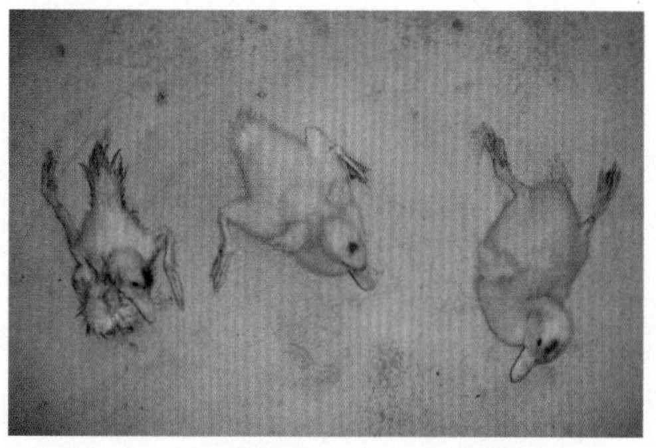

附图 7　人工致病番鸭：病鸭精神沉郁，两腿强直，呈前伸或后蹬状

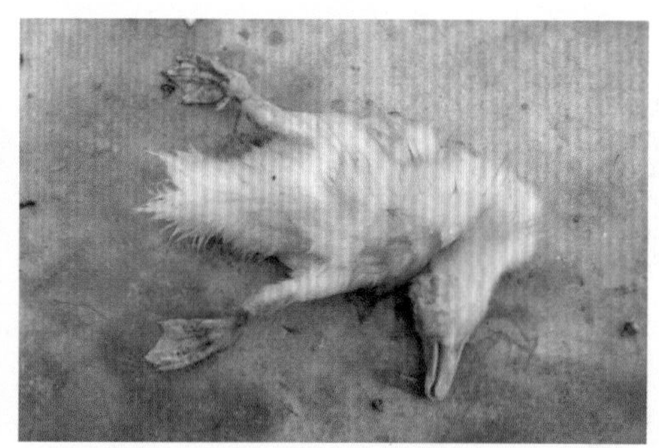

附图 8　人工致病白鸭：病鸭精神沉郁，两腿强直，呈后蹬状

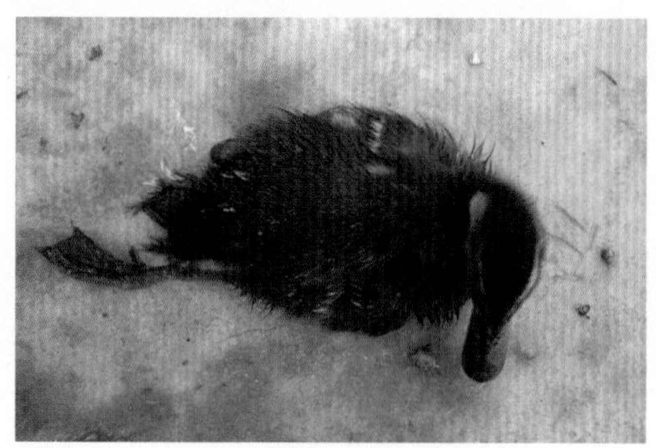

附图 9　人工致病水鸭：病鸭精神沉郁，右腿强直伸展，呈后蹬状

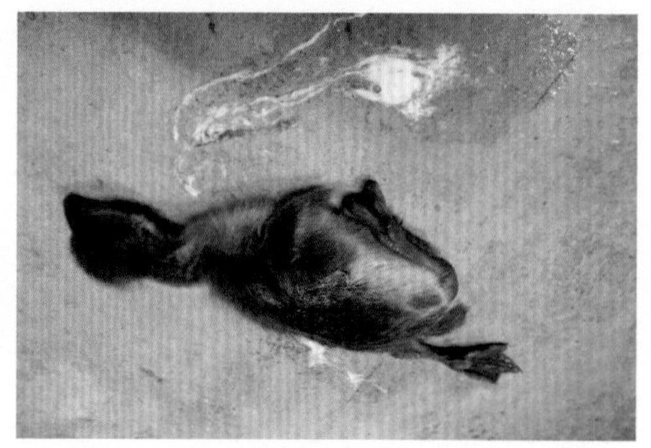

附图 10　人工致病鹅：病鹅拉青白色稀粪，翻转仰卧，右腿强直伸展，呈后蹬状

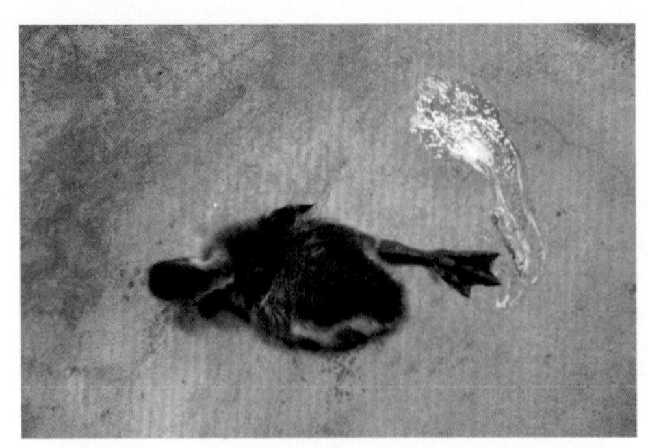

附图 11　人工致病鹅：病鹅精神沉郁，右腿强直伸展，呈后蹬状

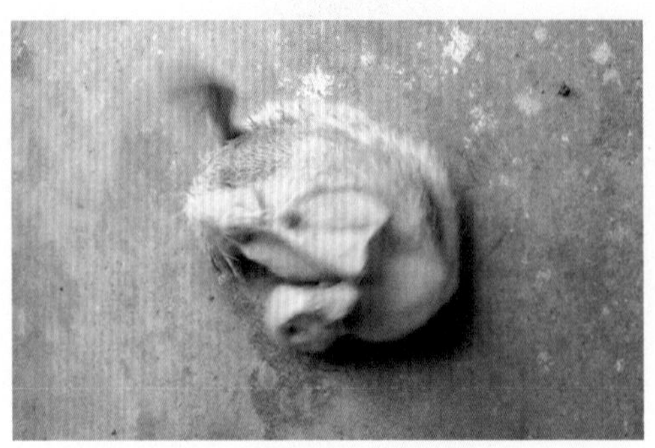

附图 12　人工致病白鸭：病鸭转圈，抽搐

附图 13　人工致病白鸭：病鸭头颈部扭转

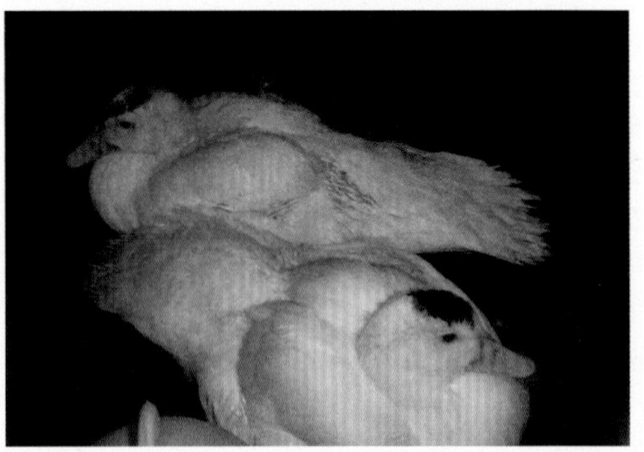

附图 14　人工致病番鸭（50d）：病鸭精神沉郁，蹲伏

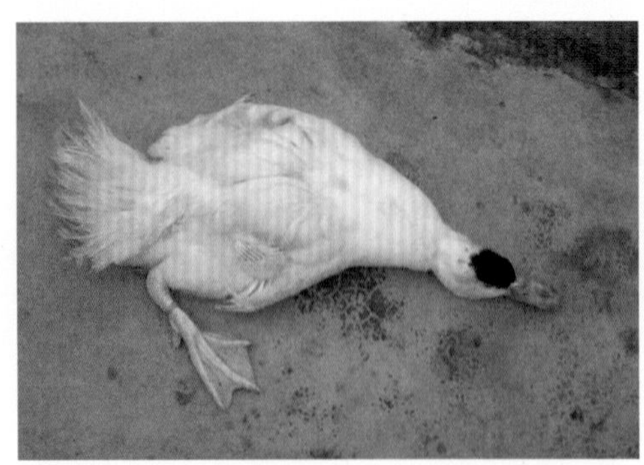

附图 15　人工致病番鸭（50d）：病鸭精神高度沉郁，肌肉无力，瘫痪

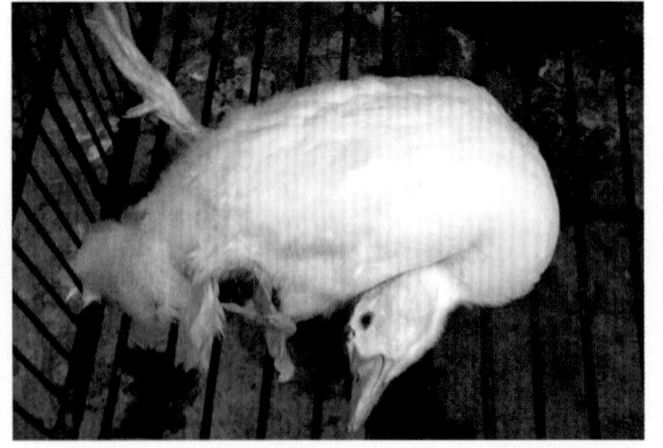

附图 16　人工致病番鸭（50d）：病鸭翻转仰卧，头颈后仰或扭转

附图 17　人工致病番鸭（50d）：病鸭软脚，摇头扭颈，角弓反张

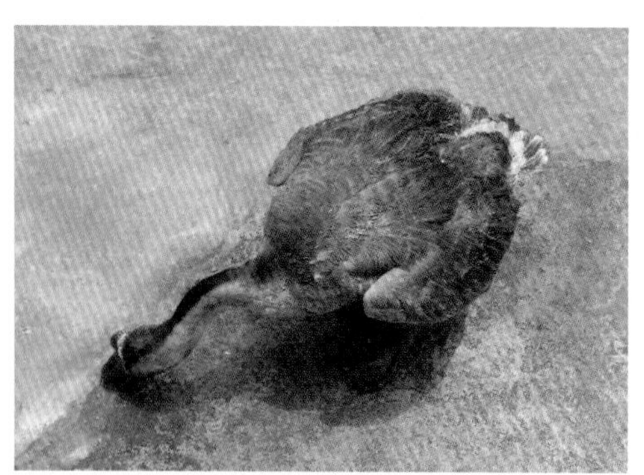

附图 18　种鹅副黏病毒病：颈无力，翅膀下垂

附图 19　种鹅副黏病毒病：病鹅扭颈

附图 20　人工致病白鸭：病鸭流泪，眼周围羽毛沾湿

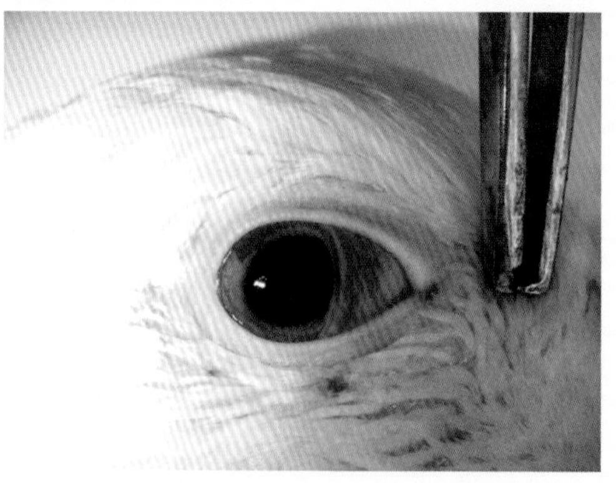

附图 21　人工致病番鸭（50d）：病鸭眼结膜充血、出血

三、水禽Ⅰ型副黏病毒病的病理变化特征

病禽头部皮下水肿、出血，脑膜和脑组织充血出血（附图 22 ～ 附图 25）；喉头黏

膜出血，肺脏局灶性瘀血（附图 26、附图 27）；急性病例心包积液，心外膜、心内膜斑点状出血，心肌硬变（附图 28 ～ 附图 31）；肝脏肿大，质地硬化，多数呈暗红色，有局部出血或斑点状出血及坏死，部分病例肝组织呈斑驳状变性，严重时肝表面凹凸不平（附图 32 ～ 附图 39）；胆囊充盈，体积增大（附图 40、附图 41）；脾脏肿大、瘀血、出血、灰白色坏死灶，常见毛细血管充盈呈树枝样（附图 42 ～ 附图 45）；胰腺肿胀、充血、出血、变性、坏死，可见表面布满灰白色坏死点，部分病例胰脏硬变、表面凹凸不平，个别急性死亡病禽胰脏表面可见凸起、结节样灰白色坏死灶或透明样变性（附图 46 ～ 附图 55）；肾脏稍肿、充血、出血（附图 56）；腺胃黏膜易剥离，部分病例的腺胃乳头出血（附图 57、附图 58）；肠黏膜弥漫性充血、出血或可见凸起的出血斑，严重时形成溃疡灶，部分病例可见泄殖腔黏膜出血（附图 59 ～ 附图 63）；睾丸或卵巢充血、出血。

蛋禽和种禽感染强毒株后常呈持续性的低死亡率过程，后期继发感染有较多的卵黄性腹膜炎死亡病例。病死禽的卵巢（卵泡膜）充血出血、卵子变形或破裂。发病早期病例腹腔内蓄积黄色黏稠的卵黄液，无特殊臭味（附图 64、附图 65），病程较长时，病禽腹腔内卵黄液颜色变暗，如有细菌性继发感染往往呈灰黄色，甚至黑色，并散发臭味。

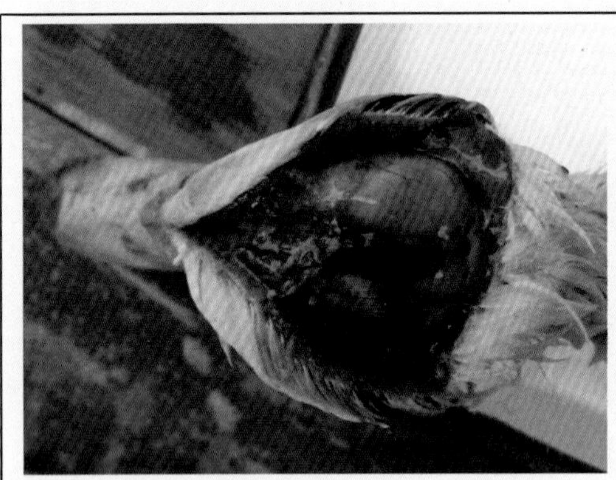
附图 22　人工致病番鸭：病鸭头部皮下出血、水肿

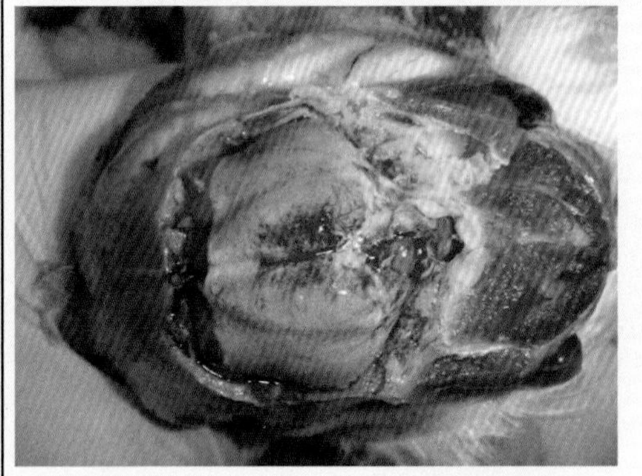
附图 23　人工致病番鸭：病鸭脑膜出血

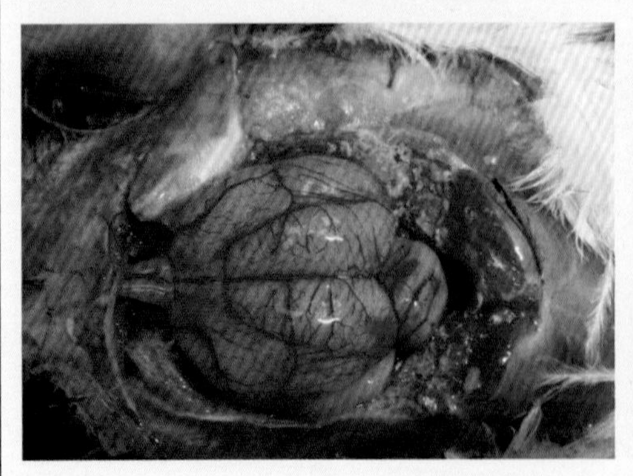
附图 24　人工致病白鸭：病鸭脑膜充血、出血

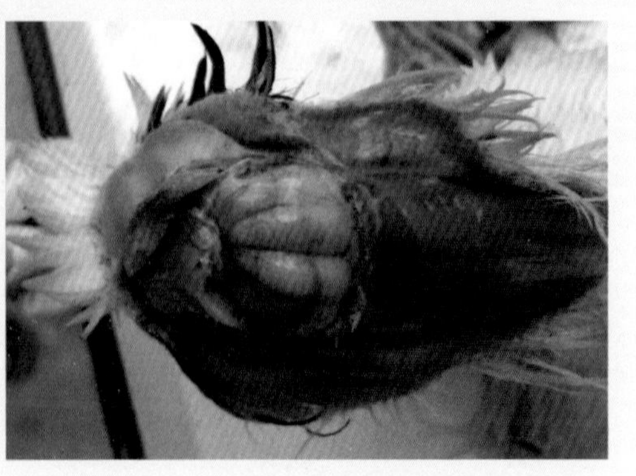
附图 25　人工致病番鸭：病鸭脑膜出血

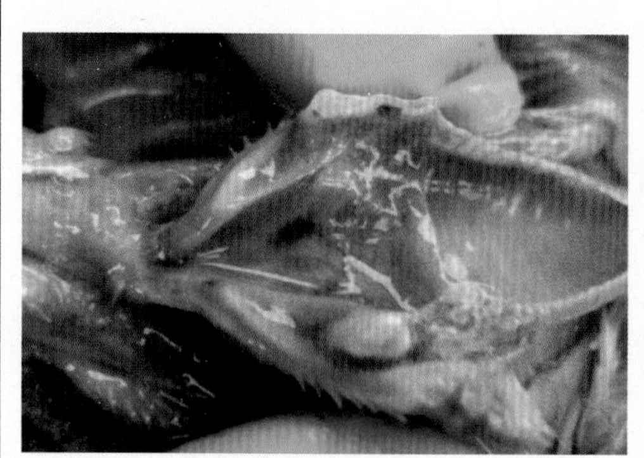

附图 26　人工致病鹅：喉头黏膜出血

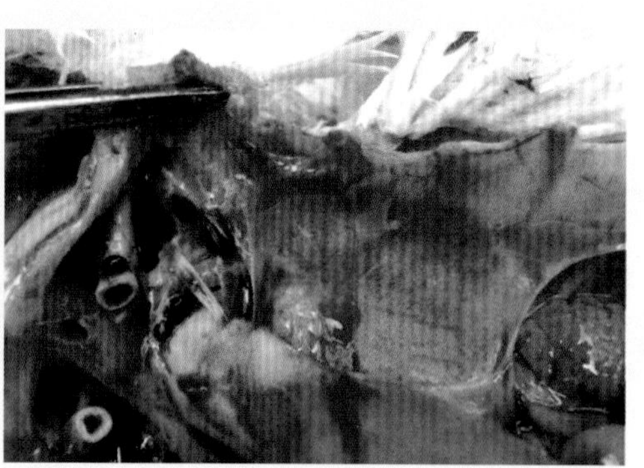

附图 27　人工致病番鸭：肺脏形成瘀血灶

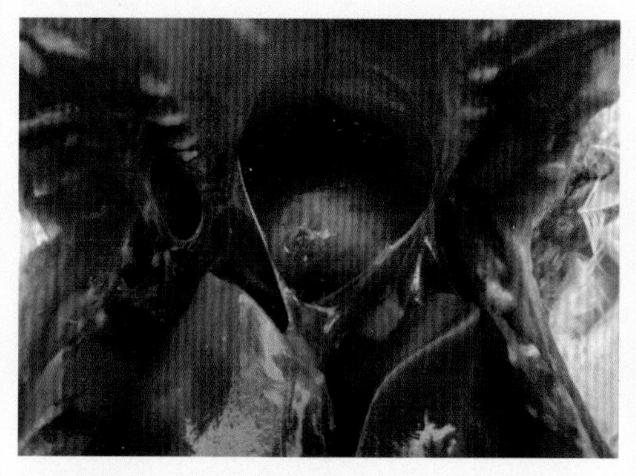

附图 28　人工致病番鸭：心包腔蓄积微黄色、透明液体

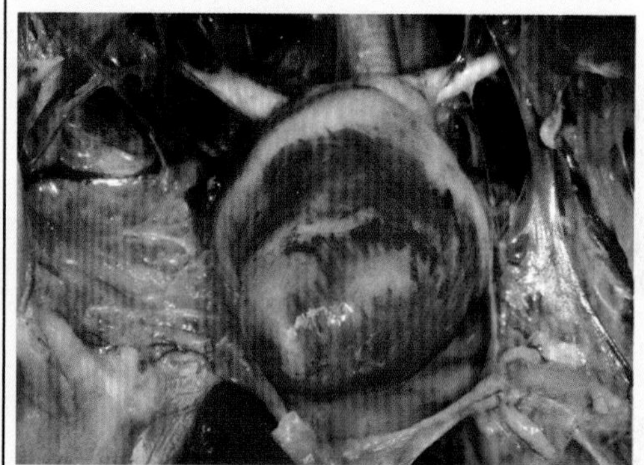

附图 29　人工致病番鸭：病鸭心外膜斑点样出血

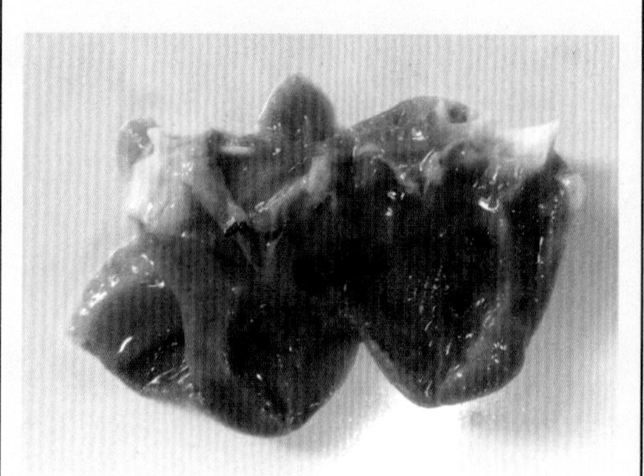

附图 30　人工致病鹅：心内膜出血

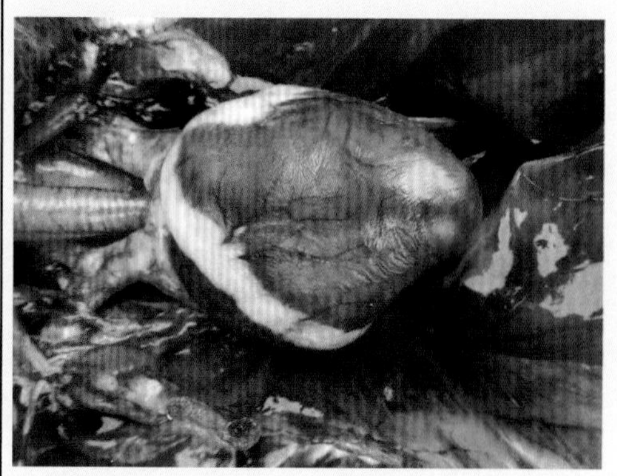

附图 31　自然病例病鹅，心肌硬实

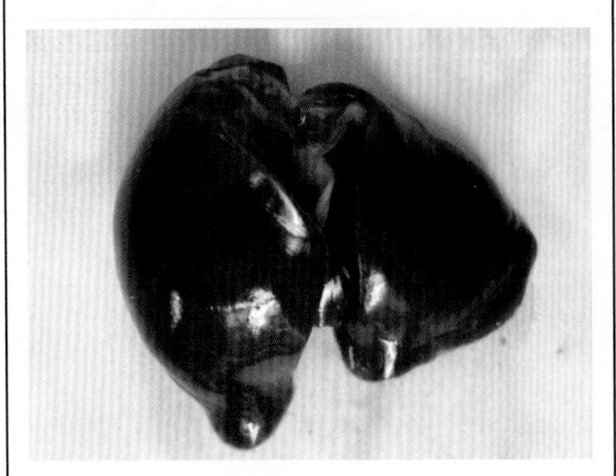 附图 32　人工致病番鸭：病鸭肝脏肿胀，瘀血	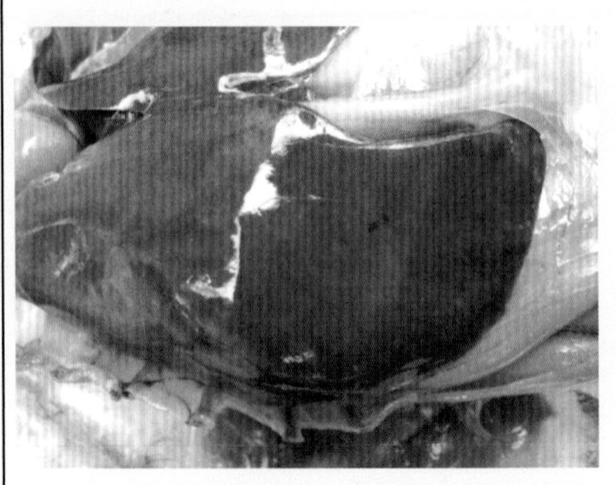 附图 33　人工致病番鸭：病鸭肝脏表面斑驳状
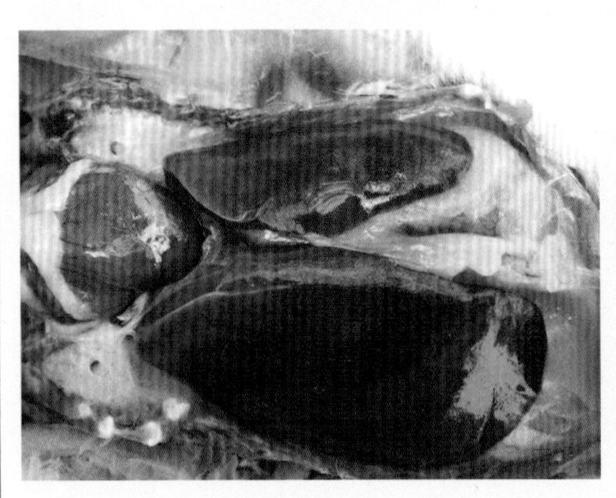 附图 34　人工致病番鸭：病鸭肝脏淤血，呈暗红色	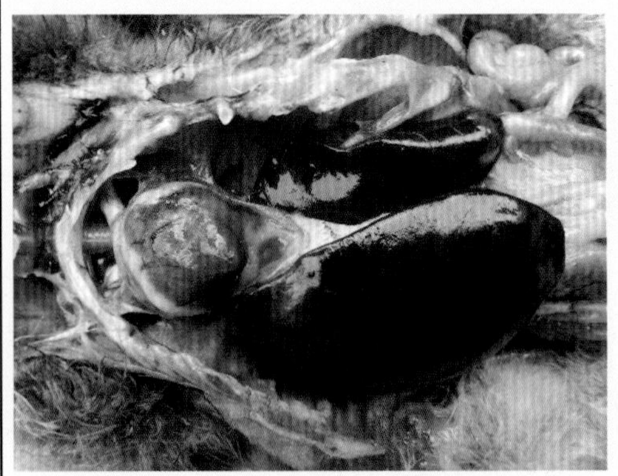 附图 35　自然病例病鹅，肝脏肿胀，暗红色，表面渗出明显
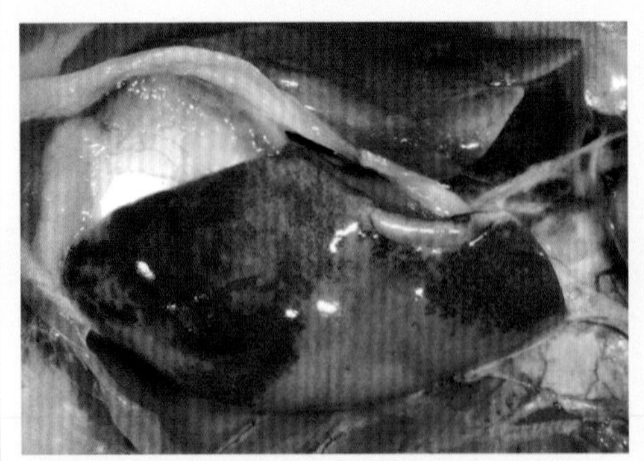 附图 36　人工致病番鸭：病鸭肝脏肿胀，变性，局域性充血、出血，整个肝脏形成红黄色相间	 附图 37　人工致病番鸭：病鸭肝脏硬实，呈斑点状出血和坏死，表面凹凸不平

附图 38　人工致病番鸭：病鸭肝脏增大，斑点状出血

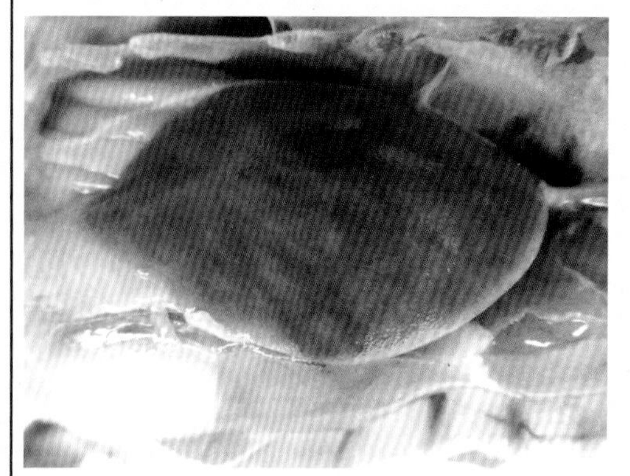

附图 39　人工致病鹅：肝脏变性、坏死，呈斑驳状

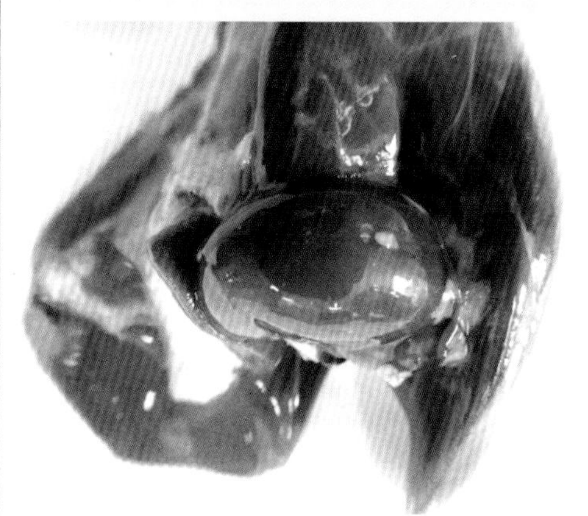

附图 40　人工致病番鸭：胆囊充盈，体积增大

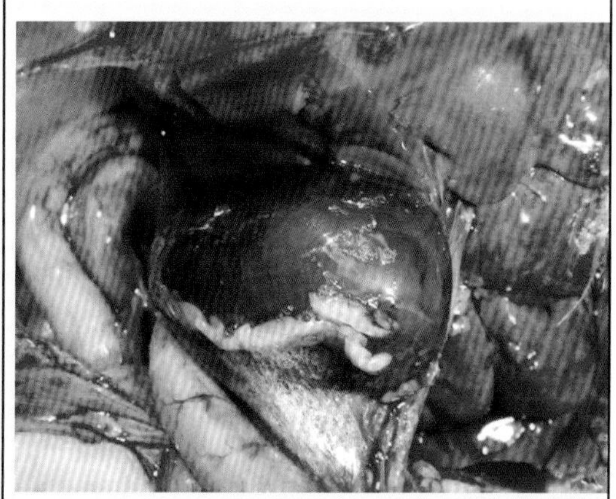

附图 41　人工致病鹅：胆囊充盈，体积增大

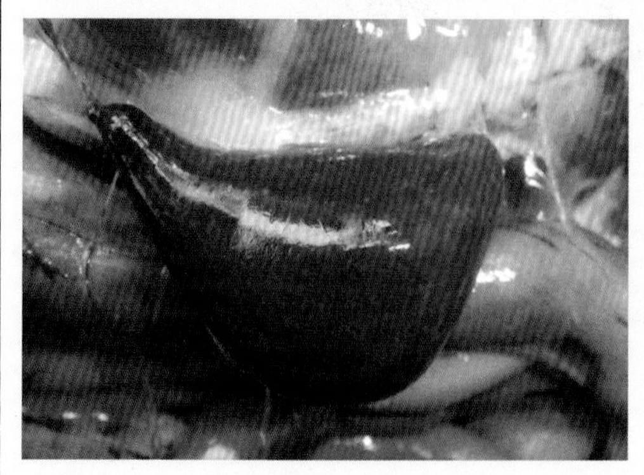

附图 42　人工致病番鸭：脾脏肿胀，充血，点状坏死

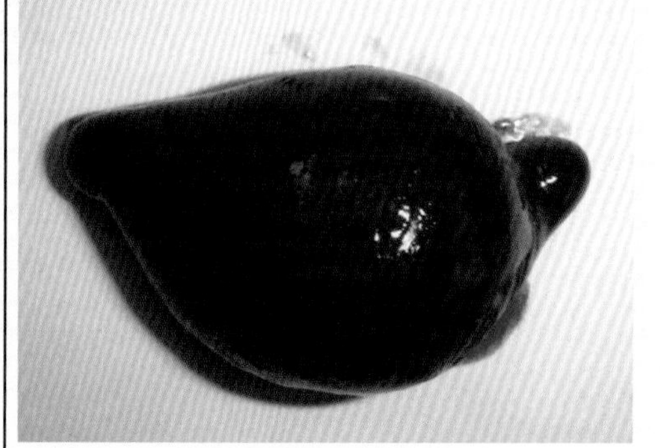

附图 43　人工致病番鸭：脾脏肿胀，瘀血，坏死

 附图 44　人工致病番鸭：脾脏肿胀、充血，毛细血管呈树枝样	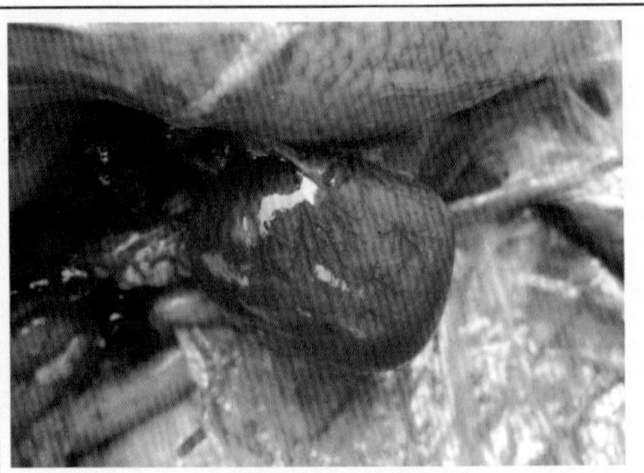 附图 45　人工致病鹅：脾脏肿胀、充血，毛细血管呈树枝样
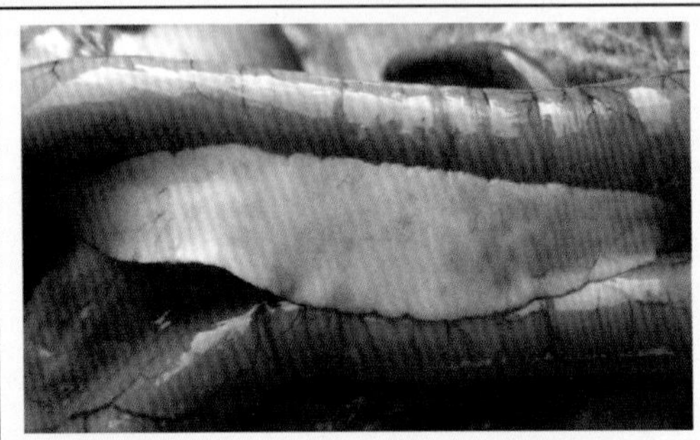 附图 46　人工致病番鸭：胰脏充血	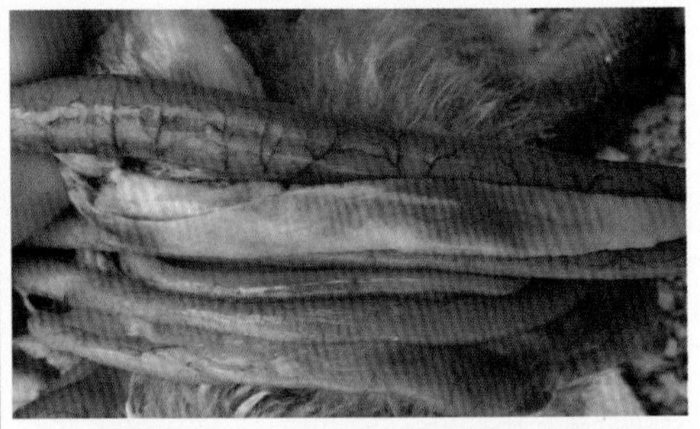 附图 47　自然病例鹅：胰脏出血
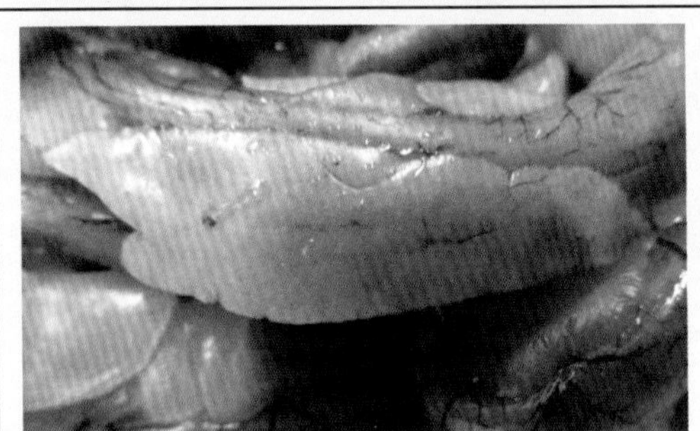 附图 48　人工致病番鸭：胰脏布满灰白色坏死点	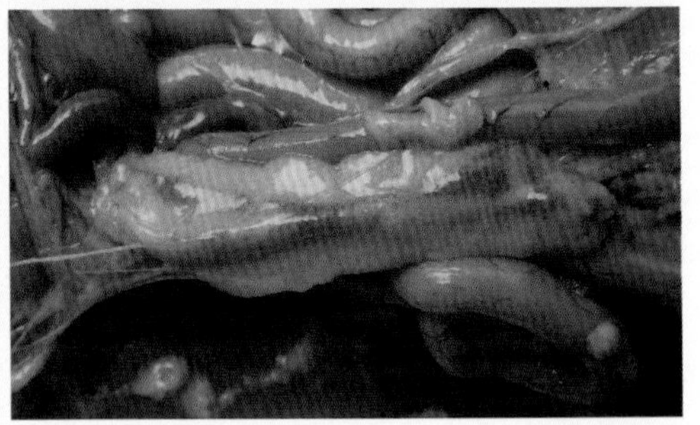 图 49　人工致病鹅：胰脏出血，有灰白色点状坏死
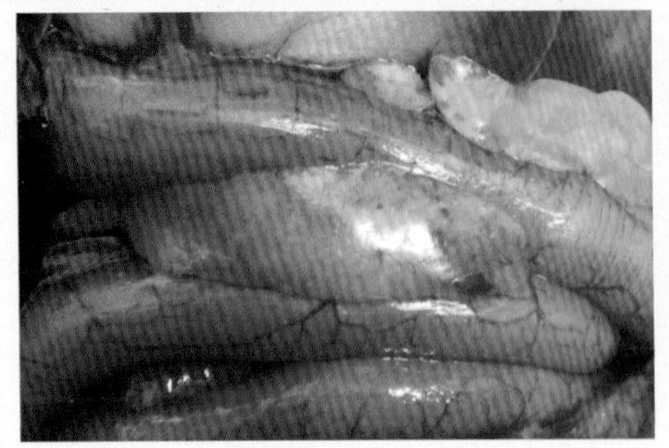 附图 50　人工致病番鸭：胰脏出现点状出血与坏死	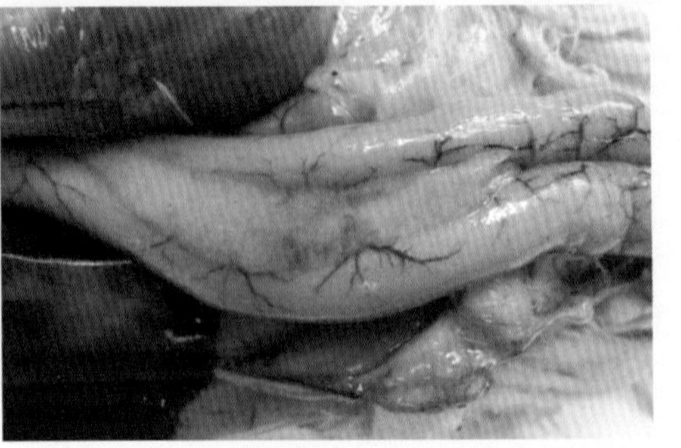 附图 51　人工致病番鸭：胰脏出现透明倾向，呈点状出血与坏死

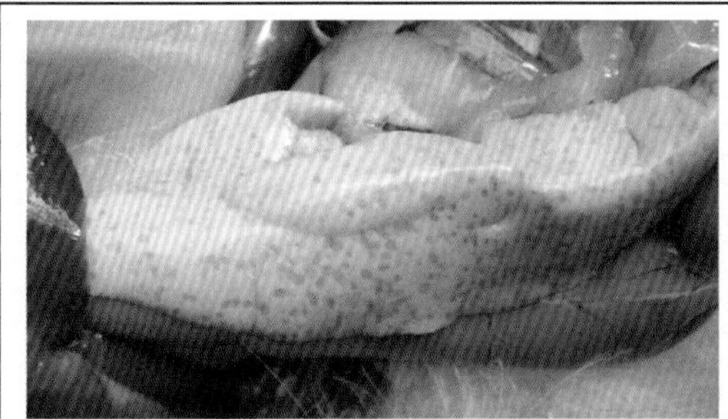
附图 52　人工致病番鸭：胰脏出现点状、透明样变性

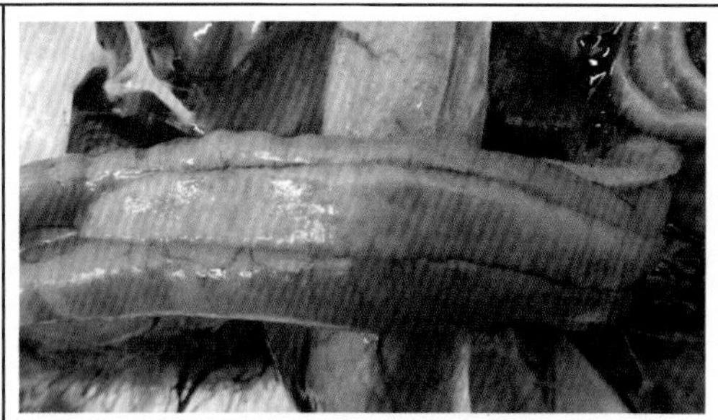
附图 53　人工致病鹅：胰脏表面不平整，出现点状、透明样变性、坏死

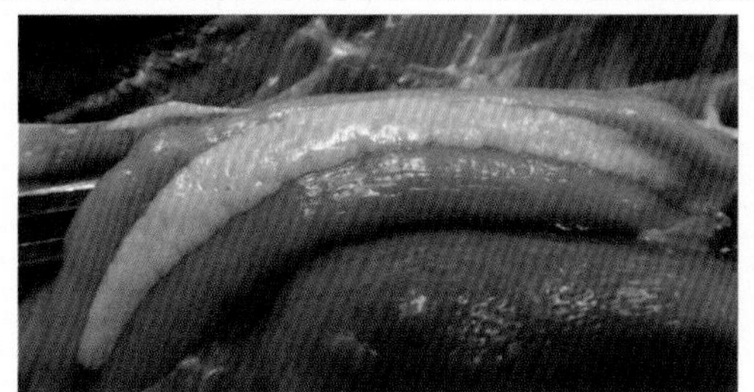
附图 54　人工致病鹅：胰脏变硬实，表面凹凸不平

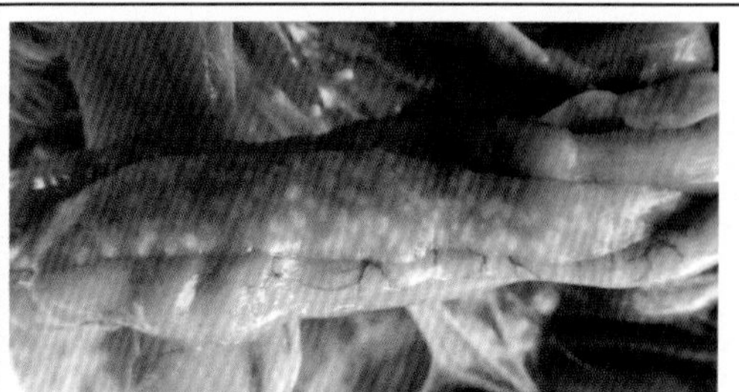
附图 55　人工致病鹅：胰脏形成凸起、结节样灰白色坏死灶

附图 56　人工致病番鸭：睾丸出血，肾肿胀、充血、出血

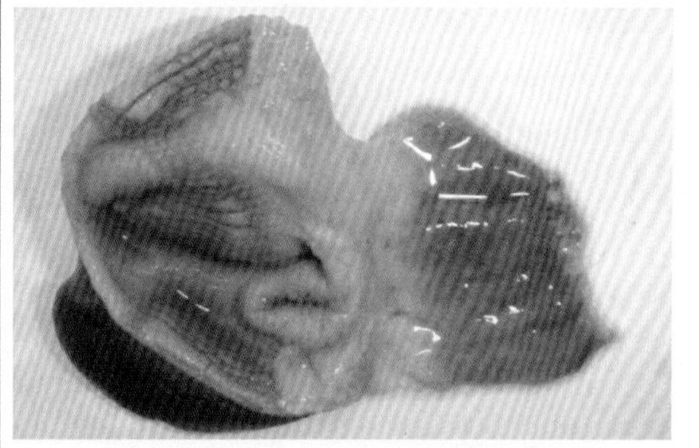
附图 57　人工致病番鸭：腺胃黏膜易脱落，黏膜乳头出血

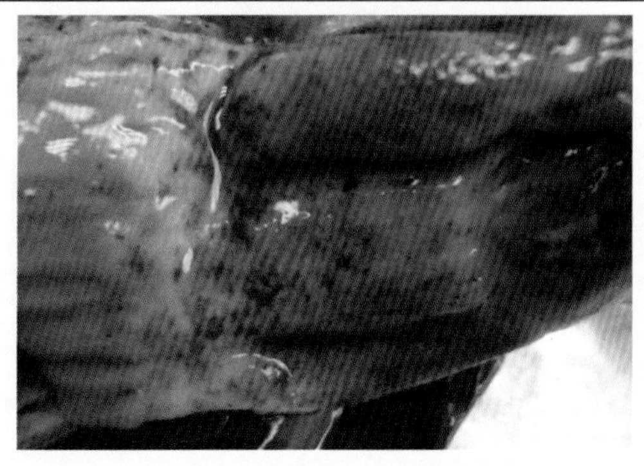
附图 58　自然病例鹅：腺胃黏膜斑点状出血

附图 59　人工致病番鸭：肠黏膜呈弥漫性出血

附图 60　人工致病番鸭：肠黏膜弥漫性出血，黏膜增厚

附图 61　人工致病番鸭：肠黏膜充血、出血

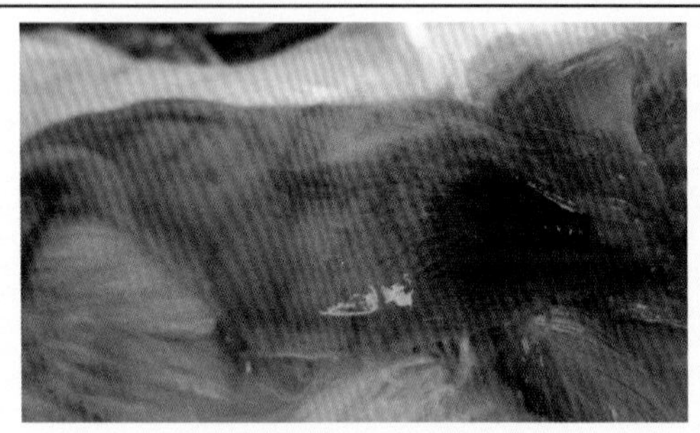
附图 62　人工致病番鸭：直肠黏膜充血、出血

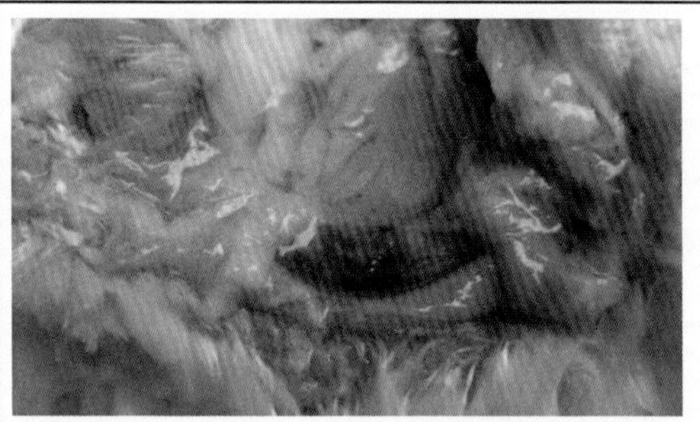
图 63　人工致病番鸭：泄殖腔黏膜出血

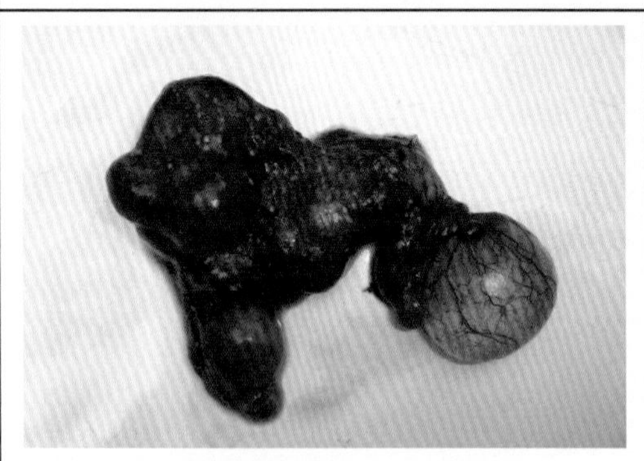
附图 64　种鹅副黏病毒病：卵泡膜充血、出血

附图 65　种鹅副黏病毒病：卵泡膜出血，变形

四、水禽副黏病毒病的临床诊断依据

以上人工致病结果和经检测确定为副黏病毒病的临床病例的发病特征与剖检病变特点为依据，提示临床诊断水禽副黏病毒病可从以下几方面做出判断：

1. 发病特点

目前水禽中以鹅多发病，其次为番鸭。发病急，持续时间较长，肉用水禽死亡每天在 2% ～ 3%，总死亡率 60% 以上。种禽死亡较少，但产蛋量下降明显，3 ～ 5 天可下降 50%～60%。

2. 临床症状

当家禽出现以下部分或全部情形时，可作为初步诊断的依据之一：

（1）患禽病初精神沉郁，呼吸困难，食欲下降，行动缓慢或呆立，排黄白或黄绿色稀粪。

（2）病禽站立不稳，两腿无力，屈脚弓背，前体下垂，走路摇晃或震颤，常蹲伏，继而出现侧躺甚至瘫痪，部分病禽两脚强制伸直，呈前伸或后蹬姿势。

（3）病禽翅膀麻痹下垂，头颈震颤，颈部扭曲或左右摇晃，个别病禽出现转圈等神经症状。

（4）产蛋禽群出现急剧的产蛋量下降。

3. 病理变化

当家禽出现下列肉眼可见的病变时，可作为初步定性诊断的依据之一：

（1）肝脏肿大、瘀血，呈暗红色，表面斑点状出血及坏死，部分病例肝组织变性呈斑驳状或凹凸不平。

（2）脾脏肿大、瘀血、出血，表面布满灰白色坏死点，或呈红黄相间的斑驳状或表面毛细血管呈树枝样充盈。

（3）胰腺肿胀、充血出血、变性、坏死，表面布满灰白色坏死点，部分病例胰脏组织硬化、表面凹凸不平，个别急性死亡病禽胰脏表面可见凸起、结节样灰白色坏死灶或透明样变性。

（4）部分病例的腺胃乳头出血，肠黏膜弥漫性充血、出血或可见凸起样出血斑或溃疡灶，部分病例可见泄殖腔黏膜出血。

（5）出现神经症状病禽脑膜和脑组织充血、出血。

（6）蛋禽与种禽发病时除可见以上病变外，病死禽的卵巢（卵泡膜）充血出血、卵子变形或破裂，腹腔内蓄积黄色黏稠的卵黄液，无特殊臭味。

依据以上水禽副黏病毒病的流行特点、症状及病变特征，基本可以对该病做出初步诊断。对初步诊断为水禽副黏病毒感染的病例，应进一步进行实验室确诊。水禽副黏病毒病的实验诊断方法有多种，采取棉拭子或肝脏、脾脏、胰脏等组织进行 RT－PCR 检测和接种鸡胚做病毒分离鉴定，可以快速确诊，相关实验方法可参考“GBT 16550—2008 新城疫诊断技术”。

参考文献

[1] 甘孟候. 禽流感 [M]. 北京：中国农业出版社，2004：196 - 197.

[2] Medina, R. A. and A. Garcíasastre, Influenza A viruses：new research developments. Nature Reviews Microbiology, 2011. 9 (8)：p. 590 - 603.

[3] 邵强. 水禽与哺乳类 RIG - Ⅰ抗流感病毒功能比较研究 [J]. 中国农业大学，2015.

[4] 陈超，等. 甲型流感病毒感染过程中干扰素介导的天然免疫应答机制 [J]. 生物工程学报，2015. 31 (12)：1671 - 1681.

[5] 于康震，陈化兰. 禽流感 [M]. 北京：中国农业出版社，2015. 10：3 - 8.

[6] 朱闻斐，高荣保，王大燕，等. H7 亚型禽流感病毒概述 [J]. 病毒学报，2013，29 (3)：245 - 249.

[7] 刘华雷. H7N9 亚型禽流感病毒的分布与遗传来源分析 [J]. 中国动物检疫，2013，30 (5)：2 - 3.

[8] Sway D E. Impact of vaccines and vaccination on global control of avian influenza [J]. Avian Dis, 2012，56：818 - 828.

[9] Li C，Yu K，Tian G，et al. Evolution of H9N2 influenza viruses from domestic poultry in Mainland China [J]. Virology，2005，340 (1)：70 - 83.

[10] 黄欣梅，李银，刘宇卓，等. 华东地区 H9N2 亚型禽流感病毒 HA 基因的遗传演化分析 [J]. 江苏农业学报. 2015，31 (2)：382 - 388.

[11] 屈素洁，施开创，邹联斌，等. 2011—2014 年广西 H9N2 亚型禽流感病毒 HA 基因遗传变异分析 [J]. 畜牧与兽医，2016，48 (3)：16 - 20.

[12] 陈顺艳，廖昌韬，曾凡桂，等. 2011—2014 年我国部分省区 H9N2 亚型禽流感病毒 HA 基因序列分析 [J]. 动物医学进展，2016，37 (2)：32 - 37.

[13] 尚飞雪，刘朔，蒋文明，等. 近年来中国 H9 亚型禽流感分离株谱系分析 [J]. 中国动物检疫，2012，4：51 - 53.

[14] Li X，Shi J，Guo J，et al. Genetics，receptor binding property，and transmissibility in mammals of naturally isolated H9N2 Avian Influenza viruses [J]. PLoS Pathog，2014，10 (11)：e1004508.

[15] 中华人民共和国国家标准. GB/T18936—2003. 高致病性禽流感诊断技术. 中华人民共和国发布，2003 - 05 - 01.

[16] 杜桌民. 实用组织学技术 [M]. 第二版. 北京：人民卫生出版社，1998：55 - 57.

[17] 殷震，刘景华. 动物病毒学 [M]. 第二版. 北京：科学出版社，1997：329 - 331.

[18] 马春全，卢玉葵，邓桦，等. 鸭 H5N1 型高致病性禽流感的病理组织学观察. 中国兽医科技，2004，34 (11)：11 - 13.

[19] 廖明，罗开健，程珏益，等. 试验鸡感染 H5N1 亚型禽流感病毒后排毒规律的研究. 中国人兽共患病杂志，2004，20 (9)：751 - 753.

[20] Halliwell B，Gutleridge J. Free Radicals in Biology and Medicine [M]. Oxford：Clarendon Press，1995.

[21] Mezes M，Barta M，Nagy G. Comparative investigation on the effect of T - 2 mycotoxin on lipid peroxidation and antioxidant status in different poultry species [J]. Res. Vet. Sci.，1999，66 (1)：19 - 23.

[22] Kosenki E A, Kaminsky Yu G, Stavrovskaya I G, et al. The stimulatory effect of negative airions and hydrogen peroxide on the activity of superoxide dismetase [J]. FEBS Lett, 1997, 30, 410 (2-3): 309-312.

[23] 赵亚华. 生物化学实验技术教程 [M]. 广州：华南理工大学出版社，2000：162-163.

[24] Jibert A R, Botten J A, Miller D S, et al. Characterization of gae and dose related outcomes of duck hepatitis B virus infection [J]. Virology, 1998, 244 (2): 273-282.

[25] Mebride T J, Preston B D, Loeb LA, et. Mutagenic spectrum resulting from DNA damage by oxygen radicals [J]. Biochem, 1991, 30: 207.

[26] Mebride T J, Preston B D, Loeb LA, et. Mutagenic spectrum resulting from DNA damage by oxygen radicals [J]. Biochem, 1991, 30: 207.

[27] 黄淑坚，王正富，陈燕萍，等. 不同首免时间对禽流感疫苗 HI 抗体消长影响的研究 [J]. 养禽与禽病防治，2006. 2：20-21.

[28] 黄得纯，陈建红，薛立群，等. 鸭免疫 H5N1 亚型禽流感油乳剂灭活苗的免疫动态研究 [J]. 中国家禽学报，2005 (9) 1：163-165.

[29] 张评浒，唐应华，刘晓文，不同 NA 亚型 H5 禽流感疫苗在鸭群的免疫效力及母源抗体对免疫效力的影响 [J]. 中国家禽，2005 (27) 20：8-11.

[30] 张济培，张溢珊，牛森，等. H7N9 亚型禽流感免疫程序研究初报 [J]. 广东畜牧兽医科技，2017，42 (3)：21-27.

[31] Y. M. Saif. 禽病学 [M]. 第12版. 苏敬良，高福，索勋译. 北京：中国农业出版社，2012，1：171-193.

[32] 杨汉春，姚火春，王君伟. 动物免疫学 [M]. 第2版. 北京：中国农业大学出版社，2003，66-178.

[33] 邱艳红，吴峻华，叶玮，等. 禽流感-新城疫重组二联活疫苗 (rL-H5 株) 免疫效果分析 [J]. 福建畜牧兽医，2006，28 (5)：54-55.

[34] 王振国，金宁一，马鸣潇，等. 共表达 H5N1、H7N1 亚型 AIV HA 与鸡 IL-18 多价重组鸡痘病毒免疫保护性研究 [J]. 中国病毒学，2006，20 (6)：607-612.

[35] 贾立军，彭大新，张艳梅，等. H5 亚型禽流感重组鸡痘病毒活载体疫苗的构建及其遗传稳定性与免疫效力 [J]. 微生物学报，2006，43 (6)：722-727.

[36] 高致病性禽流感疫情处置技术规范（试行）. 农业部，农政发 [2004] 1号，2004，2.

[37] 叶玮，吴峻华，林晴. 浅谈如何消除水禽禽流感血凝抑制试验（HI）中非特异现象 [J]. 养禽与禽病防治，2006，7：42.

[38] 吴峻华，邱艳红，叶玮，等. 用鸭红细胞悬液消除非特异性凝集因子对鸭禽流感 HI 试验的影响 [J]. 福建畜牧兽医，2006，28 (5)：30-31.

[39] 张金玲，田国宁. 水禽新城疫血凝抑制试验存在的问题 [J]. 山东畜牧兽医，2006，2：37-38.

[40] 罗益泰. 不同家禽的红细胞悬液对禽流感病毒血凝抑制试验的影响 [J]. 养禽与禽病防治，2003，9：5.

[41] 贾英科，高梅秀，王海利，等. 鹦鹉血清非特异性凝集因子消除试验研究 [J]. 西北农林科技大学学报（自然科学版），2004，32 (9)：66-68.

[42] 黄愉森，庄克珩，谢淑敏. 不同种禽类红细胞悬液对 HI 结果的影响 [J]. 养禽与禽病防治，2005，1：8-9.

[43] 李振，秦四海. 绿色饲料添加剂皂甙在畜牧生产中的应用 [J]. 饲料研究，2005，10：25-27.

[44] 牛建昭，魏育林，曹炜，等. 人参抑制小鼠胸腺细胞凋亡的实验研究 [J]. 解剖学报，1997，28

(3): 270-273.

[45] 李玉峰，吴静，王春玲，等. 重组鸡α-干扰素对鸡外周血T淋巴细胞亚类的影响 [J]. 山东农业科学，2006，4: 67-69.

[46] 马飞. 干扰素的研究进展 [J]. 中国畜牧兽医，2005，32 (12): 36-38.

[47] 周伟. 免疫失败的原因与对策分析 [J]. 中国禽业导刊，2006，23 (4): 30.

[48] Calnek B W. Diseases of Poultry [M]. 10th ed. Allles, Iowa, USA: Iowa State University Press, 1998: 541-550

[49] 殷震，刘景华. 动物病毒学 [M]. 2版. 北京：科学出版社，1997: 743-748.

[50] 辛朝安，任涛，罗开键，等. 疑似鹅副黏病毒感染诊断初报 [J]. 养禽与禽病防治，1997，16 (1): 5.

[51] 王永坤，田慧芳，周继宏，等. 鹅副黏病毒病的研究 [J]. 江苏农学院学报，1998，19 (1): 59-62.

[52] Takakuwa H, T. Ito, A. Takada et al. Potentially virulent Newcastle disease viruses are mailtaine in migratory waterfowl populations [J]. Japanese Journal of Veterinary Research, 1998, 45 (4): 207-215.

[53] Bock R R. Neweastle disease in geese [J]. Newsletter of the World Veterinary Poultry Association. 2001, 13: 10.

[54] 张训海，朱鸿飞，陈溥言，等. 鸭副黏病毒强毒株的分离和鉴定 [J]. 中国动物检疫，2001，18 (10): 24-26.

[55] 翟文栋，陈立功，李秀芬，等. 一例雏鸭新城疫的诊断 [J]. 中国家禽，2007，29 (6): 32-33.

[56] 黄瑜，李文杨，程龙飞，等. 番鸭副黏病毒Ⅰ型的分离鉴定 [J]. 中国预防兽医学报，2005，27 (2): 148-150.

[57] 钱晨，钱忠明，印继华. 鸭源新城疫病毒的分离鉴定及生物学特性 [J]. 扬州大学学报（农业与生命科学版），2005，26 (3): 29-30.